살아 움직이는 표준
HTML5
≫ 다목적 예제를 활용한 명쾌한 해설

Klaus Förster · Bernd Öggl 저 | 류광 역

ADDISON-WESLEY

와우북스

살아 움직이는 표준 HTML5
다목적 예제를 활용한 명쾌한 해설

초 판	1쇄 발행 2012년 9월 11일
저 자	Klaus Förster, Bernd Öggl
역 자	류광
발행, 출판	와우북스
본문디자인	김 덕 중
표지디자인	포인기획
등 록	제313-2008-000043호
주 소	서울 마포구 연남동 223-102 유일빌딩 3층
전 화	02-334-3693 fax 02-334-3694
e-mail	mumongin@wowbooks.kr
홈페이지	www.wowbooks.co.kr
ISBN	978-89-94405-11-7 13560
가 격	26,000원

*Andrea*와 *Sabine*에게 감사한다 — 너희들 정말 대단해!

역자의 글

1993년 모자이크 1.0으로 월드와이드웹을 접한 후 현재는 번역 일과 정보·여가생활의 상당 부분을 웹에 의존하고 있는 웹 애호가이자 두 개의 웹사이트를 상당 부분 직접 개발하고 운영해 온 웹 개발자(!)인 저에게 HTML5는 참으로 흥미로운 대상입니다. 게다가 HTML5는 웹 브라우저가 또 다른 게이밍 플랫폼으로 자리 잡는 데 큰 역할을 할 것인 만큼, 게임 개발에 관심이 많은 취미 프로그래머의 관점에서도 흥미를 가질 수밖에 없는 대상입니다. 아마지금 이 글을 읽고 있는 독자 역시 소비자·생산자·개척자 중 적어도 하나에는 해당할 것이며, 둘이나 셋 모두에 해당하는 분도 많을 것입니다. 이처럼 다양한 사람들이 관심을 가지고 주시하고 있는 흥미로운 대상을 훌륭하게 다룬 책을 번역하게 되어 기쁩니다.

최근 한 인터뷰*에서 저자들은 이 책의 특징인 "간결한 설명과 상세한 예제의 조합"이 아주 자랑스럽다고 말했는데, 책을 앞표지에서 뒤표지까지 모두 읽은 한 독자로서 그 의견에 전적으로 동감합니다. 그리고 옮긴이로서는 더욱 환영합니다. 군더더기 없고 오해의 여지가 적은 문체와 본문에서 명시적으로 설명하지 않은 부분까지도 충분히 짐작케 하는 예제 코드 덕분에 번역하기가 상당히 수월했습니다. 번역서 독자 여러분 역시 그러한 조합의 위력을 충분히 누릴 수 있길 바랄 뿐입니다.

개인적으로 약 10년 전 (『Beginning XHTML』을 번역할 때 즈음)에는 웹의 미래가 XHTML (XML에 기초한 좀 더 엄격한 표준)에 있으며 그것이 바람직한 방향이라고 생각했지만, 현재 부정할 수 없는 사실은 "웹은 모두의 것"이라는 점입니다. 웹은 성급하고 부주의하면서도 결과적으로는 슬기로운 다수의 보통 사람들이 움직이는 것이고, 그러한 웹의 성격을 반영하는 HTML5가 차세대 HTML 표준이 된 것은 어쩌면 당연한 일일 것입니다. HTML5를 두고 이언 힉슨이 '살아 움직이는 표준(living standard)'이라고 표현한 것은(본문 §12.2 끝 부분 참고), 비록 *living*과 *standard*가 상호모순인 단어들이라고 지적한 사람들도 있었지만, 아주

---

* [주] http://www.informit.com/articles/article.aspx?p=1741118

v

적합한 일이었다고 생각합니다.

　다만, 그런 유동적인 성격 때문에 이 책의 내용 중 일부가 실제와는 달라질 여지가 많습니다. 어떤 책이든 시간이 흐르면 그런 운명을 맞게 되겠지만, 이 책은 더욱 그럴 것입니다. 저자들이 공들여서 꾸민 원서 사이트*를 자주 참고해서, 갱신할 내용이 생기면 제 홈페이지 occam's Razor의 번역서 정보 페이지**에 올리겠습니다. 책에 대한 의견이나 오타, 오류 보고도 환영입니다. 재미있게 읽으시길!

2012년 9월,
옮긴이 류광

역자 약력

옮긴이 류광은 1996년부터 활동해온 프로그래밍 서적 전문 번역가로, 최근 와우북스와 『Game Programming Gems 6, 7, 8』과 『GAME ENGINE GEMS 1』, 『프로 안드로이드 SL4A: 파이썬으로 앱 만들기』를 냈다. Knuth 교수의 고전 『컴퓨터 프로그래밍의 예술』 시리즈 등 다양한 분야의 프로그래밍 서적들을 50권 이상 번역했으며, 웹 개발 관련 번역서로는 『Beginning XHTML』과 『Core PHP』, 『Professional JSP』 등이 있다.

　번역과 프로그래밍 외에 소프트웨어 문서화에도 많은 관심을 가지고 있으며, 수많은 오픈소스 프로젝트들의 표준 문서 형식으로 쓰이는 DocBook의 국내 사용자 모임인 닥북 한국(http://docbook.kr/)의 일원이다.

　현재 번역서 정보 사이트 occam's Razor(http://occamsrazr.net/)와 Game Programming Gems 스터디 사이트 GpgStudy(http://www.gpgstudy.com/)를 운영하고 있다. 두 사이트 모두 상당 부분을 직접 개발했으며, 조만간 HTML5로 개편할 계획이다.

---

* 　[주] http://html5.komplett.cc/code/index_en.html
** 　[주] http://occamsrazr.net/book/HTML5_Guidelines

서문

2010년, HTML5는 웹 개발 분야의 **유행어(buzzword)**가 되었다. Google이나 Apple, Microsoft 같은 대기업이 이 새 기술을 사용하기 시작했다. HTML5라는 이름이 유명세를 탄 데에는 HTML5가 Flash의 종말을 뜻하는지를 두고 Apple과 Adobe가 벌인 설전도 한몫을 했다.

이 책은 HTML5가 제공하는 새로운 가능성에 대한 광범위한 통찰력을 독자에게 제공한다. 동영상이나 음향, 캔버스, 지능적인 양식, 오프라인 웹 응용 프로그램, 마이크로데이터 등 꽤 오래전부터 회자되던 주제는 물론, 지리 정보나 웹 저장소, 웹소켓, 웹 일꾼같이 HTML5의 직접적인 문맥 안에 속하는 주제들도 살펴본다.

이 책에는 HTML5의 새 요소들과 기법들을 보여주는 간결하고 명확하며 실용적인 예제들이 많이 나온다. 블로그를 만들거나, 자신만의 동영상, 음향 재생기를 만들거나, 브라우저를 일종의 그래픽 프로그램으로 사용하거나, 지리 정보 자료를 다루거나, 브라우저의 능력의 한계를 시험하는 등 다양한 목적과 용도의 예제들과 만나게 될 것이다. 더 나아가서, 지리 상식 퀴즈를 풀거나 웹소켓을 활용하는 2인용 대전 게임 Battleships!로 즐거운 시간을 보낼 수도 있다. 더 나아가서, 이 책은 그러한 응용에 유용한 JavaScript 및 DOM 활용 요령과 기법도 제시한다.

모든 브라우저가 향후의 경쟁력을 위해 이르든 늦든 HTML5를 채용할 것은 거의 확실하다. 그래서 대부분의 경우 이 책은 브라우저의 구현 문제를 피하는 우회책이나 호환성을 위한 라이브러리를 제시하지 않는다. 이 책의 모든 예제는 적어도 하나의 브라우저는 지원하는(그리고 많은 경우 대다수의 주요 브라우저들이 지원하는) 순수 HTML5로 되어 있다. 새 HTML 요소들에 대한 상세한, 그리고 최신의 참고 자료는 종이가 아니라 웹에 있다. 이 점을 고려해서, 이 책은 본문과 관련된 링크들을 그때그때 충실하게 제시한다.

이 책을 읽는 방법

이 책을 읽는 방법은 물론 전적으로 독자가 결정할 일이다. 각 장(chapter)은 그 장만 따로 읽어도(즉, 다른 장들을 읽지 않았다고 해도) 충분히 이해할 수 있게 구성되어 있다. 따라서 전통적인 방식대로 처음부터 끝까지 차례로 읽어도 되고, 아니면 호기심이 이끄는 대로 왔다갔다 하면서 읽어도 무방하다.

이 책의 대상

이 책을 제대로 읽으려면 HTML과 JavaScript, CSS에 관한 기본 지식이 필수이다. 또한 브라우저들 사이의 차이를 파악하기 위해서 평소 익숙한 브라우저가 아닌 다른 브라우저들을 설치해 사용해 볼 정도의 열의가 있어야 한다. 무엇보다도 중요한 것은 뭔가 새로운 것을 배우고자 하는 욕구이다. 이 책에는 여러 가지 새로운 개념과 기법이 나와 있으니 적극적으로 시험해 보시길! 이 책의 보조 사이트(http://html5.komplett.cc/welcome)에서는 모든 예제를 직접 체험할 수 있으며 본문의 모든 스크린샷을 원색으로 볼 수 있다. 이 책을 어떤 목적으로 읽을 것인지는 전적으로 독자가 결정할 일이다. 그러나 무엇보다도 중요한 것은: 재미있게 읽으시길!

저자 소개

이 책의 저자들은 새로운 웹 표준만큼이나 다재다능하며, 또한 아직 개발 중인 표준에 대한 책을 쓸 정도로 용감하다.

오픈소스의 열광적인 팬인 **Klaus Förster**는 오스트리아 인스부르크 대학의 지리학과에서 일한다. 그는 여러 SVG Open 컨퍼런스들에 강연자, 감수자, 워크숍 진행자로 참여했으며, PostGIS, GRASS GIS, SpatiaLite 같은 자유 소프트웨어 프로젝트에 SVG 모듈들을 기여했다.

인스브루크 대학의 강사이자 시스템 관리자인 **Bernd Öggl**은 PHP과 MySQL에 관한 책을 공동 저술했으며, 웹 응용 프로그램 개발에 다년간의 경험을 가지고 있다.

목 차

CHAPTER 8 웹 저장소와 오프라인 웹 응용 프로그램 ·········· 241

1
새로운 웹 표준
HTML5의 개요

HTML5가 웹 표준의 하나인 만큼, 그 역사가 W3C(World Wide Web Consortium)과 함께 시작하는 것도 당연한 일일 것이다. 좀 더 구체적으로, HTML5는 2004년 6월 웹 응용 프로그램 및 복합 문서에 관한 W3C 워크숍에서 시작되었다. 한 가지 이채로운 일은, HTML5의 발전이 원래는 W3C 바깥에서 시작되었다는 점이다. 이는 W3C가 처음에는 HTML5의 취지에 다소 시큰둥했기 때문이다. 어찌된 사정일까?

1.1 사건의 발단

당시 Mozilla와 Opera는 공동 성명을 통해서, W3C가 HTML과 DOM, CSS를 향후 웹 응용 프로그램의 기반 기술로 삼고 그 개발을 계속 진행할 것을 보장하길 요구했다. 이미 W3C가 그보다 6년 전에 HTML4를 뒷전으로 밀어버리고 XHTML과 XForms, SVG, SMIL을 밀기로 결정했다는 점을 생각하면, Mozilla와 Opera의 제안을 W3C가 기각한 것도 놀랄 일은 아니었다. 투표는 박빙이었지만(제안에 대한 찬성 8표, 반대 11표), 어쨌든 그 결정은 그 후 오랫동안 사태의 추이에 영향을 미쳤다. 이후 몇 년간 HTML5는 W3C와 직접적인 경쟁 관계 속에서 발전했다.

당시 Opera 제2대표 Håkon Wium Lie와 Mozilla의 David Baron과 함께 성명서를 지지했던 이언 힉슨 Ian Hickson은 그의 블로그에서 당시 사건들을 개괄하면서 다음과 같은 결론을 내렸다.*

문제점들을 논의했고 각자 입장을 밝혀서 누가 무엇을 지지하는지도 확실해졌으니, 실질적인 작업을 본격적으로 착수할 때이다.

그리고 결론부의 마지막 문장은 다음과 같은 것이었다.**

What working group is going to work on extending HTML...

이 문장에서 What은 의문사가 아니라 WHATWG(Web Hypertext Applications Technology Working Group)을 암시하는 목적으로 쓰였다. 이 작업단(working group, WG)***은 2004년 6월 4일, 그러니까 지금 말하는 W3C 워크숍이 끝나기 바로 이틀 전에 만들어졌다. WHATWG는 스스로를 브라우저 제조사인 Safari, Opera, Mozilla와 기타 이해집단들의 느슨하고 비공식적이고 개방적인 협동체라고 간주한다. 이 작업단의 목표는 HTML 표준을 계속 발전시키고 그 결과를 표준 기구에 제출해서 표준화하는 것이다.

WHATWG의 창립 회원으로는 Anne van Kesteren, Brendan Eich, David Baron, David Hyatt, Dean Edwards, Håkon Wium Lie, Ian Hickson, Johnny Stenbäck, Maciej Stachowiak

---

*   [역주] 이 인용구의 출처를 비롯해서, 본문에서 언급하는 여러 기사나 자료의 출처는 § 1.2에 정리되어 있다.
**   [역주] 중의적인 문장이라서 원문을 그대로 실었다.
*** [역주] 흔히 '실무진'으로 번역하기도 하나, 실무진이라는 단어는 어감상 WG의 활동 범위나 규모를 다소 축소하는 느낌을 주는 듯해서 작업단이라는 용어를 사용하기로 하겠다.

가 있다. 브라우저 및 HTML 공동체에서 엄선된 이 개발자들은 HTML5의 운명을 활발한 WHATWG 공동체와 함께 구체화할 임무를 맡았다.

편집자로서 핵심 역할을 맡은 이언 힉슨의 초기 계획서상으로는 세 가지 명세를 만들 작정이었다. 하나는 HTML 양식(form)을 발전시킨 *Web Forms 2.0*이고, 또 하나는 HTML 안에서의 응용 프로그램 개발에 초점을 둔 *Web Apps 1.0*, 나머지 하나는 상호 작용적인 위젯들에 관한 명세서인 *Web Controls 1.0*이다. 그러나 마지막 프로젝트는 곧 폐기되었으며, *Web Forms* 역시 나중에 *Web Apps*에 통합되었다. WHATWG의 작업 방식은 항상 공동체와의 협력을 중시하는 데 맞추어져 있었다. WHATWG 홈페이지(그림 1.1)를 보면 이 점을 분명히 알 수 있을 것이다.

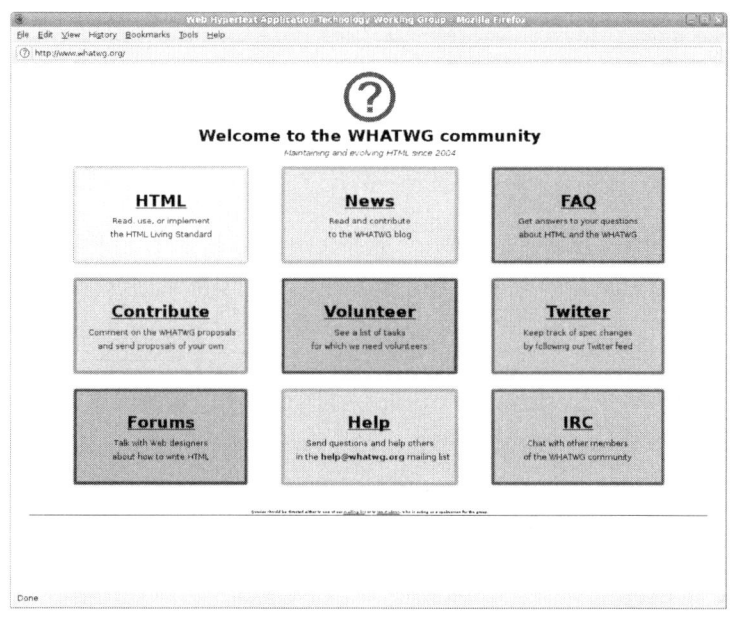

그림 1.1 WHATWG 홈페이지(http://www.whatwg.org).

HTML5의 학습이나 사용에 도움이 필요한 사람이라면 FAQ나 Help, Forums 링크를 클릭해서 답을 얻을 수 있을 것이다. Volunteer를 클릭하면 위키도 발견할 수 있는데, 주로 개발 문제에 초점이 맞추어져 있고 HTML5 언어에 대한 문서는 별로 없기 때문에 아직은 그리 도움이 되지 않을 것이다. News 링크를 통해서 들어갈 수 있는 블로그 역시 2010년 이후로는 다소 방치된 느낌인데, 아마도 주된 저자인 Mark Pilgrim(Google)이 자신의 온라인 책을 쓰느라 바빴기 때문일 것이다. 그 책은 현재 http://diveintohtml5.org에서 무료로 공개되어 있으니 관심 있는 독자는 살펴보기 바란다. 다행히 2011년에 Anne van Kesteren이 표준 개발 진행 상황에 대한 보고를 올리면서 그 블로그를 부활시켰다. 그 글들은 최근 변경 사항 들을 따라잡기에 아주 소중한 자료가 될 것이다.

아주 활발한 영역으로는 IRC 링크를 통해 들어갈 수 있는 대화방(irc://irc.freenode.org/whatwg)이 있다. 여기서 WHATWG 공동체가 브라우저 개발자들과 만나서 표준 명세의 구현 문제를 논의한다. 또한 이곳은 HTML5에 관한 사항들을 치열하게 논의하거나, 신상발언을 하거나, 비평가들에게 자신의 생각을 명확하게 밝히는 공간으로도 쓰인다. 한편 http://lastweekinhtml5.blogspot.com에서는 가상의 인물인 Mr. LastWeek가, http://krijnhoetmer.nl/irc-logs에서 공개 접근 가능한 IRC 기록들에 반응해서 최근 사건들에 대한 신랄한 평을 올린다. IRC 대화 기록은 누구나 볼 수 있을 뿐만 아니라 능동적으로 의견을 제시할 수도 있다. 타당하거나, 재미있거나, 중요하다고 생각하는 발언이 있다면 그 줄 끝의 노란색 상자를 클릭해 보라. 그러면 그 줄이 노란색으로 칠해진다. 최근 화제들을 훑어보고자 할 때 이렇게 노란색으로 강조된 줄들이 아주 유용하다.

홈페이지의 Contribute 섹션에 링크되어 있는 세 가지 공개 메일링 리스트들은 의사소통의 주된 수단이다. 사용자 질문용 메일링 리스트가 있고 명세에 기여하고자 하는 사람들을 위한 리스트와 명세를 구현하려는 사람들을 위한 리스트가 있다. 메일링 리스트에 굳이 가입하고 싶지 않다고 해도, 공개 저장소 사이트에서 모든 뉴스 항목을 읽고 검색하거나 내려받을 수 있다.

- help@whatwg.org

  http://lists.whatwg.org/listinfo.cgi/help-whatwg.org
- whatwg@whatwg.org

  http://lists.whatwg.org/listinfo.cgi/whatwg-whatwg.org
- implementors@whatwg.org

  http://lists.whatwg.org/listinfo.cgi/implementors-whatwg.org

명세 자체도 공개적이고 투명한 방식으로 개발되고 있다. 명세를 개발하는 과정이 그리 간단하지는 않다. 사실상 명세가 하나가 아니라 여러 버전들로 나뉘어져 있다. 이에 대해서는 잠시 후에 좀 더 이야기하기로 하고, 일단은 다시 HTML5의 역사로 돌아가자.

WHATWG가 HTML을 개정하는 작업을 진행하는 동안 W3C의 XHTML2 Working Group은 완전히 새로운 웹을 만들 준비를 하고 있었다. Steven Pemberton이 이끌던 XHTML2 WG는 하위 호환성을 유지하려는 WHATWG와는 달리 HTML을 다른 방향으로 좀 더 발전시키려고 했다.

그들은 FORM 대신 XFORM을 사용하고, FRAME을 XFRAME로 대체하고, DOM 사건(event)들이 하던 일을 XML 사건들로 대신하려고 했다. 그들의 새 HTML에서는 모든 요소에 src 특성과 href 특성이 있으며, 표제(header) 요소 h1, h2, h3, h4, h5, h6을 폐기하고 대신 새 section 요소와 h 요소를 조합해서 사용한다. br을 이용한 강제 줄바꿈은 l 요소가 대신하며, hr은 separator가 대신한다. 그리고 내비게이션 목록을 위한 새 nl 요소가 도입되고, 의미구조 선택을 개선하기 위해 각 요소마다 role 특성에 미리 정의된 값들 또는 이름공간으로 확장할 수 있는 키워드들을 지정할 수 있다.

그러나 이 XHTML2 프로젝트는 브라우저 제조사들의 지원 부족으로 고사(枯死)하고 말았다. 이 프로젝트는 너무나 급격한 변화를 시도했으며 기존의 웹 콘텐트를 고려하지 않았다. 얼마 안 있어 W3C 역시 이 프로젝트가 그리 오래 가지 못할 것임을 깨달았다. 결국 2006년 10월에 W3C 의장이자 월드와이드웹의 창시자인 팀 버너스리 Tim Berners-Lee가 입장을 바꾸고는 자신의 블로그에 다음과 같은 글을 올렸다.

> *지난 몇 년을 돌아보았을 때 확실해진 것이 있다. HTML을 점진적으로 진화시켜야 한다는 것이다. 한순간에 세상 사람들이 XML로 전환해서 특성 값을 따옴표로 감싸고 빈 태그에 슬래시를 달도록 하는 시도는 통하지 않았다.*

XHTML2를 웹의 새 표준 언어로 만들려는 시도가 실패했음을 인정하면서 그는 이전보다 더 큰 규모의 새 HTML WG를 만들 것이라고 공표했다. 브라우저 제조사들이 참여하게 될 그 실무진의 목표는 HTML과 XHTML 모두를 단계적으로 발전시켜 나가는 것이었다. 자신의 블로그 글 마지막 문단에서 그는 이것이 올바른 방향임을 확신하고 있음을 강조했다.

이는 웹 기술의 왕관 보석들 중 하나인, 대단히 중요한 명세에 대한 아주 주요한 협력이 될 것이다. 수백 명의 사람들이 관여하겠지만, 향후 수만 수억 명이 사용할 기술을 진화시키려는 것이므로 그럴 만도 하다. 이 작업이 당장 큰 찬사를 받지는 못할 것이다. 그러나 우리는 아주 중요한 무언가를 관리할 것이고, 이전보다 훨씬 나은 무언가를 만들어 낼 것이다.

2007년 3월, 드디어 새 HTML WG가 결성되었다. W3C는 새 WG 계획을 공표한 후 곧 WHATWG의 모든 회원에 대해 HTML WG에 참여하길 초청했으며, WHATWG는 이를 기꺼이 수락했다.

몇 달 후, WHATWG가 만들고 있던 명세를 새로운 연합 HTML5 명세의 기초로 사용할 것인지 결정하는 투표가 이루어졌다. 2004년 워크숍에서 진행된 투표와는 달리, 이 투표의 결과는 찬성이 압도적이었다(구체적으로는 찬성이 43표, 반대 4, 기권 4, 명시적인 투표 거부가 1인). HTML을 좀 더 발전시키자는 원래의 착안이 3년의 시간이 지난 후 결국 이긴 것이다.

그러나 이는 단지 시작일 뿐이었다. 그들은 새로운 협력 방법을 찾아야 했는데, 결코 쉬운 일이 아니었다. 왜냐하면 WHATWG와 W3C의 철학이 조화를 이루는 부분이 적었기 때문이다. 두 진영의 의견이 항상 일치하지는 않는다는 사실은 W3C가 직접 관리하며 공개적으로 접근 가능한 *public-html* 메일링 리스트(http://lists.w3.org/Archives/Public/public-html)의 방대한 토론 스레드들에 반영되어 있으며, HTML5 프로젝트 로드맵의 평가에서도 명백히 드러난다.

W3C는 자신의 WG 설립 선언서(Charter)에서 HTML5가 2010년 3/4분기에 권고안(Recommendation) 수준에 도달할 것이라고 가정했지만, WHATWG의 이언 힉슨은 일정을 그보다 훨씬 길게 잡았다. 마감일자로 2022년이 자주 제안되었지만, 그런 긴 시간을 결코 받아들일 수 없다고 생각하는 비평가들이 많았다. HTML5가 세 가지 명세, 즉 HTML 4, DOM2 HTML, XHTML1을 대체할 뿐만 아니라 이들을 훨씬 더 확장하는 것이며, 또한 수천 개의 검례들로 이루어진 검사 모음(test suit)을 만들어야 하고 **개념 검증**(proof of concept) 차원에서 결함 없는 구현을 두 개나 만들어야 한다는 점을 생각하면 그런 긴 일정이 오히려 더 현실적으로 보일 수도 있다.

　　HTML WG의 의사결정 방침들(http://dev.w3.org/html5/decision-policy/decision-policy.html)을 살펴보면 명세 개발에 관여하는 두 집단의 의사결정 과정이 얼마나 복잡한지 엿볼 수 있다. 2009년 후반에 XHTML2 WG가 해체된 후, 이 결정 방침을 최대한 이기적으로 활용하고자 하는 비평가들이 늘어났다.

　　그 결과 W3C의 HTML WG가 관리하는 소위 **문제점**(issues) 목록이 점점 길어졌다(http://www.w3.org/html/wg/tracker/issues). Sam Ruby와 Paul Cotton, Maciej Stachowiak로 이루어진 의장단이 '최종 결정'을 요청하려면 이 문제점들을 모두 해결해야 한다. 관심이 그쪽으로 몰린 덕분에 WHATWG 쪽에서는 잠잠한 시기를 누렸는데, 이때 이언 힉슨은 일시적으로 자신의 문제점 목록(http://www.whatwg.org/issues/data.html)의 문제점 개수를 0으로 줄여서 2009년에 WHATWG에게 HTML5 최종 결정을 요청할 수 있었다.

　　사태의 복잡도는 명세의 상태에서 잘 드러난다. WHATWG의 주된 명세서는 하나의 간결한 문서인 반면, W3C 쪽은 2011년 초 기준으로 다음 여덟 개의 부(part)가 있었다. 이들은 모두 HTML5 패키지의 일부로 간주된다. 이들 중 둘(아래 목록에서 *가 붙은 것)은 WHATWG 버전에서 직접 만들어진 것이다. 그 외의 것들은 부록(supplement)이며 WHATWG 쪽 버전에는 포함되어 있지 않다.

WHATWG 명세:

- **HTML—Living Standard:** http://whatwg.org/html

W3C HTML WG 명세:

- **HTML5 - A vocabulary and associated APIs for HTML and XHTML *:** http://www.w3.org/TR/html5

- **HTML5 differences from HTML4:** http://www.w3.org/TR/html5-diff

- **HTML: The Markup Language Reference:** http://www.w3.org/TR/html-markup

- **HTML+RDFa 1.1:** http://www.w3.org/TR/rdfa-in-html

- **HTML Microdata:** http://www.w3.org/TR/microdata

- **HTML Canvas 2D Context *:** http://www.w3.org/TR/2dcontext

- **HTML5: Techniques for providing useful text alternatives:** http://www.w3.org/TR/html-alt-techniques

● **Polyglot Markup HTML-Compatible XHTML Documents:**
http://www.w3.org/TR/html-polyglot

WHATWG에는 또 다른 문서가 하나 존재하는데, 그 문서는 WHATWG의 섹션들과 *Web Workers, Web Storage, Web Sockets API*에 대한 추가 명세서들을 결합한 것이다. 웹 상의 이 문서(아래 URL), 즉 *Web Applications 1.0—Living Standard*는 브라우저의 HTML 렌더링 지구력 검사(endurance test)에 적합하다. 각 섹션의 구현 단계를 표시하는, 그리고 개별 섹션에 직접 의견을 추가할 수 있게 하는 JavaScript 코드를 포함한 5MB 이상의 HTML 소스 코드를 렌더링한다는 것은 브라우저의 한계를 시험하는 일일 것이기 때문이다.

http://www.whatwg.org/specs/web-apps/current-work/complete.html

팁

브라우저의 부담을 줄여 주고 싶다면 http://www.whatwg.org/C에 있는 다중 페이지 버전을 보거나 아니면 위의 URL 끝에 ?slow-browser를 붙이면 된다. 그러면 동적인 상호작용 요소들이 생략된 정적 버전을 서버가 제공하므로 페이지가 좀 더 빠르게 뜰 것이다.

이 명세의 변경 사항을 계속 주시하고 싶다면 여러 가지 방법이 있다. WHATWG는 명세 전체의 *Subversion* 저장소를 제공하는데, 다음과 같은 명령으로 여러분의 컴퓨터에 지역 복사본을 만들 수 있다.

```
svn co http:svn.whatwg.org/webapps webapps
```

개별 개정판(revision)의 회부(commit) 메시지를 Twitter나 메일링 리스트로 받아볼 수 있으며, 또는 소위 *web-apps-tracker*라고 하는 웹 인터페이스로 접근할 수도 있다.

● http://twitter.com/WHATWG
● http://lists.whatwg.org/listinfo.cgi/commit-watchers-whatwg.org
● http://html5.org/tools/web-apps-tracker

WHATWG 명세는 계속 개정판들이 나오면서 변하는 반면, W3C의 초안(draft)들은 소위 **심박 요구사항**(heartbeat requirement)을 지킨다. 즉, W3C의 명세는 3개월 또는 4개월마다 정기적으로 '작업 초안(working draft)' 형태로 공표된다. 이 책이 출판된 시점이면 이미 다음번 '심박'이 뛰었을 것이고, 어쩌면 W3C가 최종 결정 요청을 위한 작업 초안(Last Call Working Draft)을 공표했을 수도 있다.*

HTML5의 역사를 탐험하고 싶다면 아래의 '시간 여행' 절을 보기 바란다. 이 절은 HTML5 역사의 이정표라고 할만한 사건들을 서술한 글들을 소개한다. 한편 HTML 전체의 역사는 "Why Apple is betting on HTML 5: a web history"라는 글에 아주 잘 요약되어 있는데, *AppleInsider*에서 볼 수 있다(단축 URL은 http://bit.ly/2qvA7s).**

1.2 시간 여행: HTML5 역사의 주요 사건들

다음은 HTML 발전사의 이정표에 해당하는 글들이다.

- 웹 응용 프로그램 및 복합 문서에 관한 **W3C 워크숍(2004년 6월)**:

  http://www.w3.org/2004/04/webapps-cdf-ws/index

- **HTML**의 향후 발전에 관한 **Opera**와 **Mozilla**의 입장 표명:

  http://www.w3.org/2004/04/webapps-cdf-ws/papers/opera.html

- **Ian Hickson**이 블로그 글 세 개로 그 워크숍을 평가:

  http://ln.hixie.ch/?start=1086387609&order=1&count=3

- 워크숍 이틀 후 **WHATWG** 결성을 공표: http://www.whatwg.org/news/start

- 팀 버너스리의 블로그 글 **"Reinventing HTML"(2006년 10월)**:

  http://dig.csail.mit.edu/breadcrumbs/node/166

---

* [역주] 실제로 2011년 5월에 최종 결정 요청이 있었다. 이 요청은 2014년까지 권고안을 결정할 것을 목표로 한다.
** [역주] 사소한 사항일 수도 있지만, 이 책에서 다루는(그리고 사람들이 흔히 이야기하는) 새 HTML 표준을 HTML 5(빈칸 있음)가 아니라 HTML5(빈칸 없음)로 표기한다는 점도 기억해 두기 바란다. 현재 WHATWG의 초안 과 W3C의 초안 모두에서 이 표기가 공식적으로 쓰인다. 좀 더 간단히 말하면, 'HTML 5'라는 것은 없다.

- **W3C HTML WG 재결성 공표(2007년 3월):**

  http://www.w3.org/2007/03/html-pressrelease

- 재결성 소식을 이언 힉슨이 **WHATWG** 공동체에 알림:

  http://lists.whatwg.org/htdig.cgi/whatwg-whatwg.org/2007-March/009887.html

- **WHATWG**에게 보낸 **HTML WG** 가입 공식 초대장:

  http://lists.whatwg.org/htdig.cgi/whatwg-whatwg.org/2007-March/009908.html

- 이언 힉슨이 **WHATWG**를 대표해서 **W3C**의 시도를 축하함:

  http://lists.whatwg.org/htdig.cgi/whatwg-whatwg.org/2007-March/009909.html

- **HTML5**의 기초가 된 **HTML Design Principles** 문서(2007년 11월):

  http://www.w3.org/TR/html-design-principles/

- **W3C**의 첫 번째 공식 **HTML5** 작업 초안(2008년 1월):

  http://www.w3.org/2008/02/html5-pressrelease

- **XHTML2 WG**의 해산을 알리는 발표문(2009년 7월):

  http://www.w3.org/News/2009#entry-6601

- **WHATWG가 HTML5**의 최종 결정 요청 일정을 공표(2009년 10월):

  http://blog.whatwg.org/html5-at-last-call

- **W3C**가 여덟 개의 작업 초안들을 발표, 그 중 둘은 새로운 초안(2010년 6월):

  http://www.w3.org/News/2010#entry-8843

- **W3C가 최종 결정 요청 일정을 공표, 2011년 5월** 말에 최종 결정 요청에 이를 것으로 전망(2010년 9월): http://lists.w3.org/Archives/Public/public-html/2010Sep/0074.html

- **W3C가 HTML5** 로고를 소개(2011년 1월), 논란을 불러일으킴:

  http://www.w3.org/News/2011#entry-8992

- 이언 힉슨은 **WHATWG HTML** 명세를 지금부터 그냥 '**HTML**'이라고 부를 것이며, 하나의 '살아 움직이는 **표준(living standard)**'으로 간주할 수 있음을 선언(2011년 1월):

  http://blog.whatwg.org/html-is-the-new-html5

1.3 거두절미하고...

HTML5의 역사를 간단히 살펴보았으니, 이제 HTML5의 요소(element)들 및 특성(attribute)들과 직접 대면할 때가 되었다. 이를 위한 예제로 가장 적당한 것은 당연히 고전적인 *Hello world!*일 것이다. 다음은 이를 HTML5로 표현한 것이다.

```
<!DOCTYPE html>
<html>
  <head>
    <meta charset="UTF-8">
    <title>Hello world! in HTML5</title>
  </head>
  <body>
    <p>Hello world!</p>
  </body>
</html>
```

모든 HTML5 문서는 문서 형식 선언부 `<!DOCTYPE html>`로 시작한다. 이 부분을 대문자로 써도 되고 소문자로 써도 된다. 문자 부호화 방식을 지정하는 `<meta charset="UTF-8">`도 눈에 띌 텐데, HTML4보다 훨씬 간결하다. 나머지 부분, 즉 `html`, `head`, `title`, `body`는 HTML4와 다르지 않다. 그렇다면 이런 의문이 떠오를 것이다. HTML5에서 정말로 새로운 것은 무엇인가?

1.3.1 무엇이 새로운가?

이 의문에 대한 답으로 W3C는 *HTML5 differences from HTML4*라는 명세서(이하 '차이점 명세서')를 내놓았다. Anne van Kesteren이 조정자를 맡아서 만든 이 차이점 명세서에는 새로운·폐기된 요소들과 특성들이 나열되어 있으며, 새로운·바뀐 API들에 대한 조언과 명세서 외부 문서 참조들도 있다. 또한 *HTML5 Changelog*도 주목할 만한데, 이 부분에는 HTML5의 개별 특징들이 언제 어떻게 명세서에 들어갔는지(또는 빠졌는지)가 시간순으로 나열되어 있다. 이 명세서의 주소는 http://www.w3.org/TR/html5-diff/이다.

이 명세서의 표들에서 자세한 정보를 얻을 수 있겠지만, HTML5의 면모를 간결하게 파악하기는 힘들다. 이를 위해 이번 장에서는 네 개의 **워들**(wordle)을 통해서 HTML5의 새로운 점을 간략히 살펴보고자 한다. 워들이란 Jonathan Feinberg의 Wordle 애플릿(http://www. wordle.net에서 공짜로 사용할 수 있다)으로 만든 이미지이다. 새 요소와 특성에 관한 워들의 경우 HTML5 명세서에 자주 나오는 단어일수록 글자가 크게 표시되어 있다. 폐기된 요소와 특성에 관한 워들의 경우 글자 크기는 웹에서 실제로 쓰이는 빈도를 반영한 것인데, 웹 사용 빈도는 Opera의 *MAMA: What is the Web made of?* 연구 프로젝트(http://dev.opera.com/ articles/view/mama)의 것을 사용했다.

그럼 우선 그림 1.2의 워들에서 새 요소들부터 살펴보자. 가장 눈에 띄는 것은 단연코 매체 형식 관련 요소들인 video와 audio, 그리고 canvas이다. canvas는 간단히 말하면 JavaScript로 프로그래밍할 수 있는 그림(picture)이다. 문서의 구조에 관련해서 여러 가지 혁신이 이루어졌는데, 이를테면 article, section, header, hgroup, footer, nav, aside 가 그러한 요소들이다. 그림을 위해서는 figure와 figcaption이 있으며, 더 나아가서 details와 summary의 조합으로 추가 정보를 표시하거나 숨길 수 있다. 진척 정도를 표시하는 progress와 임의의 측정치를 위한 meter, 시간과 날짜를 위한 time도 주목할 만한 새 요소들이다.

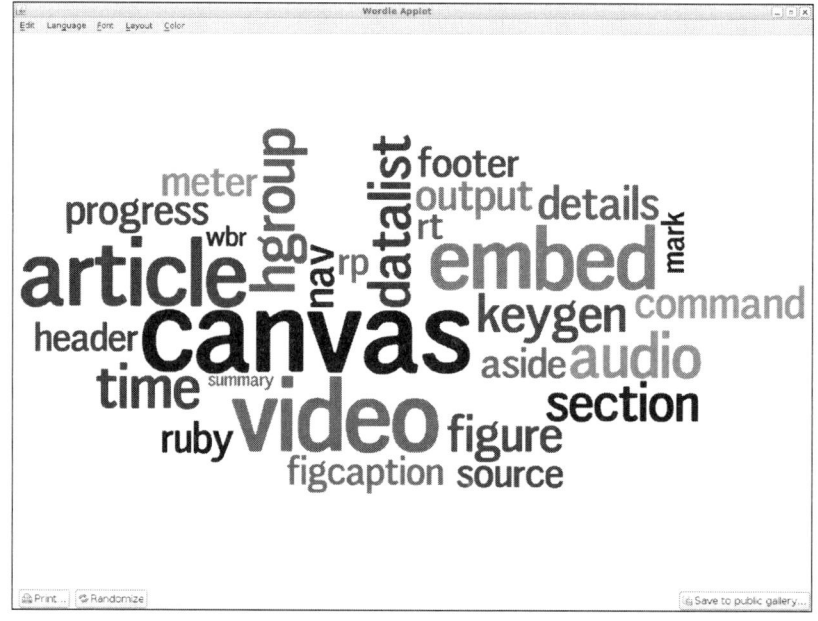

그림 1.2 HTML5의 새 요소들.

영어를 사용하는 국가에서는 ruby나 rt, rp 요소를 자주 만나지 않을 것이다. 이들은 주로 중국어와 일본어 문서에서 발음 지침을 제공하는 데 쓰이는 인쇄용 주해(annotation) 시스템이다. 영어권 사용자에게는 용어를 강조하는 mark나 필요하다면 해당 위치에서 줄을 바꾸어야 함을 뜻하는 wbr이 더 유용할 것이다.

웹 응용 프로그램을 위해 도입된 요소들도 있는데, 예를 들어 keygen은 암호화나 디지털 서명에서 키 쌍을 생성하기 위한 것이고 command는 명령 실행에, output은 문서의 양식 (form)이나 기타 부분의 계산 결과를 표시하는 데 쓰인다. option 요소들을 담는 datalist 는 양식 필드를 위한 보이지 않는 선택 목록으로 쓰인다. video와 audio 요소를 위한 대안 자원들을 나열하는 용도로는 source가 있다. 브라우저는 이 목록에서 자신이 인식하는 첫 번째 형식의 자원(파일)을 선택해서 재생한다. 마지막으로, embed 요소도 중요하다. 이것은 예전에 Netscape가 도입한 embed를 개선한 것이다.

input 역시 많은 것이 변했다. 무엇보다도 여러 가지 새로운 입력 형식들을 지원하는데, 우선 날짜와 시간을 위한 datetime, date, month, week, time, datetime-local이 있다. 그리고 검색 필드를 위한 search와 URL을 위한 url, 전자우편 주소를 위한 email, 전화번 호를 위한 tel, 수치를 위한 number, 수치 범위를 위한 range, 색상을 위한 color도 있다. 그림 1.3에서 보듯이, 새로 도입된 특성들 중에는 양식에 관련된 것들이 많다. form 특성 덕분에 양식 외부에도 입력 요소들을 둘 수 있으며, 그런 요소를 원하는 양식과 연결하는 것도 물론 가능하다. min이나 max, step, required, pattern, multiple, autocomplete 같 은 요소들은 입력 요소에 대한 제약이나 조건을 결정하며, formnovalidate나 novalidate 특성은 해당 양식에 입력된 자료의 검증 방식에 영향을 미친다. 그리고 placeholder나 autofocus 특성을 이용하면 사용자가 양식을 채울 때 사용자에게 실질적인 도움을 줄 수 있다. 사용자가 양식을 제출했을 때 발생하는 일은 input 요소나 button 요소의 formmethod, formenctype, formtarget, formaction 특성으로 지정할 수 있다. list 특성은 datalist 에 담긴 선택 목록을 해당 입력 요소에 연결시키는 데 쓰인다.

iframe을 위한 보안 기능으로 sandbox 특성과 srcdoc 특성, seamless 특성이 있다. 이 들은 내장된 내용을 문서의 나머지 부분과 격리시킨다. 스크립트를 비동기로 적재하고 싶다 면 async 특성을 사용한다. 그리고 ping 특성에 URL들의 목록을 지정해 두면, 해당 하이퍼 링크를 클릭했을 때 브라우저가 그 URL들을 배경에서 연다.

그림 1.3 HTML5의 새 특성들.

html 요소의 manifest 특성은 별로 중요해 보이지 않지만, 사실은 상당히 커다란 영향을 미친다. 이 특성은 오프라인 웹 응용 프로그램이 페이지의 어떤 부분을 오프라인에서 사용할 수 있게 할 것인지를 구성 파일(설정 파일)을 참조해서 결정할 수 있게 한다. style 요소에 scoped 특성을 지정하는 방식도 유용하다. 이를 통해서 해당 스타일이 상위 DOM 노드와 그 자식 노드들에만 적용되게 만들 수 있다. menu 요소의 경우 type 특성과 label 특성으로 메뉴의 종류(이를테면 문맥 메뉴나 도구모음)와 그 이름표(label)를 지정할 수 있다.

작지만 유용한 개선 사항을 몇 가지 들자면, 우선 문자 부호화 방식을 meta 요소의 charset 특성으로 좀 더 간결하게 지정할 수 있다는 점과 value 특성을 통해서 li 요소들로 명시적인 목록 값들을 배정할 수 있다는 점, 그리고 ol의 시작점을 start 특성으로 지정할 수 있다는 점, 마지막으로 reversed 특성으로 목록을 역순으로 정렬할 수 있다는 점이 있다.

모든 요소에 적용되는 전역 특성에도 바뀐 점이 많다. class, dir, id, lang, style, tabindex, title은 별로 변하지 않았다(단, title은 HTML4에서는 전역 특성이 아니었다). 주된 변화는 새로 추가된 특성들이다. contenteditable 특성을 이용하면 어떤 요소라도 사용자가 직접 편집할 수 있다. contextmenu 특성으로는 menu로 정의된 메뉴를 해당 요소에 배정할 수 있다. `draggable` 특성은 해당 요소가 '끌어다 놓기(drag-and-drop)' 동작의 대상이 되게 한다. 그리고 `spellcheck` 특성은 해당 부분의 맞춤법을 점검할 수 있게 만든다.

페이지 표시에 관련이 없는(또는 당시에 관련이 없어진) 내용은 `hidden` 특성으로 숨길 수 있다. `role` 특성이나 `aria-*` 특성으로는 화면 읽기(screen reader) 같은 접근성 보조 기능들을 활성화할 수 있다. 그리고 예약된 접두사인 `data-*`를 이용하면 개발자가 자신만의 특성들을 얼마든지 정의할 수 있다.

HTML5의 또 다른 중요한 부분은 새로운 프로그래밍 API인데, 예를 들어 `canvas` 요소 API와 음향 및 동영상 콘텐트를 재생하기 위한 API, 오프라인 웹 응용 프로그램의 프로그래밍을 위한 API 등이 있다. 또한 끌어다 놓기, 문서 편집, 브라우저 이력(history) 관리를 위한 API들도 있다. 명세서를 보면 독자적인 프로토콜이나 MIME 형식을 등록, 적용하기 위한, 언뜻 보기에는 다소 괴상한 API들도 들어 있다.

그리고 HTML5에서 모든 사건 처리부(event handler)가 전역 특성이며 `HTMLDocument` 객체와 `HTMLElement` 객체에 변화가 있다는 점도 언급할 필요가 있겠다. `getElementsByClassName()` 메서드를 이용하면 `class` 특성이 특정한 값인 모든 요소를 찾을 수 있으며, `classList` API 로는 `class` 특성들을 조작할 수 있다. 그리고 이제는 XML 문서에도 `innerHTML` 메서드를 사용할 수 있다. 문서에서 현재 어떤 요소에 초점이 주어져 있는지는 `activeElement`와 `hasFocus`로 알아낼 수 있는데, 둘 다 `HTMLDocument` 객체의 특성들이다. `getSelection()` 메서드로는 사용자가 현재 선택해 둔 텍스트를 얻을 수 있다.

1.3.2 폐기된 요소들과 특성들

HTML5의 혁신을 논의하자면 더 이상 쓰이지 않는 기능도 반드시 언급해야 한다. 다른 W3C 명세서들을 보면 이런 문맥에서 *deprecated*(더 이상 권장되지 않는, 폐기가 예정된)라는 용어를 흔히 볼 수 있으나, HTML5의 경우에는 이 용어가 적합하지 않다. HTML5는 하위 호환성을 보장하기 때문에, 폐기 예정된 요소들도 브라우저가 제대로 표시해야 한다. 그러나 웹 페이지 작성자라면 HTML5 '차이점 명세서'를 보고 더 이상 사용하지 말아야 하거나 사용하지 않는 것이 좋은 요소들과 특성들을 파악해야 할 것이다. 이제부터는 '폐기

예정된'이라는 용어를 '더 이상 없는' 또는 '부재(absent)'로 대신하겠다.

그림 1.4의 워들 이미지를 보면 font와 center가 아예 없음을 알 수 있다. 이들은 좀 더 최근의 CSS 해법들로 대체되었다. u 요소나 big, strike, basefont, tt 요소 역시 마찬 가지 운명을 겪었다. 그리고 iframe 요소는 frame, frameset, noframes 요소로 대체되었 다. acronym 대신 abbr를, dir 대신 ul을 사용해야 하며, isindex는 양식이 더 나은 옵션을 제공하므로 사용할 필요가 없다. 이상으로 언급한 일부 요소들이 워들에 나타나지 않은 이 유가 궁금할 수도 있겠는데, 이는 애초에 그 요소들이 거의 쓰이지 않았기 때문이다(이들이 HTML5에 포함되지 않은 것도 당연한 일이다).

그림 1.4 HTML5에서 더 이상 쓰이지 않는 요소들.

폐기된 특성들의 사정도 마찬가지이다. 그림 1.5의 워들을 보면 크기(width, height), 정 렬(align, valign), 간격(cellpadding, cellspacing), 색상(bgcolor) 관련 특성들이 두드 러진다. 이들은 주로 table, td, body와 함께 쓰이는데, 폐기된 다른 여러 특성들과 마찬가 지로 CSS에 자리를 내주게 되었다.

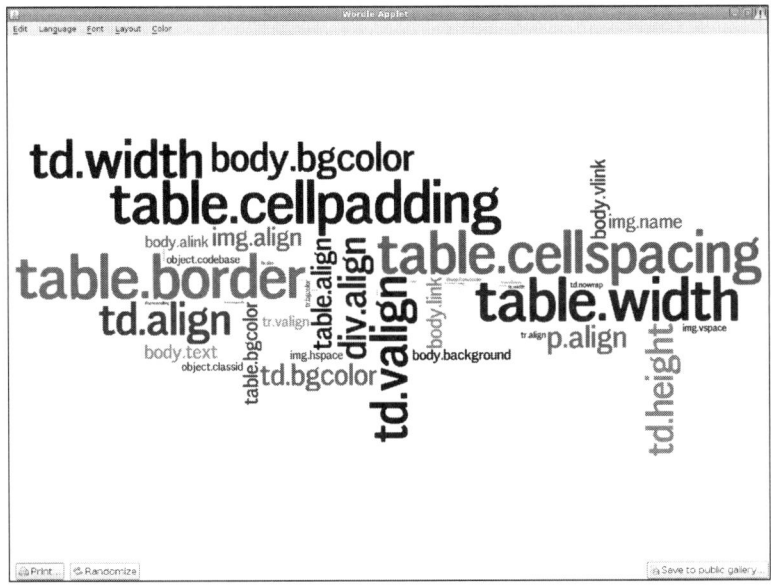

그림 1.5 HTML5에서 더 이상 쓰이지 않는 특성들.

어떤 요소나 특성이 더 이상 쓰이지 않는지의 여부를 어떻게 알 수 있을까? 매번 HTML5 차이점 명세서를 뒤져 보려면 많은 시간이 낭비될 것이다. 더 나은 방법은 http://html5. validator.nu의 HTML5 유효성 검증 서비스를 사용하는 것이다. 이 유효성 검사기는 무엇이 옳고 그른지를 정확하게 알고 있다. 한 번 시험해 보자. 검사기 페이지로 가서 입력 종류 목록 상자에서 *Text Field*를 선택하고, 기본으로 제공되는 HTML 틀에서 <p></p> 줄을 다음 과 같은 잘못된 마크업으로 대체하기 바란다.

```
<center>
  <acronym>WHATWG</acronym>
</center>
```

Validate 버튼을 클릭하면 다음과 같은 오류 메시지들이 나타날 것이다(2011년 10월 초 기준).

1. Error: The center element is obsolete. Use CSS instead.
2. Error: The acronym element is obsolete. Use the abbr element instead.

Use CSS instead 링크를 클릭하면 WHATWG 위키의 *Presentational elements and attributes*
페이지로 가게 된다. 그 페이지에는 정확한 사용법에 관련된 세부 사항이 있다. 유효성 검사
기는 또한 구문 오류를 직접 보여주는데, 한 번 시험해 보자. 다음 소스 코드를 검사해 보기
바란다.

```
<!DOCTYPE html><title>
```

그러면 다음과 같은 오류 메시지를 볼 수 있는데, 간단히 말하면 문서가 완성되지 않았기
때문에 유효하지 않다는 뜻이다.

1.   Error: End of file seen when expecting text or an end tag.

다음과 같이 종료 태그 `</title>`를 추가해서 다시 시도하면 오류 메시지가 사라진다.
이는 HTML5로 만들 수 있는 가장 짧은 문서에 해당한다.

```
<!DOCTYPE html><title></title>
```

유효성 검사기의 오류 인식 기능은 HTML5의 핵심 기능 중 하나인 HTML 파서에 기초한
다. 이전의 모든 명세서와 달리 HTML5 명세서에는 자잘한 세부사항이 모두 명시되어 있
다. 사실 900페이지 분량의 HTML5 명세서를 읽는 것은 전화번호부를 읽는 것만큼이나 재
미있는(?) 일일 것이다. 그러나 기술적인 관점에서 볼 때, HTML5 마크업을 해석해서 문서
의 DOM 트리를 구축하는 방법이 정의되어 있다는 점에서 명세서(의 제4장)는 필수불가결
한 원전이다.

실제로 앞의 작은 예제는 html과 head, body까지 포함한 하나의 완결적인 HTML5 DOM
트리를 생성한다. 또 다른 도구인 *HTML5 Live DOM Viewer*(http://livedom.validator.nu)를
이용하면 이를 확인할 수 있다.

1.3.3 그렇다면 XHTML의 운명은?

HTML5 명세는 기본적으로 문서와 웹 응용 프로그램을 서술하는 하나의 추상 언어와 상호
작용을 위한 API들을 서술한다. 문서나 웹 응용 프로그램은 메모리 안에서 DOM 트리(tree)

형태로 표현되는데, 그러한 DOM 트리를 만들기 위한 기저로 쓰이는 마크업 언어는 HTML일 수도 있고 XHTML일 수도 있다. 여기서 중요한 것은 파싱을 거쳐서 나온 결과이며, HTML이든 XHTML이든 그 결과는 유효한 DOM-HTML 트리이다.

따라서 문서를 만들 때 HTML을 사용할 것인지 XHTML을 사용할 것인지는 전적으로 문서 작성자에게 달려 있다. HTML이 좀 더 널리 쓰이고 작성하기 쉬우며 사소한 구문 오류에 대해 너그럽게 넘어간다. HTML의 경우 출력을 위한 MIME 형식은 text/html이다. 한편 XHTML은 엄격한 XML 규칙들(키워드 적격성[well-formedness])을 따른다. 그리고 MIME 형식으로는 항상 text/xml이나 application/xhtml+xml 같은 XML MIME 형식을 사용해야 한다(XHTML 1.1부터).

그럼 XHTML5로 표현한 *Hello world!* 문서를 보자. DOCTYPE은 없어도 되지만 유효한 XML 선언은 꼭 필요하며, 이 XML 선언에 문자 부호화 방식을 지정할 수 있다. 물론 문서 전체가 XML이 요구하는 적격성을 갖추어야 한다.

```
<?xml version="1.0" encoding="UTF-8"?>
<html xmlns="http://www.w3.org/1999/xhtml">
  <head>
    <title>Hello world! in HTML5</title>
  </head>
  <body>
    <p>Hello world!</p>
  </body>
</html>
```

이 버전과 앞의 HTML 버전이 별로 달라 보이지 않을 것이다. 이는 애초에 HTML 버전의 *Hello world!*에서 HTML5가 허용하는 단순화 사항들을 별로 활용하지 않았기 때문이다. 느슨한 HTML5에서는 다음과 같은 마크업으로 충분하다.

```
<!DOCTYPE html>
<meta charset=utf-8>
<title>Hello World! in HTML5</title>
<P>Hello world!
```

HTML5에서는 특성 값에 빈칸이나 " ' > / = 같은 기호가 없는 한 특성 값을 따옴표로 감쌀 필요가 없다. 태그 이름은 대문자여도 되고 소문자여도 된다. 또한 위의 예에서 보듯이 일부 태그를 아예 생략할 수도 있다. 정말 그렇게 해도 되는지 미심쩍다면 앞에서 말한 유효성 검사기로 확인해 보기 바란다. 새 HTML5 파서의 구현에서 선도적인 위치에 있는 브라우저 제조사는 Mozilla이다. http://validator.nu의 기초가 된 Henri Sivonen의 파서가 Firefox 4에 포함되어 있다.

1.4 지금 당장 HTML5를 사용할 수 있는가?

그렇기도 하고 아니기도 하다. HTML5가 아직 완성 단계에 도달하지 못했음은 주지의 사실이나, 이전 관행과는 달리 HTML5 표준의 개발은 그 구현 노력과 발맞추어 진행되고 있다. 인터넷 익스플로러 9(IE9)가 SVG와 캔버스를 제공하게 될 거라고, 그리고 구글이 YouTube에서 HTML5 동영상을 제공하기 시작할 것이라고 누가 예상했겠는가? 사용자들이 사용할 브라우저를 예측·통제할 수 있는 환경이라면 지금 당장이라도 새 기능들 중 많은 것들을 사용할 수 있다. 예를 들어 사내 인트라넷이나 몇몇 지인들만 방문할 개인 홈페이지라면 HTML5를 거리낌 없이 사용할 수 있을 것이다.

앞서 가는 4대 브라우저인 Firefox와 Chrome, Opera, Safari는 이미 HTML5의 상당 부분을 지원한다. 그리고 웹 표준 지원에 대한 Microsoft의 오랜 주저함은 2011년 IE9의 등장과 함께 끝이 났다. 브라우저 제조사들과 그 개발자들은 현재 표준 제정에 적극적으로 참여하고 있다. 그들은 새로운 표준 초안들을 시험용 버전들에서 **개념 증명** 차원에서 구현해 보고, 개선을 위한 의견과 제안을 WHATWG나 W3C에 보낸다. 이 덕분에 브라우저 제조사들과 개발자들은 개발 주기의 중요한 일원으로 작용한다. 구현이 불가능한 것은 명세서에서 **빠지**며, 그렇지 않은 구성요소들은 채택되어서 언젠가는 구현된다.

HTML5 얼리어댑터들은 개별 브라우저의 릴리스 노트에 주목하면 도움이 될 것이다. 다음엔 무엇이 **구현될까?**를 미리 짐작할 수 있기 때문이다. 다음은 각 브라우저의 릴리스 노트를 볼 수 있는 주소들이다.*

---

* [역주] 이 페이지들과 함께, "When can I use... Support tables for HTML5, CSS3, etc" 사이트(http://caniuse.com)도 좋은 자료가 될 것이다. 이 사이트는 HTML5는 물론 HTML5와 관련이 깊은 CSS3과 각종 JavaScript API들의 브라우저 버전별 지원 상황을 일목요연하게 제공한다.

- https://developer.mozilla.org/en/HTML/HTML5

- http://www.opera.com/docs/changelogs

- http://webkit.org/blog

- http://googlechromereleases.blogspot.com

- http://ie.microsoft.com/testdrive/info/ReleaseNotes

HTML5 관련 명세들의 개발 진행 연대표와 브라우저 버전 출시 일정들, 그리고 점점 짧아지는 새 버전 출시 주기들을 살펴보면 표준화와 그 구현이 밀접하게 연결되어 있음을 알 수 있다(그림 1.6).

두 영역이 함께 발전해 나가는 모습을 지켜보면 흥미로울 것이다. 이 연대표의 최신 버전은 다음 URL에서 볼 수 있다.

http://html5.komplett.cc/code/chap_intro/timeline.html?lang=en

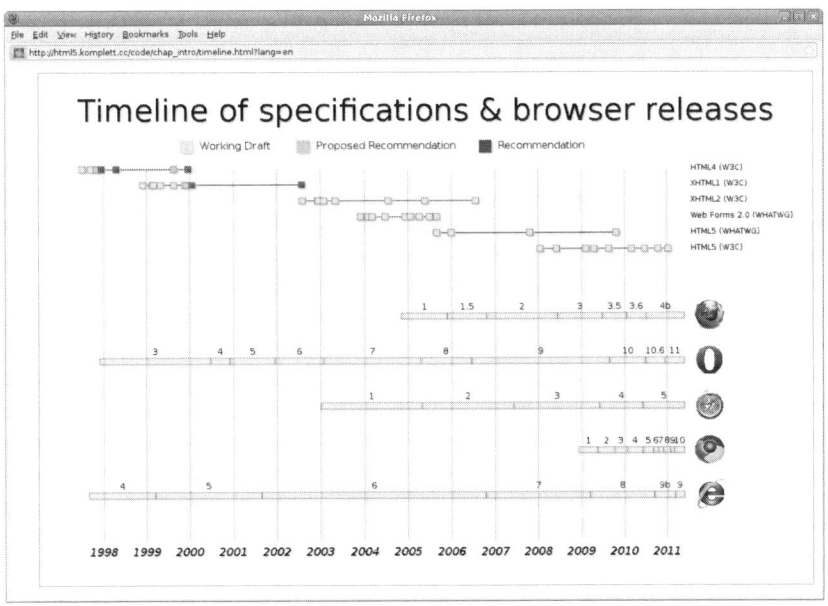

그림 1.6 명세서 개발 연대표와 브라우저 출시 일정들.

요 약

이번 장에서는 역사적 배경을 조금 소개하고 웹 개발자의 관점에서 HTML5가 기존 HTML 과 다른 점을 큰 시점에서 개괄했다. 우선 명세서 개발 과정의 뒷 이야기를 잠시 엿보고, 그런 다음 HTML5의 새 요소들과 특성들, API들을 간략하게 소개했다. 그리고 간단한 *Hello world* 예제 두 개를 통해서, HTML5와 XHTML5로 작성된 웹 사이트의 기본 틀이 어떤 모습인지 맛보았다. 마지막으로는 중요한 질문 하나를 던졌는데, 바로 "지금 당장 HTML5를 사용할 수 있는가?"이다. 답은 기본적으로(약간의 단서가 붙긴 하지만) '그렇다'이다. 다음 장부터는 HTML5의 실질적인 응용으로 넘어간다. 우선 제2장에서는 커다란 혁신이 일어난 부분인, 문서의 구조와 의미를 위한 여러 새 요소들을 살펴본다.

2

문서의 구조와 의미를
위한 요소들

제1장에서 언급한 Opera *MAMA* 조사 결과나 Google의 2005년 *Web Authoring Statistics* 연구 결과(http://code.google.com/webstats)를 보면 웹 사이트의 페이지 구조를 class나 id 특성으로 지정하는 것이 대세임을 알 수 있다. 이런 특성들의 값으로 흔히 footer, content, menu, title, header, top, main, nav가 쓰이며, 따라서 이러한 관행을 새 HTML5 명세서에 반영해서 문서의 구조를 위한 새로운 요소들을 만드는 것은 합리적인 일이었다.

그 결과, header, hgroup, article, section, aside, footer, nav 같은 엄선된 구조 요소들이 새로이 만들어졌다. 이들을 이용하면 class나 id를 거치지 않고도 페이지 구조를 명확하게 서술할 수 있다. 이 점을 보이기 위해, 2022년의 사건을 미리 예상해 보는 가상의, 그리고 다소 장난끼 있는 HTML5 블로그 항목 하나를 예로 들겠다(그림 2.1).

그림 2.1 가상의 HTML5 블로그.

이 HTML5 블로그의 소스 코드를 자세히 분석하기 전에, 중요한 참고자료 하나를 먼저 제시하겠다. 바로 *HTML: The Markup Language Reference*로, 주소는 http://www.w3.org/TR/html-markup이다. 앞으로는 이 문서를 짧게 **마크업 명세서**라고 부르겠다.

W3C HTML WG 팀 연락 담당자 Mike Smith가 대표 편집을 맡은 이 명세서에는 HTML5의 모든 마크업 요소의 정의와 기존 한계, 유효한 특성 또는 DOM 인터페이스가 나열되어 있으며, 서식화(formatting) 규칙도 CSS 형식으로 명시되어 있다(적용 가능한 경우). 그런 만큼, 이 명세서는 이 책에서도 자주 참조하는 소중한 자료이다. 한편 HTML5 명세서의 4.4절에도 새로운 구조 요소들이 나열되어 있다. 주소는 http://www.whatwg.org/specs/web-apps/current-work/multipage/sections.html이다.

다시 예제로 돌아가서, 이 HTML5 블로그 예제의 .html 파일과 .css 파일이 실제로 웹에 올라와 있으니 참고하기 바란다.

- http://html5.komplett.cc/code/chap_structure/blog_en.html
- http://html5.komplett.cc/code/chap_structure/blog.css

그림 2.1을 보면 하나의 페이지가 전체적으로 네 개의 구역으로 구성되어 있음을 눈치챌 수 있을 것이다. 바로 표제부(header, 머리글), 기사(article, 구별되는 하나의 글 항목), 하단부(footer, 바닥글), 사이드바(sidebar)이다. HTML5에서는 이 네 종류의 구역에 각각 새로운 구조적 요소를 사용한다. 이 요소들은 `blog.css` 스타일시트의 짧은 CSS 명령들과 결합되어서 페이지의 전체적인 구조와 배치 방식(layout)을 결정한다.*

2.1 표제부를 위한 'header' 요소와 'hgroup' 요소

머리글, 즉 표제부를 위한 새 요소로는 header와 hgroup이 있다. 지금 예제의 표제부(그림 2.2)는 다음과 같은 구조이다.

```
<header>
  <img>
  <hgroup>
    <h1>
    <h2>
  </hgroup>
</header>
```

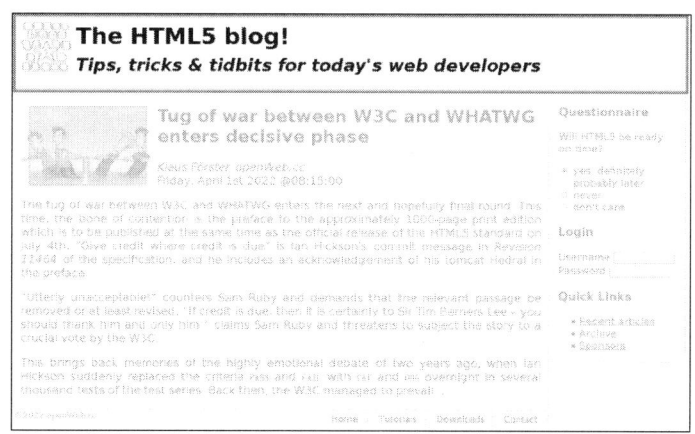

그림 2.2 HTML5 블로그 표제부의 기본 구조.

---

* [역주] 머리글과 바닥글은 MS Office 한국어판의 용어를 차용한 것이다. 머리말과 꼬리말이라는 용어도 종종 쓰이나, 머리말은 서문(preface, forward)과 혼동할 여지가 있다.

마크업 명세서에서는 header라는 용어가 표제(제목)와 추가적인 소개 문구 또는 이동 (navigation) 보조 수단을 담는 컨테이너로 쓰인다. 사실 이러한 표제부를 반드시 페이지 최상단의 제목 부분에만 사용해야 하는 것은 아니다. 문서의 다른 위치에서도 사용할 수 있다. 단, header들을 중첩시키거나 address 또는 footer 안에 header를 넣을 수는 없다.

HTML5 블로그의 경우 표제부는 img 요소 하나, 그리고 블로그 제목 및 부제목을 위한 표제 요소들(h1와 h2)을 감싼 hgroup 요소 하나로 구성되어 있다.

지금까지는 제목과 부제목을 지정할 때 그냥 h1 요소와 h2 요소를 연달아 넣는 것이 흔한 관행이었지만, HTML5에서는 더 이상 그런 관행이 허용되지 않는다. 이제는 그런 요소들을 hgroup으로 묶어야 한다. hgroup 요소의 전반적인 위치는 최상위 표제에 의해 결정된다. hgroup에 다른 요소들을 넣을 수도 있지만, 일반적으로는 h1에서 h6까지의 요소들의 조합만 사용하는 것이 바람직하다.

여기서 마크업 명세서를 잠깐 살펴보면 작지만 중요한 세부사항을 하나 발견할 수 있는데, 바로 header 요소를 다른 모든 구조 요소들처럼 CSS display: block으로 서식화하라는 지침이다. 이렇게 하면 새로운 태그를 인식하지 못하는 브라우저라도 해당 요소를 제대로 표시하도록 브라우저를 **설득**할 수 있다. 예를 들어 인터넷 익스플로러 8(IE8)에게 새로운 header 요소를 가르치는 데에는 다음과 같은 코드 몇 줄로 충분하다.

```
<!--[if lt IE 9]>
  <script>
    document.createElement("<header");
  </script>
  <style>
    header { display: block; }
  </style>
<![endif]-->
```

물론 이런 우회책에 관한 상세한 JavaScript 라이브러리도 있는데, 바로 Remy Sharp의 html5shim이다. 그 라이브러리는 header뿐만 아니라 다른 여러 새 HTML5 요소들도 지원한다. http://code.google.com/p/html5shim에서 인터넷 익스플로러를 위한 html5shim 라이브러리를 내려받을 수 있다.

참 고

프로그래밍 분야에서 shim이라는 용어는 어떤 응용 프로그램의 호환성을 위한 임시 해결책을 뜻한다. shim을 shiv라고 잘못 쓰기도 한다. shiv는 *jQuery*를 만든 John Resig이 http://ejohn.org/blog/html5-shiv에서 처음 사용한 단어이다. 그가 shiv를 의도적으로 사용한 것인지 shim이라고 하려고 했는데 잘못 쓴 것인지는 밝혀지지 않았다.

blog.css를 잠깐 보면, header에 대해서는 특별히 언급할만한 사항이 없다. 로고 이미지에는 float:left를 적용하며, 두 표제 h1와 h2 사이의 수직 간격을 조금 줄인다.

2.2 주된 내용을 위한 'article'

article 요소는 웹 페이지 안의 한 독립된 영역, 이를테면 뉴스, 블로그 항목 같은 것들을 대표한다. 지금 예제에서는 블로그 항목을 article로 담는다. 좀 더 구체적으로, 예제의 article 요소는 페이지에 활기를 불어 넣기 위한 img 요소 하나와 블로그 항목의 제목을 위한 h2 요소, 블로그 항목이 작성된 시간과 저작권 표시를 위한 time 요소와 address 요소, 그리고 실제 내용을 위한 문단(p) 세 개로 구성되어 있다. 또한 글에 등장하는 인물들의 인용구를 위한 q와 cite 요소도 있다.

내용(content)을 content라는 요소에 담으면 좋겠지만, 그런 요소는 없다. 사실 구글과 오페라의 웹 페이지 분석 결과에서 content가 상위를 차지하긴 했지만, 어떤 이유에서인지 HTML5에 포함되지는 못했다. 그래서 블로그 항목 전체를 content 대신 하나의 div로 감쌌다(그림 2.3). 이 예에서 보듯이, 한 페이지의 내용 부분에 얼마든지 많은 개수의 기사(artilce)들을 담을 수 있다.

```
<div>
  <article>
    <img>
    <h2>
    <address>
    <time>
  </article>
</div>
```

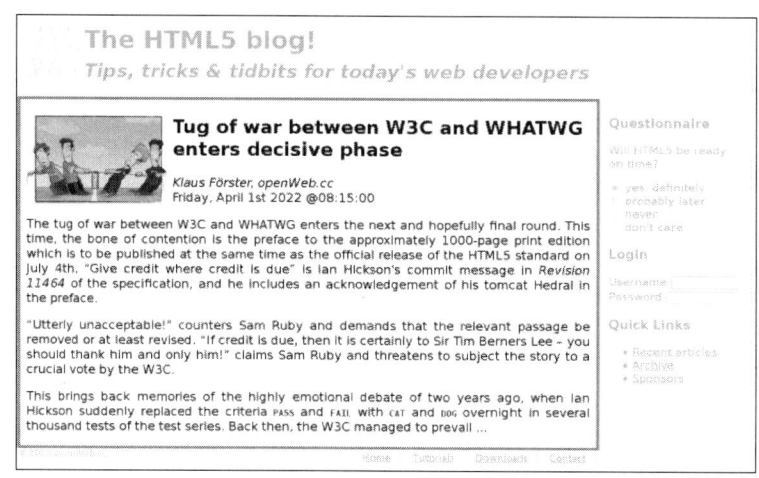

그림 2.3 HTML5 블로그 내용 부분의 기본 구조.

address는 연락처 정보를 담는 요소이다. 이름만 보고는 '우편 주소'를 떠올릴 수 있지만, 꼭 그럴 필요는 없다. 그냥 인명이나 회사 이름, 직위 등 '연락처'에 해당하는 정보를 뜻할 뿐이다. 마크업 명세서는 우편 주소를 담는 용도로 p를 권장한다. **address** 요소는 가장 가까운 **article** 요소에 적용되며, **article** 요소가 없는 경우 문서 전체에 적용된다. **time** 요소 역시 비슷한 방식으로 적용된다. 이 요소의 **pubdate**와 **datetime** 특성은 문서의 발행 일시와 타임스탬프를 나타낸다. 'time' 요소에 관해서는 §2.7.2에서 좀 더 자세히 이야기하겠다.

한 **article** 안에 다른 **article**이 내포된 경우, 원칙적으로는 안쪽 기사의 주제가 그 바깥쪽 기사의 것과 비슷해야 한다. 지금 예제에서 이런 종류의 **내포**(nesting)를 활용한다면, 주된 기사에 대한 논평을 보조 기사로서 내포시킬 수 있을 것이다.

다음으로, CSS를 통한 스타일 적용 부분을 살펴보자. **article** 역시 **display: block**을 지정해야 한다. 기사 내용의 너비는 79%로 줄어드는데, 이는 기사를 감싼 **div** 자체에 적용된 것이다. 이 **div**는 또한 로고의 **float: left** 효과를 **clear: left**로 무효화한다. 이탤릭으로 처리된 필자 정보는 **address**의 기본 서식에 의한 것이지 **em**에 의한 것이 아니다. 기사의 그림이 왼쪽으로 고정되어 있는 것은 **float: left**의 효과이다. 기사의 텍스트 자체는 **align: justify**에 의해 '양쪽 정렬'로 정렬된다. 그리고 인용구들은 **q** 요소로 기사에 통합되어 있는데, 여기서 한 가지 흥미로운 세부사항은 인용구의 큰따옴표들이 마크업 소스 코드의 일부가 아니라 **q** 요소에 적용된 스타일 규칙의 CSS 의사요소 **:before**와 **:after**에 의해 브라우저가 자동으로 추가한 것이라는 점이다. 이번에도, CSS 표기법의 구문은 마크업 명세서를 반영한다.

```
/* q 요소의 스타일 규칙: */
q { display: inline; }
q:before { content: '"'; }
q:after { content: '"'; }
```

2.3 바닥글을 위한 'footer'와 'nav'

예제 HTML 블로그의 바닥글에는 또 다른 새 구조 요소 footer와 nav가 쓰였다(그림 2.4). footer는 바닥글의 '틀'을 만들고, nav는 웹 페이지의 다른 영역으로의 이동 수단을 제공한다. footer는 관련 섹션에 관한 추가적인 정보를 담는다. 구체적으로는 글쓴이에 관한 정보(당연히 address로), 다른 관련 페이지들, 기타 여러 정보(저작권, 이용조건 등) 등을 담는다.

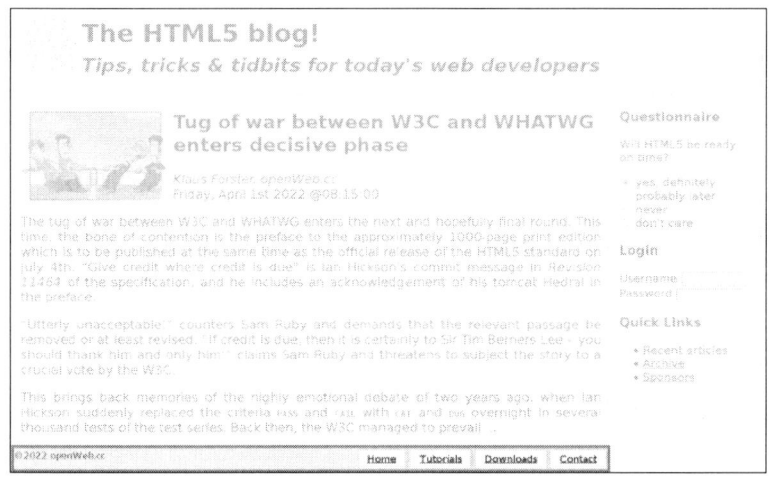

그림 2.4 HTML 블로그 바닥글의 기본 구조.

이름이 footer(바닥글)이긴 하지만 이 **footer**가 반드시 문서의 제일 아래에 있을 필요는 없다. 예를 들면 **footer**를 article 요소의 일부로 둘 수도 있다. 단, **footer** 요소들을 내포시키거나 **header** 또는 **address** 요소 안에 **footer**를 넣을 수는 없다.

문서 안의 특정 위치나 관련된 외부 페이지로 가는 이름표(label)들로 된 페이지 이동 영역을 만들고 싶다면 nav 요소가 안성맞춤이다. footer처럼 nav 역시 문서의 어떤 곳에도 등장할 수 있다. §2.4에 실제로 그런 예가 나온다. 유일한 예외는, address 요소 안에는 nav를 둘 수 없다는 것이다.

```
<footer>
  <p>
  <nav>
    <h3>
    <div>
      <a>
    </div>
  </nav>
</footer>
```

CSS를 보자면, 이 HTML5 블로그 예제의 바닥글에는 여러 가지 특별한 효과들이 주어져 있다. 예를 들어 footer 전체가 페이지 배경과 동일한 옅은 회색을 배경으로 하며, 오직 링크들만 background-color: white로 꾸며진다. 바닥글 첫 p 요소의 저작권 정보에는 float: left가, 그리고 이동 수단 부분에는 text-align: right가 적용되며, nav 블록 안의 h3 표는 display: none으로 감추어진다. 보여주지도 않을 h3 요소를 거기에 둔 이유는 §2.5절에서 명백해질 것이다. 링크들의 스타일을 개선하기 위해 링크들을 div 태그로 감쌌다. 앞에서 본 새 구조 요소들과 마찬가지로, header와 nav에도 display: block을 적용한다. 그리고 footer 요소의 너비를 79%로 줄인다.

2.4 사이드바를 위한 'aside'와 'section'

페이지의 주 내용과 크게 연관은 없는, 따라서 다소 개별적인 개체로 볼 수 있는 영역이 있다면 aside 요소를 사용하는 것도 좋겠다. 지금 예제는 페이지 오른쪽에 전통적인 형태의 '사이드바 (sidebar)'를 두는 용도로 aside 요소를 사용한다. 이 사이드바는 설문(Questionnaire), 로그인 (Login), 간편 링크 목록(Quick Links)이라는 세 개의 블록으로 구성된다. 링크 목록을 nav로 구현할 것임을 쉽게 짐작할 수 있을 것이다. 나머지 두 블록에는 어떤 요소를 사용할까?

바로 새로운 구조 요소 section이다.

이 section 요소는 한 문서에서 주제상으로 연결된 개별 구역들(흔히 표제를 포함한) 각각을 담는 용도로 쓰인다. 예를 들어 논문의 장(章, chapter)이나 여러 탭들로 이루어진 페이지의 탭에 이 요소를 활용할 수 있다. footer 안에 section을 둔다면, 부록이나 색인 (찾아보기), 라이선스 동의 등에 사용하면 될 것이다. 일반적으로, 목차(table of contents)에 속하는 부분이라면 section을 사용하는 것이 바람직하다. 앞에서 언급했듯이, 지금 예제의 경우에는 설문과 로그인 부분이 section으로 되어 있고 링크 목록은 nav로 되어 있다.

```
<aside>
  <h2>
  <section>
    <h3><p><input>
  </section>
  <section>
    <h3><label><input>
  </section>
  <nav>
    <h3><ul><li><a>
  </nav>
</aside>
```

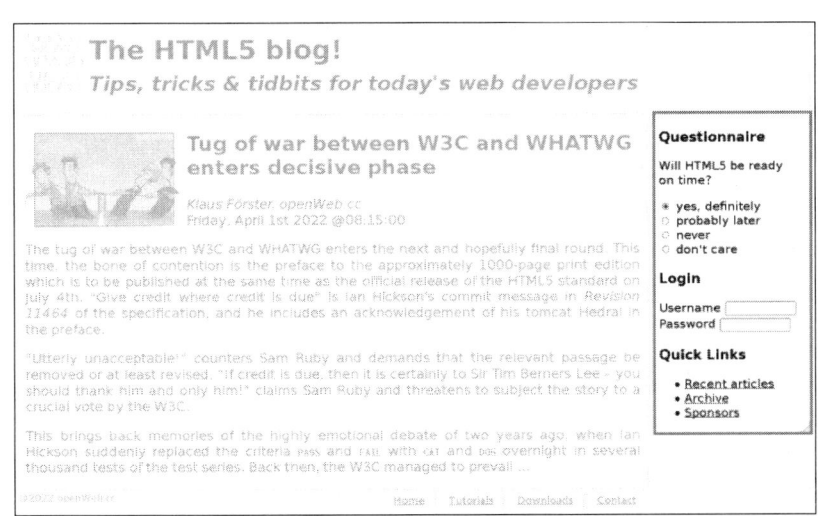

그림 2.5 HMTL5 블로그 사이드바의 기본 구조.

바닥글 안의 nav 블록에서와 같은 이유(§2.5절에 나온다)로, 사이드바 처음의 설문 블록 바로 앞에 있는 표제 h2는 CSS display: none으로 숨겨져 있다. 사이드바(aside 요소) 자체에는 float: right, width: 20%, font-size: 0.9em이 적용된다. 이 사이드바에서 주목할만한 특징은 오른쪽 하단의 둥근 모서리인데, 이는 이 예제가 CSS3을 사용함을 말한다. rounded-bottom-right 클래스에 대한 CSS 스타일 규칙은 다음과 같다.

```
.rounded-bottom-right {
  -moz-border-radius: 0px 0px 20px 0px;
  -webkit-border-radius: 0px 0px 20px 0px;
  border-radius: 0px 0px 20px 0px;
}
```

이 예제는 CSS3의 또 다른 기능도 사용하는데, 바로 주요 블록 가장자리의 '그림자'이다. 이를 위한 shadow 클래스의 CSS 스타일 규칙은 다음과 같다.

```
.shadow {
  -moz-box-shadow: 4px 0px 10px -3px silver;
  -webkit-box-shadow: 4px 0px 10px -3px silver;
  box-shadow: 4px 0px 10px -3px silver;
}
```

접두사(-moz-*와 -webkit-*)만 다르고 본질적으로 같은 규칙이 세 쌍씩 있는 이유는, CSS3이 아직 **후보 권고안**(Candidate Recommendation) 단계에 도달하지 못했기 때문이다. CSS3이 표준화 과정의 그 단계에 도달한 후에야 border-radius와 box-shadow가 더 이상 변하지 않을 것임을 확신할 수 있다. 그때까지는 여러 구현(브라우저)들이 표준과는 조금 다른 방식으로 작동할 수도 있기 때문에 이처럼 접두사 붙은 규칙들이 필요하다.

참고

많이들 기다리는 이 두 가지 기능을 좀 더 배우고 싶은 독자라면 CSS3 명세서의 해당 섹션들을 보기 바란다.
- http://www.w3.org/TR/css3-background/#the-border-radius
- http://www.w3.org/TR/css3-background/#box-shadow

2.5 개요 파악 알고리즘

명세서는 문서 개요 파악(outlining)의 세부 사항을 다소 복잡하게 설명하고 있지만, 사실 개요 파악에 깔린 개념은 간단하다. 여기서 **개요**(outline)란 문서의 바탕 구조를 기계(컴퓨터)가 읽을 수 있도록 요약한 것이다. 이 구조는 body, article, aside, nav, section 같은 소위 **분절 내용**(sectioning content)들과 hgroup 및 h1에서 h6까지 소위 **표제 내용**(heading content)들의 조합에 의해 결정된다. 그러한 구조를 서술한 것이 개요이다.

HTML5 블로그 예제를 Geoffrey Sneddon의 온라인 *HTML5 Outliner*(http://gsnedders.html5.org/outliner)로 점검하면 다음과 같은 구조를 볼 수 있다.

```
1. The HLML5 blog!
    1. Link Block
        1. Questionnaire
        2. Login
        3. Quick Links
    2. Tug of war between W3C and WHATWG enters ...
    3. Navigation
```

이탤릭체로 표시한 *Link Block*과 *Navigation*이 바로 앞에서 언급했던, display: none 으로 숨겨진 표제들이다. 이 표제들을 아예 생략했다면 위의 개요의 1-1과 1-3에 해당 제목이 나타나지 않았을 것이다. 이처럼 숨겨진 표제들을 사용한 덕분에 구조가 완결되고 개요가 훨씬 읽기 쉬워졌다.

h1에서 h6까지의 표제 요소들 중 어떤 것을 사용해야 하는지에 관해서는 다음과 같은 점을 염두에 두어야 할 것이다: 원칙적으로, 그 어떤 **분절 내용**이라도 h1 표제로 시작할 수 있으나, 꼭 그래야 하는 것은 아니다. 이번 예제의 경우 표제 수준은 개요의 계통구조(hierarchy)를 반영한다. 즉, h1은 블로그 표제부에, h2는 블로그 기사 제목과 링크 블록, footer 네비게이션에, 그리고 h3은 그 외의 표제들에 쓰인다. 모든 것을 h1로 했다면 개요 자체는 같게 나왔겠지만, 배치(layout)가 다소 나빠져서 CSS 파일에서 배치를 필자가 손수 정리해야 했을 것이다.

hgroup을 사용할 때에는, hgroup에서 가장 높은 수준의 표제만 개요에 포함된다는 점을 주의해야 한다. 위의 개요에 부제목 *Tips, tricks & tidbits for today's web developers*가 나타나지 않은 것도 바로 그러한 이유이다.

개요 파악 알고리즘을 어떤 형태로라도 직접 사용하는 브라우저는 아직 등장하지 않았지만, 그렇다고 해서 개요가 나중에 중요한 역할를 전혀 못 할 것이라고 가정해서도 안 된다. 예를 들어 브라우저가 개요를 이용해서 이동 수단 표시줄(navigation bar)을 자동으로 생성할 수도 있고, 페이지 전체를 짧고 간결하게 요약하는 내용을 생성할 수도 있고, 검색 엔진용 웹크롤러(소위 '봇')들이 개요를 이용해서 관련 내용을 좀 더 잘 추출하게 될 수도 있다. 그런 점들을 염두에 둔다면, HTML5 문서를 작성할 때 문서의 구조에 대해 어느 정도 진지하게 생각해 본다고 해서 나쁠 일은 없다. 구조를 점검하는 것이 그리 어려운 일도 아니므로, 지금부터 구조에 신경을 쓰는 습관을 들이시길!

2.6 그림, 도해를 위한 'figure'와 'figcaption'

엄밀히 말해서 figure 요소와 figcaption 요소가 구조적 요소인 것은 아니지만, 개별 사진이나 그래픽, 도표, 코드 목록을 구조적으로 문서에 통합하는 데 도움이 된다는 점에서 여기서 함께 소개하기로 한다. 하나의 figure 요소 안에 단 하나의 figcaption 요소만 허용된다. 그림(또는 도표 등등)의 설명을 담는 figcaption은 해당 이미지 위에 두어도 되고 아래에 두어도 된다. 이는 문서 작성자가 결정할 일이다. 다음은 이 요소들의 사용법을 보여주는 간단한 예이다(그림 2.6 참고).

```
<figure>
<img src="images/tarot_0980.jpg" alt="XXI: The World">
<img src="images/tarot_0963.jpg" alt="VI: The Choice">
<img src="images/tarot_0996.jpg" alt="XVIII: The Moon">
<figcaption> Three magical sculptures in Niki de Saint
 Phalles <em>Giardino dei Tarocchi</em> near Capalbio in the
 Tuscany region of Italy. The tarot cards from left to right:
 The World (XXI), The Choice (VI), and The Moon (XVIII)</figcaption>
</figure>
```

그림 2.6 'figure'와 'figcaption'의 사용 예.

2.7 텍스트 수준의 새로운 의미 요소들

문서의 명확한 구조를 강조하는 것과 함께, HTML5 명세서는 요소들의 의미론(semantics)도 매우 중요시한다. 명세서에는 각 요소마다 텍스트 수준에서의 특정한 의미가 부여되어 있다. 또한 HTML5 명세서는 주어진 태그가 쓰일 수 있는 문맥과 쓰일 수 없는 문맥도 명시한다. HTML5에는 이를 위한 새로운 요소들이 추가되었고, 완전히 사라진 요소들도 있고(font, center, big 등), 정의가 조금 변한 것들도 있다. 이번 절에서는 새로운 요소들과 변경된 요소들을 소개한다. 이후 표 2.2에서는 명세서의 *4.6 Text-level semantics* 절에 나오는 모든 요소의 전형적인 용도를 정리할 것이다. 그럼 새로운 요소들 중 가장 이국적인 요소인 ruby 부터 살펴보자.

2.7.1 'ruby,' 'rt,' 'rp' 요소

루비(ruby)는 조판·인쇄 주해 시스템(typographic annotation system)의 하나로, '동아시아 문서에서 발음 지시나 짧은 해설을 위해 기본 텍스트 주변에 배치하는 짧은 텍스트 문자열'을 뜻한다(www.w3.org/TR/ruby). 중국어 문서와 일본어 문서에서 루비 주해는 글자의 발음법을 나타낸다. 그림 2.7의 왼쪽 부분이 그러한 예이다.

그림 2.7 루비 주해의 두 예.

　이러한 루비 주해를 위한 요소로 ruby와 rt, rp가 있다. 우선, 주해를 달고자 하는 대상이 되는 표현을 ruby 요소 안에 지정한다. 그다음 rt 요소로는 그 대상에 대한 설명을 지정한다. 루비 시스템을 지원하는 브라우저는 이 rt의 내용을 해당 대상 위에 배치한다. 베이징 예제에서 보듯이, 이런 식으로 한 줄에 여러 개의 단어들을 부여할 수 있다.

　루비를 지원하지 않는 브라우저(Firefox, Opera)는 개별 구성요소들을 그냥 일렬로 표시하기 때문에 해당 부분을 읽기가 오히려 더 어려워진다. 둘째 문구가 첫째 문구의 설명이라는 점이 항상 명확하지는 않기 때문에, 두 구성요소를 시각적으로 차별화할 필요가 있다. rp 요소가 하는 일이 바로 그것이다. 이 요소를 이용하면 ruby 요소를 인식하지 못하는 브라우저에서만 괄호가 표시되게 할 수 있다. 그림 2.7에서 보듯이, Google Chrome은 ruby를 해석해서 대상과 주해를 시각적으로 다르게 나타낸다. ruby 태그를 인식하지 못하는 브라우저라면 해당 부분을 그냥 北**běi** 京**jīng**과 **HTML N°5 (Web Standard)**로 표시할 것이다.

2.7.2 'time' 요소

time 요소는 24시간 형식의 시간이나 그레고리력 날짜를 나타낸다. 날짜에 시간과 시간대 성분을 포함시킬 수도 있다. 이 요소의 목표는 HTML5 문서 안에서 날짜 및 시간을 컴퓨터가 읽을 수 있는 현대적인 형식으로 지정하는 것이다. 따라서 2011년 봄이나 새천년 5분

전 같은 애매모호한 표현은 허용되지 않는다.

이 요소에는 컴퓨터가 날짜·시간을 확실히 인식하게 하기 위한 `datetime` 특성이 있는데, 이 특성의 값으로는 시간이나 날짜, 또는 그 둘의 조합을 지정할 수 있다. 명세서에는 시간 성분들을 지정하는 구문이 명확하게 정의되어 있다. 표 2.1이 그것을 서술한 것이다.

표 2.1 'time' 요소의 'datetime' 특성의 값에 쓰이는 구문.

성분	구문	예
날짜	YYYY-MM-DD	2011-07-13
분 단위 시간	hh:mm	18:28
초 단위까지	hh:mm:ss	18:28:05
밀리초 단위까지	hh:mm:ss.f	18:28:05.2318
날짜·시간	날짜 값과 시간 값을 T로 결합	2011-07-13T18:28
GMT 시간대 시간	끝에 Z를 붙임	2011-07-13T18:28:05Z
시간대 오프셋 지정	+mm:hh 또는 -mm:hh	2011-07-13T18:28:05+02:00

이 요소의 pubdate 특성은 **부울**(boolean) 특성으로, 해당 날짜가 계통 구조 다음 수준에 있는 article의(article이 없으면 문서 전체의) 발행 일자인지를 뜻한다. pubdate를 지정한다면 반드시 datetime도 지정하거나, 아니면, time 요소의 시작 태그와 종료 태그 사이에 유효한 날짜 값을 지정해야 한다.

참고

HTML5의 **부울** 특성에서 주의할 점은, `true`나 `false`가 유효한 특성 값이 아니라는 것이다. 파서는 부울 특성의 이름을 발견하기만 하면 무조건 그 특성이 '참(true)'이라고 간주한다. 따라서 다음 세 경우 모두 pubdate가 참이 된다.

```
<time pubdate>
<time pubdate="">
<time pubdate="pubdate"> (물론 따옴표는 생략 가능)
```

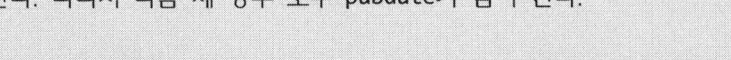

부울 특성을 '거짓'으로 설정하는 방법은 단 하나, 그 특성을 아예 지정하지 않는 것뿐이다.

2.7.3 'mark' 요소

mark 요소는 텍스트 중 다른 문맥에서 중요한 것으로 간주되는 부분을 강조하는 용도로 쓰인다. 설명이 좀 애매한데, 이해를 돕기 위해 간단한 예를 들어 보겠다. 어떤 인용문에서 특정 문구 하나를 강조하고 싶다고 하자. 좀 더 구체적으로는, 그럼으로써 원문에 어떤 새로운 의미를 부여하고 싶다고 하자. 그런 경우에 mark 요소가 유용하다. 예를 들어 문서 검색 결과에서 주요 단어들을 표시하거나 코드 검토용 페이지에서 코드 목록 안의 주요 식별자를 강조하고자 할 때 mark 요소를 사용하면 된다.

2.7.4 'wbr' 요소

wbr 요소는 브라우저가 긴 단어 중간에서 줄을 바꿀 여지를 부여한다.
예를 들어 *supercalifragilisticexpialidocious*[*] 같은 꽤 긴 단어에 wbr 요소를 몇 개 집어넣으면, 단어의 주변 배치 상황에 따라 브라우저가 단어를 여러 줄로 나누어 표시할 수 있다.

```
supercali<wbr>fragilistic<wbr>expialidocious
```

줄이 바뀔지의 여부는 전적으로 배치 상황에 의해 결정된다. wbr는 줄바꿈(line break)을 '허용'하는 것이지 '강제'하는 것은 아니다. 이 요소는 이를테면 긴 URL이나 소스 코드 줄에 유용할 것이다. br처럼 wbr도 소위 **공 요소**(void element), 즉 종료 태그가 없어야 하는 요소이다. HTML5에는 이런 공 요소들이 14개 더 있다. 다음이 바로 그런 공 요소들이다.

area	base	br	col	command	embed
hr	img	input	keygen	link	meta
param	source	wbr			

물론 공 요소의 시작 태그 자체에 **슬래시**를 넣는 것은 허용된다(예: `<br />`). 이는 XHTML5 문서의 유효성 요구조건을 만족시키는 데 유용하다.

---

[*] [역주] 영화 메리포핀스에 나오는 일종의 주문이다. 관련 위키백과 페이지: http://ko.wikipedia.org/wiki/Supercalifragilisticexpialidocious

2.7.5 약간만 바뀐 요소들

정의가 조금 바뀐 요소들로는 우선 b와 i가 있다. 이들은 HTML5의 개념에 잘 맞지 않는다. 사실 태그 이름 자체가 HTML5가 지향하는 바와 동떨어져 있다. b는 *bold*에서 온 것이고 i는 *italic*에서 온 것인데, 둘 다 서식화 방식을 아주 강하게 암시한다. 이는 HTML5에서 그리 인기 있는 방식이 아니다. HTML5에서는 **관련성**(relevance)이 필수이며, 따라서 어떤 단어의 중요성을 표시할 때에는 이 요소들 대신 **strong**과 **em**(emphasis[강조]에서 비롯되었음)을 사용해야 한다. 그러나 b와 i가 대단히 널리 쓰이는 태그들이기 때문에 이들의 사용을 단번에 금지할 수가 없었다. 그래서 두 요소를 계속 허용하되 그 의미를 조금 바꾸는 타협안이 채택되었는데, 이제 b는 굵은(bold) 오프셋 텍스트*를 뜻하고 i는 이탤릭체의 오프셋 텍스트를 뜻한다. 그러나 깔끔한 HTML5를 작성하고자 하는 독자라면 b와 i를 아예 피하고 대신 **strong**과 **em**을 사용하는 것이 바람직하다.

한편, `cite` 역시 그 의미가 조금 바뀌었다. 이제 이 요소는 작품의 제목을 나타내는 데 쓰이며, 인명을 인용하는 데에는 사용하지 말아야 한다. `small`은 이제 단순히 글씨를 작게 표시하는 용도가 아니라, 부수적인 해설이나 이용 조건, 법적 공지 등의 소위 스몰프린트(small print)를 의미하는 요소가 되었다(단, 이 요소가 해당 내용의 중요성을 명시적으로 나타내는 것은 아니다). `hr`은 이제 페이지 구역을 분할하는 단순한 수평선이 아니라, 내용의 주제가 바뀜을 나타내는 용도로 쓰인다.

명세서의 *Text-level semantics* 절 끝을 보면 개별 태그의 용법이 간단한 예들과 함께 정리되어 있는데, 독자의 시간을 줄여 주기 위해 그 표를 여기에도 제시한다(표 2.2).

표 2.2 의미론적 텍스트 요소들의 용법**

요소	목적	예
a	하이퍼링크	제 `<a href="drinks.html">`음료`</a>` 페이지에 방문 부탁합니다!
em	강조	솔직히 저는 레모네이드를 `<em>`숭배`</em>`합니다.
strong	중요성	이 차는 `<strong>`아주 뜨겁습니다`</strong>`.

---

*   [역주] 주변의 통상적인 문맥에서 '벗어나 있는(offset)' 텍스트를 뜻한다. 주된 텍스트 안의 기술 용어나, 짧은 인용구, 외국어 문장 등에 쓰이며, 본문에도 암시되어 있듯이 '강조'와는 좀 다른 것이다.

** [역주] 표에서 '예' 열의 문구들은 HTML5 명세서의 원래 표에 있는 영문 예제를 적당히 옮긴 것으로, 단지 독자의 이해를 돕기 위한 것일 뿐, WHATWG와는 전혀 무관하다.

small	부수 해설	이 포도들로 포도주를 만듭니다. `<small>`알코올은 중독성이 있음.`</small>`
s	부정확한 텍스트	`<s>`£4.50`</s>` £2.00!
cite	작품, 문서 제목	여기에 `<cite>`Hugo v. Danielle`</cite>` 사건이 관련된다.
q	인용	판사는 `<q>`어항의 물을 마셔도 된다`</q>`고 말했지만, 권하지는 않았다.
dfn	정의	`<dfn>`유기농 식품`</dfn>`이라는 용어는 화학비료를 사용하지 않고 생산한 식품을 말한다.
abbr	약자	아일랜드의 유기농 식품은 `<abbr title="Irish Organic Farmers and Growers Association">`IOFGA`</abbr>`에서 인증한다.
code	컴퓨터 코드	과일 생산 추적을 위해 `<code>`fruitdb`</code>` 프로그램을 사용해 보세요.
var	변수	바구니에 `<var>`n`</var>`개의 과일이 있다면, 적어도 `<var>`n`</var>`÷2개는 잘 익었을 것이다.
samp	컴퓨터 출력	컴퓨터가 `<samp>`Unknown error -3`</samp>`라고 말했다.
kbd	사용자 입력	`<kbd>`F1`</kbd>` 키를 누르시면 다음으로 넘어갑니다.
sub	아래첨자	물은 H`<sub>`2`</sub>`O이다.
sup	위첨자	중수의 수소는 보통 `<sup>`2 `</sup>`H이다.
i	다른 성조	레모네이드는 주로 `<i>`감귤류`</i>`로 이루어진다.
b	키워드	잘 씻은 `<b>`레몬`</b>` 하나를 `<b>`믹서기`</b>`로 가세요.
mark	강조(highlight)	Elderflower cordial, with one `<mark>`part`</mark>` cordial to ten `<mark>`part`</mark>`s water, stands a`<mark>`part`</mark>` from the rest.***
ruby, rt, rp	루비 주해	`<ruby>` OJ `<rp>`(`<rt>`Orange Juice`<rp>`)`</ruby>`
bdi	텍스트 방향 분리	추천하는 식당은 `<bdi lang="">` My Juice Café (At The Beach) `</bdi>`입니다.
bdo	텍스트 방향 서식화	영어로 쓰되 순서를 뒤집는다. 즉, 'Juice'는 '`<bdo dir=rtl>`Juice`</bdo>`'가 된다.
span	기타	프랑스에서는 `<span lang="fr">`sirop de sureau`</span>`라고 부릅니다.
br	줄바꿈	Simply Orange Juice Company` `Apopka, FL 32703 ` `U.S.A.
wbr	줄바꿈 허용	www.simply`<wbr>`orange`<wbr>`juice.com

*** [역주] 비율을 나타내는 용도로 쓰인 단어 part와 숙어 "stand apart"를 교묘하게 섞은 문장이다. 참고로 Elderflower cordial은 칵테일의 일종이다.

요 약

HTML5는 다양한 구조적 요소들을 새로이 제공한다. header, hgroup, article, section, aside, footer, nav가 그러한 요소이다. 이번 장의 전반부에서는 가상의 블로그 예제를 통해서 이 요소들을 사용하기가 얼마나 쉽고 직관적인지를 살펴보았다. class 특성과 결합될 때에만 뜻이 통하는 '익명의' div 요소 대신, 이제는 이름 자체에서 그 용도를 짐작할 수 있는 새로운 구조적 요소들을 사용할 수 있게 되었다. 이러한 개념은 이미지와 도표 등을 통합하기 위한 figure 요소와 figcaption 요소에도 적용된다. 또한 이번 장에서는 텍스트 수준의 의미론적 요소들도 소개했다. 루비 주해를 위한 ruby, rt, rp 요소와 시간 지정을 위한 time, 텍스트 문구의 강조를 위한 mark, 줄바꿈 허용을 위한 wbr 요소를 살펴보았으며, 그 요소들을 비롯한 모든 텍스트 수준 의미 요소의 용도와 예를 정리한 표 2.2도 제시했다.

3

지능적인
입력 양식

온라인으로 영화표를 예약하거나, 은행 업무를 보거나, Google에서 뭔가를 검색할 때 양식 (form)*이 없다면 해당 서비스를 제대로 사용하기가 불가능하다. 상호작용적인 양식의 요소들 대부분은 1995년에 제정된 HTML 2.0의 것에서 거의 변하지 않았다. 이는 한편으로는 팀 버너스리의 초기 설계에 선견지명이 있었다는 뜻이기도 하지만, 한편으로는 이제는 개선하고 고칠 것들이 많다는 뜻이기도 하다. HTML5 명세서의 상당 부분이 양식에 관련되어 있다. 양식에 관련해서 새로 추가되거나 변한 부분은 모든 웹 디자이너의 업무를 크게 촉진할 것이다.

---

* [역주] 지금은 동적인 성격이 많이 추가되긴 했지만, 원래 HTML의 'form'은 '양식(樣式)' 서류, 즉 휴대 전화 개통 신청서 양식이나 은행 계좌 개설 신청서처럼 일정한 틀 안에 작성자가 채워 넣어야 할 칸들이 있는 서류에서 비롯된 것이고, 사실 지금도 그런 목적으로 많이 쓰인다.

이 책을 쓰는 현재 브라우저들이 새 양식 요소들을 제대로 지원하지는 않지만(현재 Opera 와 Google Chrome 개발자 버전만 지원한다)*, 하위 호환되는 구문 덕분에 지금 당장 새 양식 요소들을 사용해도 안전하다.

3.1 새로운 입력 형식들

HTML5의 input 요소는 기존보다 더 많은 입력 형식(type 특성)들을 지원한다. date나 color, range 같은 새 입력 형식들 덕분에 브라우저는 사용자에게 좀 더 친근한 입력 수단을 제공할 수 있으며, 또한 사용자의 입력이 해당 형식을 만족하는지도 점검할 수 있다. 브라우저가 input 요소의 특정 type을 인식하지 못하는 경우, 브라우저는 그냥 type=text 로 간주해서 텍스트 입력 상자(어떤 값이라도 입력받을 수 있는)를 표시한다. 꽤 오래된 브라우저들도 이런 행동을 보이므로, 지금 당장 새로운 입력 형식들을 사용해도 안전하다.

새 입력 형식들 중 가장 유용한 것은 아마도 날짜와 시간 입력 형식들일 것이다. 현재 웹을 검색해 보면 크고 작은 JavaScript 달력 컨트롤들이 많이 있다. 택배 예약을 위해서든 콘서트 티켓 예매를 위해서든, 지금까지는 사용자가 날짜를 수월하게 입력할 수 있게 만들려면 웹 개발자가 수고를 해야 했다. 물론 *jQuery* 같은 JavaScript 라이브러리들이 미리 만들어진 달력 컨트롤을 제공하지만, 이 기능은 애초에 브라우저가 직접 지원해야 마땅하다.

이 글을 쓰는 현재, 날짜 입력을 위한 그래픽 입력 수단을 제공하는 데스크톱용 브라우저는 Opera뿐이다. 그림 3.1에서 보듯이, type 특성의 값이 date인 input 요소를 클릭하면 달력이 열린다. 표 3.1에 이 date를 비롯한 새 입력 형식들이 정리되어 있으며, 그림 3.1에는 이들이 Opera에서 어떻게 표시되는지가 나와 있다.

---

* [역주] 이 책 전반에서 이런 '브라우저 지원 현황'에 관한 문구를 자주 만날 텐데, HTML5 표준이 계속 변하고 있고 브라우저들도 빠르게 발전하고 있는 만큼(예를 들어 Firefox는 버전 5부터 버전업 속도가 대단히 빨라졌고 Google Chrome은 아예 버전 번호라는 것이 무의미할 정도로 갱신이 잦고 일상적이다), 이런 언급을 절대적으로 받아들이지는 말기 바란다. 물론 이런 언급이 전혀 무의미하다는 것은 아니다. 이런 언급들에서 해당 기능에 대한 브라우저 제조사들의 태도라던가 구현 난이도 등을 짐작할 수 있다. '이 책을 쓰는 현재'가 아니라 독자가 책을 보고 있는 현재에서의 지원 상황을 알고 싶다면, 제1장 끝의 역주에서도 언급했던 "When can I use" 사이트(http://caniuse.com/)를 추천한다.

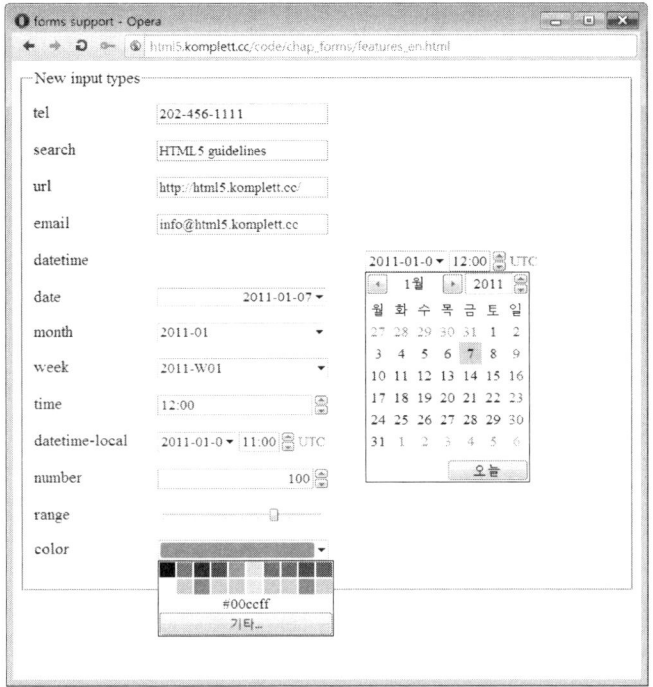

그림 3.1 Opera 브라우저가 새로운 양식 입력 형식의 구현에서 한참 앞서나가고 있다.

표 3.1 HTML5의 새 입력 형식들.

형식	설명	예
tel	줄바꿈 없는 텍스트	+1 234 567890
search	줄바꿈 없는 텍스트	search term
url	절대 URL	http://www.example.com
email	유효한 전자우편 주소	user@host.com
datetime	날짜와 시간(항상 UTC 시간대)	2010-08-11T11:58Z
date	시간대 없는 날짜	2010-08-11
month	시간대 없는 연도와 월	2010-08
week	시간대 없는 연도와 주	2010-W32
time	시간대 없는 시간	11:58:00
datetime-local	시간대 없는 날짜와 시간	2010-08-11T11:58:22.5
number	수치	9999 또는 99.2
range	특정 범위 안의 수치	33 또는 2.99792458E8
color	sRGB 색공간 안의 RGB 값(16진수)	#eeeeee

3.1.1 입력 형식 'tel'과 'search'

tel과 search는 그 모습 자체로는 보통의 텍스트 필드와 다를 바가 없다. 둘 다 줄바꿈 없는 문자열을 담는다. 전화번호가 항상 숫자로만 구성된 것은 아니다. 괄호나 + 기호도 쓰인다. tel의 경우 브라우저는 사용자의 주소록을 참조해서 전화번호를 제시할 수 있다. 이는 휴대전화에서 특히나 유용한 기능이다. search 형식은 브라우저가 검색어 입력 필드를 해당 플랫폼의 배치 방식과 일치하게 만들 수 있도록 도입된 것이다. 예를 들어 Mac OS X에서는 검색 필드를 브라우저 바깥에서도 흔히 보는 둥근 테두리로 표시하는 식이다.

3.1.2 입력 형식 'url'과 'email'

url과 email에 대해 브라우저는 기존에 입력된 URL이나 전자우편 주소를 제시할 수 있으며, 또한 입력된 URL이나 주소가 유효한지도 점검할 수 있다. 전자우편 주소와 URL 형태의 인터넷 주소에는 엄격한 규칙이 있으므로, 입력 도중 사용자가 실수한 부분에 대해 브라우저가 피드백을 제공하는 것은 어려운 일이 아니다(이에 대해서는 §3.4 '클라이언트쪽 양식 검증'에서 좀 더 이야기하겠다).

3.1.3 날짜와 시간을 위한 'datetime', 'date', 'month', 'week', 'time', 'datetime-local'

날짜와 시간 서식들을 좀 더 자세히 살펴보자. datetime은 날짜와 시간 정보를 담되, 시간대가 항상 UTC(협정세계시)라는 특징이 있다. 명세서에 따르면 브라우저가 사용자에게 다른 시간대를 선택하게 할 수 있으나, 그래도 input 요소의 값 자체는 반드시 UTC로 변환된 것이어야 한다. time 요소의 datetime 특성에 지정하는 시간 정보에 대한 규칙들(§2.7.2 참고)이 여기에도 적용된다. 단, 입력 문자열이 항상 UTC를 의미하는 Z로 끝난다는 예외가 있다.

date와 month에서는 시간 및 시간대가 생략된다. 명세서에 따르면 date 형식의 입력 값은 반드시 해당 달 안의 유효한 날짜(윤년도 고려해서)이어야 한다. 연도(년)와 월, 일은 반드시 빼기 기호(-)로 구분되며, 연도는 적어도 네 자리 숫자이고 0보다 커야 한다. 따라서 좀 더 광범위한 국제 표준 ISO 8601과는 달리, HTML5에서는 서기 1년 이전의 날짜를 표현할 수 없다.

week 형식은 1년의 특정 주를 나타낸다. 주 번호 앞에 반드시 연도도 붙여야 한다. 연도와 주는 앞에서와 마찬가지로 - 로 구분한다. month와 혼동하지 않도록, 주 번호 앞에 W 자가 붙는다.

datetime-local은 시간대가 지정되지 않는다는 점만 빼면 datetime와 같다.

Opera는 날짜 입력 시 달력 창을 제시한다. 시간은 직접 입력할 수도 있고 화살표 키들로 변경할 수도 있다(그림 3.1 참고).

3.1.4 입력 형식 'number'와 'range'

number 형식과 range 형식은 수치로 변환될 수 있는 입력을 요구한다. 부동소수점 표기(이를테면 2.99792458E8)도 지원한다. range 형식의 경우, 명세에 따르면 특정한 하나의 값이 중요한 것이 아니다. 이 형식은 하나의 수치가 아니라 수치들의 범위를 나타내며, 사용자는 그 범위 안의 한 수치를 슬라이더 바 등을 이용해서 편하게 입력할 수 있다. Opera와 WebKit 기반 브라우저(Safari, Google Chrome 등)는 슬라이더 바를 이용해서 이 형식을 나타낸다(그림 3.1과 3.2 참고).

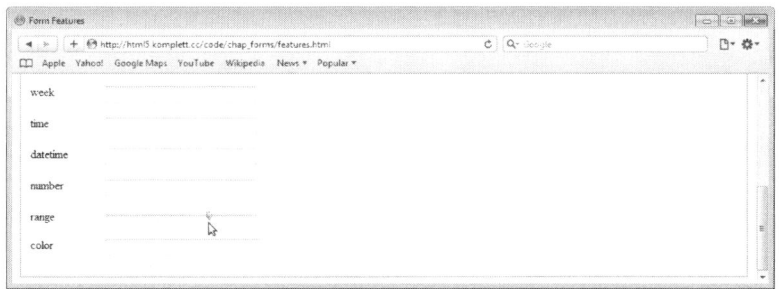

그림 3.2 Safari에 표시된 입력 형식 'range'.

3.1.5 색상 입력을 위한 'color'

color 형식을 위한 그래픽 입력 수단을 처음으로 제공한 브라우저 역시 Opera이다. 그림 3.1에서 보듯이 Opera(버전 11 이상)는 자주 쓰이는 색상들을 선택할 수 있는 사각형 영역을 제공하며, 이미지 편집 프로그램에서 볼 수 있는 색상 추출 도구도 제공한다. 안타깝게도 다른 브라우저들은 아직 이런 종류의 입력 수단을 제공하지 않는다.

형식이 **color**인 **input** 요소의 입력 값은 #으로 시작하는 8비트 16진 RGB 값들이어야 한다. 예를 들어 순수한 파란색은 **#0000ff**이다.

3.1.6 새 입력 형식들의 사용 예

이론은 이 정도로 하고, 이제 실제 예를 보자. 이번 장의 첫 예제는 새 입력 형식들을 수직으로 나열한다. 그것만으로는 별로 재미가 없으므로, 각 형식의 지원 여부도 검사해 본다. 여기서 핵심은, 브라우저가 자신이 인식하지 못하는 입력 형식(**type** 특성)을 **text**로 설정한다는 점, 그리고 그것을 JavaScript에서 점검할 수 있다는 점이다.

```
<script>
  window.onload = function() {
    inputs = document.getElementsByTagName("input");
    for (var i=0; i<inputs.length; i++) {
      if (inputs[i].type == "text") {
        inputs[i].value = "not available";
      }
    }
  }
</script>
```

웹 페이지의 적재가 끝나면 위의 JavaScript 코드가 실행되어서 페이지의 모든 **input** 요소를 훑으면서 각 **input** 요소의 **type** 속성*을 점검한다. **type** 속성의 값이 표준 입력 형식에 해당하는 **text**이면 그 요소의 값을 *not available*(사용할 수 없음)으로 설정한다. 새로운 입력 형식들을 지정한 **input** 요소들의 HTML 코드는 다음과 같은 모습이다.

```
<fieldset>
  <legend>New input types</legend>
```

---

* [역주] HTML 요소의 특성(attribute)을 JavaScript 코드의 맥락에서 언급할 때에는 객체지향 프로그래밍 분야의 관례를 따라 '속성(property)'이라고 부르기로 한다. 이는 단지 호칭상의 구분일 뿐, (적어도 HTML의 맥락에서)의미상의 차이가 있는 것은 아니다.

```
  <p><label for=tel>tel</label>
<input type=tel id=tel name=tel>
  <p><label for=search>search</label>
<input type=search id=search name=search>
  <p><label for=url>url</label>
<input type=url id=url name=url>
  <p><label for=email>email</label>
...
```

그림 3.3은 이를 안드로이드 휴대전화에서 시험해 본 모습이다. 안드로이드의 WebKit 기반 브라우저(왼쪽)는 search, url, email, tel을 인식하긴 하지만 특별히 입력을 돕지는 않는다. 단, tel의 경우 전화번호를 입력하기 좋도록 숫자 키패드 형태의 소프트웨어 키보드를 제공하는 정도이다*(가운데). Opera Mobile은 url과 email을 지원하며, date와 time도 지원한다.

그림 3.3 안드로이드 2.2 휴대전화의 WebKit 기반 브라우저(왼쪽, 가운데)와 Opera(오른쪽, 버전 10.1 베타)의 새 입력 형식 지원 정도.

---

* [역주] 원서는 안드로이드 2.1의 브라우저를 예로 들었는데, 2.1의 브라우저는 숫자 키패드조차도 제공하지 않았다. 2011년 11월 둘째 주 현재, 마켓에 접속한 적이 있는 안드로이드 기기들 중 2.1은 약 10%이고 2.2이 약 40%, 2.3까지 합치면 80% 이상(http://developer.android.com/resources/dashboard/platform-versions. html 참고)임을 감안해서, 번역서에서는 2.2의 예로 대체했다.

현대적인 브라우저인 안드로이드 브라우저의 입력 형식 지원이 이 정도인 것은 다소 실망
스러운 일이다. 한편 iPhone은 그보다는 조금 나아서, 전화번호를 입력할 때(**tel** 형식) 숫자
키패드를 제공할 뿐만 아니라 전자우편 주소를 입력할 때(**email** 형식) 소프트웨어 키보드에
@ 문자를 추가한다.

캐나다 제조사 *Research in Motion(RIM)*이 만드는 스마트폰 제품군의 운영체제인 *BlackBerry*
는 이들을 좀 더 잘 지원한다. 그림 3.4에서 보듯이 BlackBerry는 **tel**과 **number** 모두 지원하
며, 날짜 입력 형식들도 지원한다. 특히 날짜 입력 필드들은 그래픽이 아주 매력적이다.
BlackBerry의 브라우저 역시 WebKit 기반이지만, 이런 입력 형식들을 지원하기 위해 소프트
웨어가 좀 더 확장되었다.

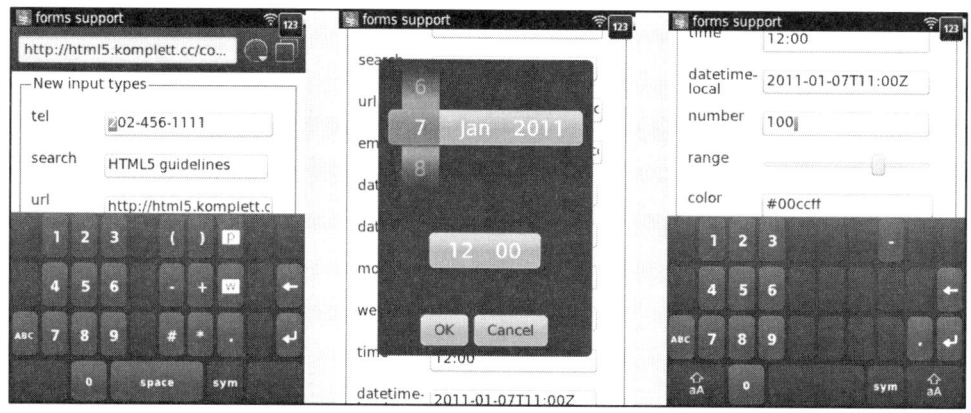

그림 3.4 BlackBerry의 한 스마트폰(실제로는 BlackBerry 9800 시뮬레이터)에서 표시한
새 입력 형식들.

3.2 양식에 유용한 특성들

HTML5는 새 양식 요소들과 **input** 요소의 새로운 형식들 외에도 양식 요소들을 위한 새로
운 여러 특성들을 제공한다.

3.2.1 초점 설정을 위한 'autofocus'

수년 전 구글은 검색을 좀 더 편리하게 만드는 간단한 요령으로 많은 사용자들을 놀라게 했다. 바로, 구글의 페이지가 적재되었을 때 커서가 자동으로 검색 필드에 위치하게 만든 것이었다. 덕분에 사용자는 먼저 마우스로 입력 상자를 클릭하는 과정을 거치지 않고 즉시 검색을 수행할 수 있었다. 지금까지는 웹 개발자가 짧은 JavaScript 코드를 이용해서 이런 기능을 구현해야 했지만, HTML5에서는 autofocus 특성 하나로 해결할 수 있다.

```
<input type=search name=query autofocus>
```

다른 모든 **부울** 특성과 마찬가지로, 이 특성을 autofocus="autofocus"로 표기해도 된다 (§2.7.2 참고). 명세서에 따르면, 하나의 웹 페이지에서 autofocus 특성을 가진 요소는 단 하나뿐이어야 한다.

autofocus가 예전 브라우저들에서 문제를 일으키지는 않는다. 예전 브라우저들은 자신이 알지 못하는 특성을 그냥 무시하기 때문이다. 물론 이 특성이 제공하는 사용자 편의 기능은 새 브라우저에서만 가능하다.

3.2.2 입력 힌트 텍스트를 위한 'placeholder'

HTML 양식의 유용성을 더욱 높여주는 새 특성으로 placeholder가 있다.

```
<p><label for=email>Your e-mail address:</label>
<input type=email name=email id=email
  placeholder="user@host.com">
<p><label for=birthday>Your date of birth</label>
<input type=date name=birthday id=birthday
  placeholder="1978-11-24">
```

placeholder 특성은 해당 필드에 무엇을 입력해야 할 것인지를 사용자에게 귀띔해 주는 '힌트' 텍스트를 지정하는 용도로 쓰인다. 이 특성을 label 요소 대신으로 사용해서는 안 된다. 이 특성은 특정한 서식을 따라야 하는 입력 항목에 아주 유용하다. 브라우저는 해당 힌트 텍스트를 아직 활성화되지 않은 입력 필드 안에 표시한다(그림 3.5). 해당 필드가 활성화되어서 초점(focus)을 가지고 나면 힌트 텍스트가 사라진다.

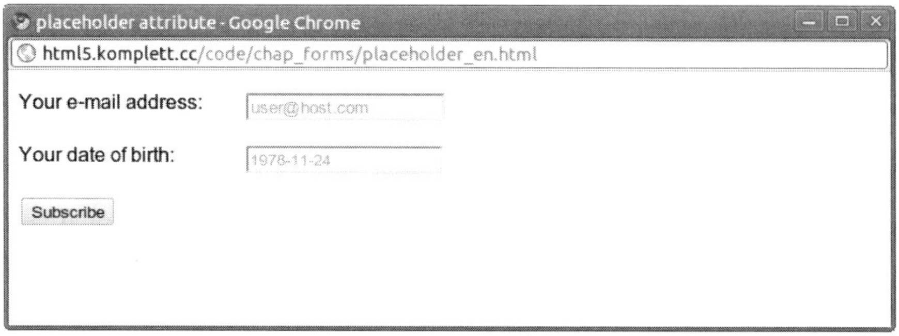

그림 3.5 Google Chrome에서 'placeholder' 특성이 작동한 모습.

3.2.3 필수 입력 필드를 위한 'required'

required 특성은 부울 특성으로, 이름에서 짐작하겠지만, 사용자가 반드시 채워 넣어야 하는 '필수' 양식 요소를 지정하는 데 쓰인다. 사용자가 required가 참인 필드를 비워 둔 채 양식을 제출하려 하면 브라우저는 필수 조건이 만족되지 않았음을 감지하고 적절히 대응해야 한다. 이에 대해서는 §3.4 "클라이언트 쪽 양식 검증"에서 좀 더 이야기하겠다.

3.2.4 'input' 요소의 추가 특성들

input 요소에 새로 추가된 것이 입력 형식들(§3.1)만은 아니다. 그 외에도 양식을 좀 더 쉽게 처리할 수 있게 하는 새 특성들이 여럿 추가되었다(표 3.2).

표 3.2 'input' 요소의 새 특성들.

특성	설명	값의 형식
list	제시 문자열들을 담은 datalist 요소의 ID	목록 ID(문자열)
min	수치 필드와 날짜 필드의 최솟값	수치/날짜
max	수치 필드와 날짜 필드의 최댓값	수치/날짜
step	수치 필드와 날짜 필드의 증감 단계 크기	수치
multiple	다중 선택 가능 여부	부울
autocomplete	저장된 자료를 양식 필드에 자동으로 채워 넣을지의 여부	열거형(on/off/default)
pattern	값의 유효성 점검을 위한 정규표현식	문자열

list 특성은 §3.3.3에서 다시 이야기하겠다. 이 특성은 사용자에게 제시할 입력 가능한 항목들을 담은 datalist 요소를 가리킨다.

min, max, step 특성은 수치 필드뿐만 아니라 날짜와 시간을 입력받는 필드에도 사용할 수 있다.

```
<p><label for=minMax>Decimal number between 0 and 1:</label>
<input type=number name=minMax id=minMax
  min=0 max=1 step=0.1>
<p><label for=minMaxDate>Date in week steps:</label>
<input type=date name=minMaxDate id=minMaxDate
  min=2010-08-01 max=2010-11-11 step=7>
<p><label for=minMaxTime>Time in hour steps:</label>
<input type=time name=minMaxTime id=minMaxTime
  min=14:30 max=19:30 step=3600>
```

input 요소의 number 형식을 지원하는 브라우저에서는 첫 input 요소(id=minMax)가 사용자의 조작에 따라 매번 0.1씩 증가 또는 감소한다. 여기서 사용자의 조작이란 이를테면 텍스트 필드 끝의 화살표 버튼들을 클릭하거나 키보드의 화살표 키들을 누르는 것이다. 사용자의 조작이 있을 때마다 ID가 minMaxDate인 입력 요소는 7일씩 변한다. Opera는 그 7일 범위의 날짜들을 그냥 달력 안에 표시한다(해당 주[週]를 강조해서). Google Chrome의 경우에는 입력 형식이 number일 때와 같은 방식이다. 즉, 두 화살표 키로 날짜를 7일씩 앞으로 또는 뒤로 이동할 수 있다. 이 예의 세 번째 input 요소에서 단계 크기는 3600이다. 이에 의해 시간이 한 시간씩 앞 또는 뒤로 변경된다. 명세서에는 시간을 위한 입력 요소들이 주로 분 단위로 작동한다고 되어 있지만, Opera와 Google Chrome 모두 시간 값을 초 단위로 해석한다.

데스크톱 컴퓨터에서 파일들을 복사해 본 독자라면 '다중 선택'이 어떤 것인지 알 것이다. 그런 일을 이제는 브라우저에서도 할 수 있게 되었다. 예를 들어 사용자가 웹 사이트에 파일들을 여러 개 올리는 페이지를 만드는 경우 예전에는 파일 하나당 하나의 input 필드가 필요했다. 그러나 multiple 특성을 지정하면 파일 선택 대화상자에서 여러 개의 파일들을 선택할 수 있다. multiple은 원래 select 요소를 위한 것이었지만, 이를 email 형식의 input 요소에 사용할 수도 있다. 하지만 데스크톱용 주요 브라우저 중 email 형식에 대한 다중 선택을 지원하는 것은 아직(이 글을 쓰는 현재) 없다.

최근 브라우저들은 사용자가 양식의 자료를 저장해 두었다가 나중에 같은 양식을 다시 만났을 때 저장된 자료로 양식을 손쉽게 채우는 기능을 제공한다. 이러한 '미리 채우기(자동 완성)' 기능이 아주 편리하긴 하지만, 보안에 민감한 입력 필드들(명세서에서는 핵무기 활성화 코드를 예로 든다)에는 바람직하지 않다. autocomplete 특성은 웹 개발자가 이러한 미리 채우기 행동을 제어할 수 있게 하기 위해서 도입된 것이다. 어떤 양식 요소에 autocomplete="off"가 지정되어 있으면 브라우저는 그 요소가 기밀 정보를 담고 있다고 간주하고는 따로 저장해 두지 않는다. autocomplete 특성이 아예 지정되어 있지 않은 경우 브라우저의 기본 행동은 후보 값들을 제시하는 것이다. autocomplete 특성을 form 요소 자체에 지정하면 해당 양식의 모든 필드에 적용된다.

새로운 pattern 특성을 이용하면 입력 유효성 검증을 아주 유연하게 수행할 수 있다. 이 특성에는 양식 필드에 입력된 값과 비교할 **정규표현식(regular expression)**을 지정한다. 정규표현식은 아주 쉽다고는 할 수 없지만, 매우 강력한 문자열 해석 수단이다. 예를 들어 입력된 문자열이 반드시 영문 대문자 하나로 시작하고 그다음에 임의의 개수의 소문자들과 숫자들이 올 수 있으며 .txt로 끝나야 한다면, 다음과 같은 **정규식(regex, 정규표현식을 줄인 말)**을 사용하면 된다.

```
[A-Z]{1}[a-z,0-9]+\.txt
```

참 고

정규표현식을 소개하는 것은 이번 장의 범위를 훨씬 넘는 일이므로, 여기에서는 독자가 이미 정규식에 대한 기본 지식을 갖추고 있다고 가정한다. **정규표현식**을 간단하게나마 공부하고 싶다면 Wikipedia가 좋은 출발점일 것이다. http://en.wikipedia.org/wiki/Regular_expression 페이지* 살펴보기 바란다. 그리고 http://www.regexe.com에서는 정규표현식을 온라인에서 직접 시험해볼 수 있다.

pattern 특성에서 정규표현식을 사용할 때에는 해당 검색 패턴이 항상 필드의 내용 전체

---

* [역주] 한국어 페이지도 있는데, 내용이 다소 간략하다. 대신 '바깥 고리'에서 쓸만한 링크를 하나 제공한다. 그 외에도 '정규 표현식'으로 직접 웹을 검색해 보면 쓸만한 문서들을 발견할 수 있을 것이다.

에 적용된다는 점을 주의해야 한다. 명세서는 또한 title 특성을 이용해서 사용자에게 입력 서식에 관한 힌트를 제공하라고 제안하고 있다. Opera와 Google Chrome은 이런 종류의 정보를 툴팁(tool tip, 풍선도움말)으로 제공한다. 해당 필드에 마우스 포인터를 가져다 놓으면 바로 툴팁이 뜬다. 설명이 길었는데, 간단한 예제를 하나 시험해 보기 바란다.

```
<p><label for=pattern>Your nickname:</label>
 <input type=text pattern="[a-z]{3,32}"
  placeholder=""johnsmith" name=pattern id=pattern
  title="Only lower case, please; min. 3, max. 32!">
```

이 예에서 pattern 특성은 입력된 문자열이 오직 a에서 z까지의 소문자들([a-z])로만 이루어져야 하며 세 글자 이상, 32자 이하이어야 함을 뜻한다. 특수문자나 움라우트, 한글 문자는 허용되지 않는다. 이는 전통적인 사용자 ID에 적합한 방식이다. 독일어의 움라우트 문자 등 일부 특수문자들을 허용하고 싶다면 그것들을 문자 그룹 안에 포함시키면 된다(이를테면 [a-zäöüß]). 입력된 문자열이 이러한 검증을 통과하지 못했을 때 어떤 일이 생기는지는 §3.4에서 이야기하겠다.

3.3 새 양식 요소들

명세서에는 input 요소의 새 입력 형식들과 기존 양식 요소의 새 특성들 외에 완전히 새로운 양식 요소들도 포함되어 있다. 이제부터 그런 새 요소들을 살펴보겠다. meter 요소와 progress 요소는 예전에는 다소 복잡한 요령을 동원해야 가능했던 그래픽 객체들을 만들어 낸다. datalist는 텍스트 입력 필드에서 후보 값들을 자동으로 제시하는 용도로 쓰이며, output은 계산 결과를 담을 자리를 제공한다. keygen 요소는 오래전부터 웹에서 널리 쓰였지만, HTML5에 와서야 표준화되었다.

3.3.1 수치 측정값을 표시하는 'meter'

meter 요소는 알려진 범위의 어떤 스칼라 측정 수치를 시각적으로 나타내는 데 쓰인다. 예를 들어 자동차의 연료 게이지를 생각해 보자. 게이지 지침은 연료 탱크의 현재 수준을

0에서 100퍼센트 사이의 비율로 나타낸다. 이전에는 HTML에서 그래픽을 표현하려면 div를 여러 개 중첩해야 했는데, 사실 div가 그런 용도로 사용하라고 만들어진 것은 아니다. 한편, 현재 수치를 표현하는 이미지를 즉석에서 생성해서 표시하는 방법도 있다. 그런 이미지를 생성해 주는 *Google Chart API* 같은 무료 웹 서비스들까지 등장했다. 그림 3.6에 meter 요소의 것을 비롯해서 다양한 상태 표시 방법들이 나와 있다.

meter 요소는 사용하기가 아주 간단하다. 우선 할 일은 value 특성에 원하는 값을 설정하는 것이다. 그 외에도 여러 가지 특성들이 있는데, 모두 생략 가능하다. min 특성과 max 특성을 지정하지 않으면 브라우저는 각각 0과 1로 간주한다. 따라서 다음 meter 요소는 절반이 찬 모습을 만들어 낸다.

```
<meter value=0.5></meter>
```

value, min, max 외에 low, high, optimum이라는 특성들이 있다. 브라우저는 이들을 참고해서 상태 표시 방법을 조정한다. 예를 들어 Google Chrome(이 글을 쓰는 현재 Opera를 제외하고 meter 요소를 지원하는 유일한 브라우저)은 현재 값이 optimum에 지정된 값을 넘기면 막대를 노란색으로 표시한다(보통은 녹색).

다음 예제는 올해가 얼마나 지나갔는지, 즉 오늘이 올해의 몇 퍼센트에 해당하는 날인지를 네 가지 방식으로 보여준다. 첫째는 해당 퍼센트 값을 직접 텍스트로 표시하는 것이고, 둘째는 새로운 meter 요소, 셋째는 중첩된 div 요소, 마지막은 온라인 서비스인 Google Chart API가 생성한 이미지를 표시하는 것이다. 그림 3.6에 결과가 나와 있다.

이 예제의 HTML 코드는 다음과 같다. 빈 요소들이 있는데, 이들은 이후 JavaScript로 채운다.

```
<h2>Text</h2>
<p><output id=op></output>
  % of the year has passed.</p>
<h2>The new <span class=tt>meter</span> element</h2>
<meter value=0 id=m></meter>
<h2>Nested <span class=tt>div</span> elements</h2>
<div id=outer style="background:lightgray;width:150px;" >
<div id=innerDIV> </div></div>
```

```
<h2>Google Chart API</h2>
<img id=google src="">
<p id=googleSrc class=tt></p>
```

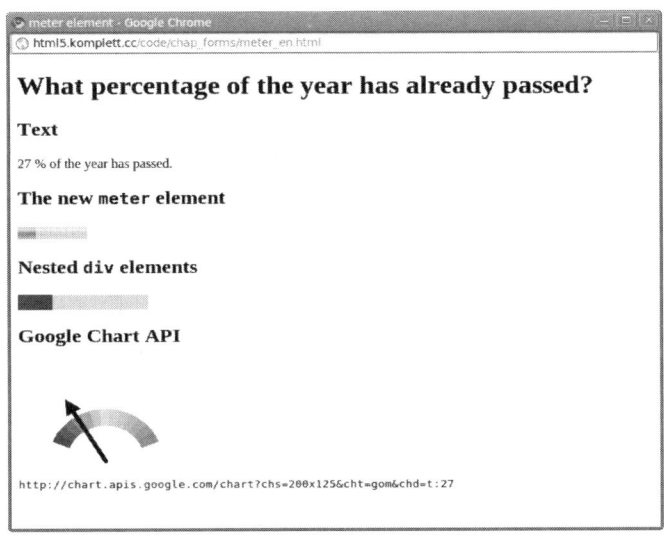

그림 3.6 상태를 표시하는 네 가지 방법. 그 중 하나가 새로운 'meter' 요소이다.

텍스트 출력에는 §3.3.5에서 소개할 output 요소를 사용한다. 우선 JavaScript에서 오늘 날짜를 구해 meter 요소를 초기화하는 부분부터 보자.

```
var today = new Date();
var m = document.getElementById("m");
m.min = new Date(today.getFullYear(), 0, 1);
m.max = new Date(today.getFullYear(), 11, 31);
// m.optimum = m.min-m.max/2;
m.value = today;
```

변수 today는 UNIX 기원(epoch), 즉 1970년 1월 1일 자정부터 지금 순간까지 흐른 마이크로초들의 개수를 담는다. meter 요소가 합리적인 범위를 가지게 하기 위해, min 특성에는 올해 1월 1일에 해당하는 값을 설정하고 max 특성에는 올해 12월 31일에 해당하는 값을 설정한다. 마지막 줄에서 meter 요소의 값을 설정한다. 여기까지 하면 meter 요소가 우리가 원했던 방식으로 표시될 것이다. optimum 값을 한 해의 중간으로 설정하는 코드는 주석으로 제외시켜 두었는데, 이를 활성화하면 '오늘'이 한해의 중간 이전이냐 이후이냐에 따라 표시되는 모습이 달라질 것이다. 이상에서 보듯이, 새 meter 요소는 사용하기가 아주 간단하다.

다른 표시 방식들로 넘어가자. 오늘까지 지나간 날들의 퍼센트를 ID가 op인 output 요소에 설정한다. 이때 Math.round()를 이용해서 퍼센트 값을 소수점 이상 단위로 반올림한다. 지금 예에서는 이 정도의 정밀도로도 충분하다.

```
var op = document.getElementById("op");
op.value =
  Math.round(100/(m.max-m.min)*(m.value-m.min));

var innerDIV = document.getElementById("innerDIV");
innerDIV.style.width=op.value+"%";
innerDIV.style.background = "green";
```

나머지 요소들은 새로운 HTML5 기법들과 상관이 없지만, 그래도 완전함을 위해서 다 설명해 보겠다. 중첩된 div 요소들을 퍼센트 값에 맞게 채워야 한다. 여기에 깔린 착안은 간단하다. 첫 div 영역은 고정된 너비(구체적으로는 150px)가 설정되어 있다. 이 div 안에 또 다른 div가 내포되는데, 안쪽 div는 배경이 녹색으로 채워지며 그 너비는 계산된 퍼센트 값에 해당한다. 이것이 비율을 수평 막대 형태로 표시하는 간단하면서도 아주 효과적인 요령이다. 마지막으로, Google Chart API를 이용하는 방법을 보자. 이 온라인 서비스를 사용하려면 그래프 크기(chs, 지금 예에서는 200×125픽셀로 설정)와 그래프 종류(cht, 지금 예에서는 *Google-O-Meter*를 뜻하는 gom으로 설정), 그래프 자료(chd, 지금 예에서는 퍼센트 값 op.value)를 지정해야 한다.

```
var google = document.getElementById("google");
google.src = "http://chart.apis.google.com/chart"
             + "?chs=200x125&cht=gom&chd=t:"+op.value;
var gSrc = document.getElementById("googleSrc");
gSrc.innerHTML = google.src;
```

3.3.2 과제의 진행 정도를 표시하는 'progress'

progress 요소는 어떤 과제(task)의 진행 정도를 나타내는 '진행 표시줄(progress bar)'에 해당하는 것으로, 그 작동 방식은 방금 전 살펴본 meter 요소와 비슷하다. 여기서 과제는 이를테면 사용자의 파일 업로드나 웹 응용 프로그램에 필요한 외부 라이브러리 전송 같은 것이다.

이 요소를 시험해 보기 위해 실제로 파일을 올리거나 내려받는 기능을 구현할 필요는 없을 것이다. 그냥 독자가 손수 수행할 과제 하나를 설정해서 100퍼센트까지 진행해 보면 그만이다. 다음 예제는 checkbox 형식의 입력 요소 열 개를 정의한다. 사용자가 열 개의 요소들 모두를 활성화(체크)하면 진행 표시줄이 100%가 된다.

```html
<h1>Please activate all the checkboxes</h1>
<form method=get>
  <input type=checkbox onchange=updateProgress()>
  <input type=checkbox onchange=updateProgress()>
<!-- ... 나머지 8개 ... -->
  <p>
  Progress: <progress value=0 max=10 id=pb></progress>
</form>
```

JavaScript에서는 progress 요소의 값을 0으로, 그리고 그 최댓값은 10으로 설정한다. 사용자가 한 입력 요소를 활성화하면 updateProgress() 함수가 호출된다. 이 함수는 다음 과 같은 모습이다.

```javascript
function updateProgress() {
  var pb = document.getElementById("pb");
  var ip = document.getElementsByTagName("input");
  var cnt = 0;
  for(var i=0; i<ip.length; i++) {
    if (ip[i].checked == true) {
      cnt++;
    }
  }
  pb.value = cnt;
}
```

이 함수는 ip 변수에 이 페이지의 모든 input 요소를 담은 노드 목록(*NodeList* 객체)을 배정하고, for 루프를 이용해서 그 목록의 요소들을 훑으면서 각 요소가 활성화되어 있는지

(checked == true) 점검한다. 활성화되어 있으면 카운터 변수 cnt를 1 증가한다. 루프를 벗어난 후에는 카운터 변수의 값으로 progress 요소의 값을 설정한다.

3.3.3 선택 항목들의 목록을 위한 'datalist'

직접 항목들을 추가할 수 있는 드롭다운 메뉴는 양식에 대해 웹 개발자들이 오랫동안 기다려 온 기능 중 하나이다. 잘 알려진 select 요소는 option 요소로 지정된 값들만 표시하기 때문에, 웹 개발자는 텍스트 필드에 확장 가능한 선택 목록을 추가하기 위해 다양한 JavaScript 기법들을 동원해야 했다.

다행히 HTML5 명세서는 이 문제에 대한 아주 우아한 해결책을 제공한다. 새로운 datalist 요소가 바로 그것이다. datalist 요소 자체는 이미 익숙한 option 요소들을 담는 컨테이너 일 뿐이다. 새로운 점은, 개별 input 요소에 datalist 요소를 배정함으로써 그 컨테이너에 담긴 선택 항목들을 개별 input에서 제시할 수 있다는 것이다. datalist를 지원하지 않는 브라우저는 그냥 빈 텍스트 필드를 표시한다.

목록 3.1에 이 새 요소의 용법을 보여주는 예제가 있다. input 요소의 입력 형식은 text 이다. list 특성에는 원하는 datalist 요소의 id(이 경우 homepages)를 지정한다. 페이지 가 적재되면 autofocus 특성에 의해서 커서가 자동으로 텍스트 필드 안에 설정된다(§3.2.1 참고). 그리고 적어도 Opera 브라우저에서는 datalist로 정의된 선택 목록이 나타난다(그림 3.7).

그림 3.7 Opera에서 본 'datalist' 요소의 작동 모습.

datalist 안의 option 요소들은 그냥 해당 value 특성만 채우면 된다. 그 외의 특성들을 지정하거나 텍스트 노드를 포함시키는 것도 가능하지만, 지금 예제의 용도에 한해서는 그럴 필요가 없다. 사용자가 '보내기' 또는 'Submit' 버튼을 클릭하면 텍스트 필드의 내용 앞에 문자열 http://을 붙여서 URL을 만들고, 브라우저를 그 주소로 이동한다(window.location).

목록 3.1 웹 주소들이 채워진 'datalist'.

```
<form>
  <p>
  <label for=url>Goto</label>
  http://<input type=text id=url name=homepage
                list=hompages autofocus>
  <datalist id=hompages>
    <option value=www.google.com>
    <option value=html5.komplett.cc/welcome>
    <option value=slashdot.org>
    <option value=wired.com>
  </datalist>
  <input type=submit
    onclick="window.location =
    'http://'+document.getElementById('url').value;
    return false;" >
</form>
```

구식 브라우저에서도 선택 목록을 표시하고 싶다면, 그리고 이를 위해 HTML 코드를 따로 작성하고 싶지는 않다면, 다음과 같은 대안 해법을 사용해 보기 바란다. 핵심은 datalist 안의 option들을 select로 감싸는 것이다. datalist를 지원하는 새 브라우저들은 그 안의 select 요소를 무시하므로 문제가 되지 않는다. 한편 구식 브라우저들은 select를 인식해서 전통적인 선택 목록을 표시한다. 물론, 그 목록에서 한 항목이 선택되면 그 항목을 텍스트 필드에 설정하는 JavaScript 코드도 추가해야 한다.

한 가지 더, 목록 3.2에서 보듯이 option 요소에 텍스트 노드도 추가해야 한다. 이는 '구식' select 요소가 option 요소의 value 특성의 값이 아니라 요소의 텍스트를 표시하기 때문이다.

목록 3.2 구식 브라우저를 위한 대안 해법을 포함한 'datalist' 예제.

```
<datalist id=hompages>
<select name=homepage
  onchange="document.getElementById('url').value =
    document.forms[0].homepage[1].value" >
  <option value=www.google.com>www.google.com
  <option
  value=html5.komplett.cc/welcome>html5.komplett.cc/welcome
  <option value=slashdot.org>slashdot.org
  <option value=wired.com>wired.com
</select>
</datalist>
```

---

select 요소의 onchange 사건 처리부는 선택된 항목의 텍스트를 텍스트 필드에 설정한다(그림 3.8).

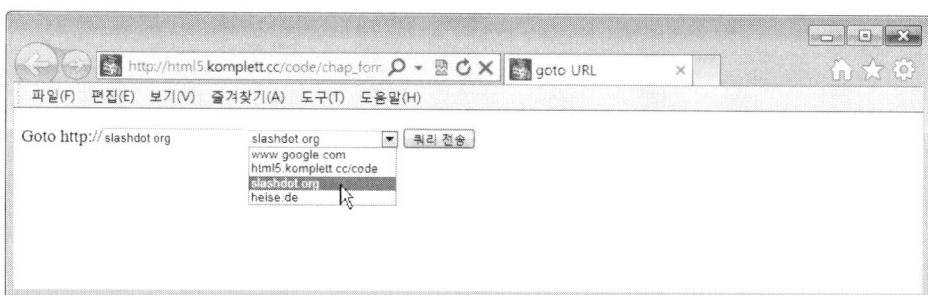

그림 3.8 구식 브라우저(그림은 인터넷 익스플로러 8)를 위한 대안으로 'input' 요소와 'select' 요소를 결합한 예.

3.3.4 암호화 키를 위한 'keygen'

keygen 요소는 Mozilla Firefox 브라우저에서 오래전부터(버전 1.0부터) 쓰였다. 그러나 Microsoft는 HTML5에서 이 요소를 구현하는 문제에 대해 큰 우려를 표했다. keygen은 암호화 키(cryptographic key)의 생성에 쓰이는 요소이다. 좀 어렵게 느껴질 텐데, 실제로도 좀 어렵고 복잡하다.

이 요소에 깔린 착안을 아주 간단히 말하자면 다음과 같다. 브라우저는 한 쌍의 키들을 생성한다. 하나는 **공개 키**(public key)이고 또 하나는 **비밀 키**(private key)이다. 공개 키는 양식의 다른 자료와 함께 서버의 응용 프로그램에 전달된다. 반면 비밀 키는 브라우저 안에만 저장된다. 이러한 키 교환이 끝나고 나면 서버와 브라우저가 SSL 인증서 없이도 암호화된 방식으로 통신할 수 있다. 이는 브라우저가 항상 불평하는, 성가신 '자체 서명' 인증서에 대한 현실적인 해결책으로 보인다. 그러나 안타깝게도 그렇지는 않다. 왜냐하면, 서버의 신원은 오직 신뢰할 수 있는 단위인 **인증 기관**(Certificate Authority, CA)이 서명한 인증서를 통해서만 확인할 수 있기 때문이다.

따라서 keygen이 SSL을 대체하지는 못한다. 그렇다면 이 새 요소의 용도는 무엇일까? Mozilla 문서화에 따르면 keygen 요소는 서버가 서명할 수 있는 인증서(**서명된 인증서**)의 생성을 돕는다. 일반적으로, 인증서 생성을 위해서는 인증서 신청자가 인증 기관을 직접 방문하는 절차가 필요하다(철저한 안전을 위해). 서명된 인증서의 발급은 전문가들을 위한 과정이므로, 이 책에서는 이 요소와 그 특성들을 간략하게만 설명하겠다.

다음의 짧은 HTML 문서는 하나의 keygen 버튼을 생성한다.

```
<!DOCTYPE html>
  <meta charset="utf-8">
  <title>keygen Demo</title>
  <form method=post action=submit.html>
    <keygen id=kg challenge=hereismychallenge name=kg>
    <input type=submit>
  </form>
```

autofocus나 disabled, name, form 같은 친숙한 특성들 외에, keygen 요소에는 특별한 특성이 두 가지 있다. 바로 **keytype**과 **challenge**이다. keytype은 브라우저가 이 요소의 기능을 지원하는지 판정하는 데 쓰이는 특성이라는 점에서 특히나 주목할 만하다. 현재 keytype 특성의 유효한 값은 rsa가 유일하다. RSA는 1977년 MIT(Massachusetts Institute of Technology)에서 개발된 암호화 시스템이다. keytype 특성을 지정하지 않으면 rsa가 기본값으로 쓰인다. 명세서는 또한 브라우저가 그 어떤 keytype도 지원하지 않아도 된다고 명시하고 있는데, 이는 아마 이 요소에 대한 Microsoft의 거부 의사 때문에 생긴 조항일 것이다. 역시 생략 가능한 challenge 특성은 키 교환 도중의 안정성을 증가시키는 용도로 쓰이는데, 좀 더 자세한 정보는 이번 절 끝의 '참고'에 있는 링크들을 보기 바란다.

　RSA 키 생성을 지원하는 브라우저는 사용자에게 키의 길이(이는 곧 키의 안정성으로 이어진다)를 선택하는 선택 목록을 제시할 수 있다(그림 3.9).

그림 3.9 키 길이를 선택하는 모습(Google Chrome).

　그림 3.10은 양식을 제출한 후의 모습이다. POST 변수 **kg**는 암호화에 필요한 공개 키를 담는다(그림에서는 Firefox의 대단히 유용한 부가 기능인 Firebug 창으로 키를 표시했다).

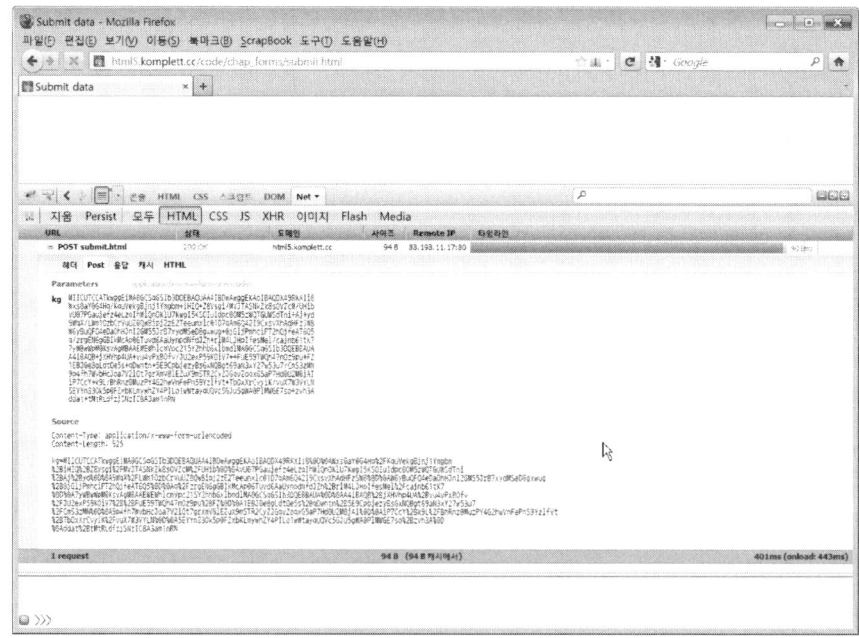

그림 3.10 'keygen' 요소의 공개 키(Firebug로 표시).

참 고

암호학에 대한 경험은 많지 않지만 좀 더 알고 싶은 독자라면, 언제나 그렇듯이 Wikipedia가 좋은 출발점이 된다. http://en.wikipedia.org/wiki/Public_key_infrastructure 페이지와 http://en.wikipedia.org/wiki/Challenge-response_authentication 페이지를 살펴보기 바란다.

3.3.5 계산 결과를 담는 'output'

"output 요소는 계산의 결과를 나타낸다." 이는 HTML5 명세서에 있는 아주 짧은 설명이다. 그리고 이 새 요소를 설명하는 다른 여러 웹 사이트들에서도 대부분 이런 짧은 설명밖에 볼 수 없을 것이다. 이 짧은 설명은 이 요소가 무엇인지를 알려주긴 해도 어떤 종류의 계산인지, 그리고 계산 결과를 담을 요소를 따로 두어야 하는 이유가 무엇인지는 알려주지 않는다.

일반적으로, 여기서 말하는 계산은 웹 페이지의 입력 필드들에 입력된 값에 대한 계산이다. 누구에게나 친근한 예는 쇼핑몰 장바구니(카트)일 것이다. 일반적으로 장바구니 페이지에는 구매할 상품의 수량을 입력하는 input 요소가 있다. output 요소의 생략 가능한 for 특성에 그런 input 요소 하나 또는 여러 개의 id를 나열함으로써, 계산에 어떤 입력 필드들이 관여하는지를 명시적으로 지정할 수 있다.

output 요소를 시험해 보기 위해, 세 종류의 상품을 담을 수 있는 간단한 장바구니 하나를 구현해 보겠다. 이 장바구니에서는 각 상품의 수량을 입력 필드로 변경할 수 있다. 수량이 변경되면 장바구니 아랫부분에 상품 전체 개수와 총 금액이 갱신된다. 그림 3.11은 장바구니에 상품을 총 다섯 개 담은 상황을 나타낸 것이다.

이 예제를 위한 코드를 간단하게 설명해 보겠다. 수량 변경 시 output 요소를 갱신하는데에는 양식의 oninput 사건 처리부가 쓰인다.

```
<form oninput="updateSum();">
  <table>
    <tr><th>Product<th>Price (US$)<th>Item number
    <tr><td>Keyboard<td class=num id=i1Price>39.50<td>
    <input name=i1 id=i1 type=number min=0 value=0 max=99>
    <tr><td>Mouse<td class=num id=i2Price>26.30<td>
```

그림 3.11 두 개의 'output' 요소가 상품들의 전체 개수와 금액을 표시한다.

output 요소들은 장바구니를 나타내는 표(table 요소) 아래에 정의되어 있는데, 이들은 for 특성을 통해서 자신의 계산에 연관된 input 필드들을 참조한다.

```html
<p>Your shopping cart contains <output name=sumProd for="i1 i2 i3"
  id=sumProd></output> items. Total price:
  <output name=sum for="i1 i2 i3" id=sum></output> US$.
```

JavaScript 코드에서는 모든 input 요소를 훑으면서 전체 개수와 금액을 계산한다.

```javascript
function updateSum() {
  var ips = document.getElementsByTagName("input");
  var sum = 0;
  var prods = 0;
  for (var i=0; i<ips.length; i++) {
    var cnt=Number(ips[i].value);
    if (cnt > 0) {
      sum += cnt * Number(document.getElementById(
        ips[i].name+"Price").innerHTML);
      prods += cnt;
    }
  }
  document.getElementById("sumProd").value = prods;
  document.getElementById("sum").value = sum;
}
```

각 상품의 단가는 표의 해당 열에 있는 텍스트(innerHTML 값)를 JavaScript 함수 Number()로 수치로 변환해서 얻는다. input 필드의 값(ips[i].value) 역시 마찬가지 방법으로 수치로 변환한다. 이렇게 수치로 변환하지 않으면 JavaScript는 그냥 문자열들을 서로 연결할 것이므로 원하는 결과가 나오지 않는다. 마지막으로, 계산된 값을 해당 output 요소의 value 특성에 설정한다.

3.4 클라이언트 쪽 양식 검증

새 양식 요소들과 특성들의 한 가지 장점은, 이제는 사용자가 자료를 훨씬 수월하게 입력할 수 있다는 것이다(이를테면 달력 컨트롤에서 날짜를 선택하는 등). 또 다른 커다란 장점은, 제출된 양식 내용을 점검하고 사용자에게 실수를 알려주는 일이 훨씬 간단해졌다는 것이다. 이런 종류의 점검 작업은 웹 개발자들이 사실 오래전부터 해왔던 것이므로 별로 새로울 것이 없어 보인다. 그러나 HTML5 이전에는 그런 작업을 JavaScript 코드로 수행해야 했다. jQuery 같은 라이브러리들 덕분에 양식 점검을 위한 JavaScript 코드를 작성하고 관리하기가 훨씬 간단해지긴 했지만, 그래도 외부 라이브러리에 의존해야 한다는 단점이 있다.

HTML5에서는 이러한 상황이 근본적으로 변했다. 이제는 HTML의 입력 필드들에서 적절한 특성을 지정하기만 하면 브라우저가 입력 필드들이 제대로 채워졌는지를 점검해 준다. 여러 줄의 JavaScript 코드 없이도 그런 일이 가능해진다는 것은 커다란 진보이다. 다음의 작은 예를 보면 이를 실감할 수 있을 것이다.

```
<form method=get action=required.html>
  <p><label>Your e-mail address:
  <input type=email name=email required></label>
  <p><input type=submit>
 </form>
```

그림 3.12는 전자우편 주소를 입력하지 않고 양식을 제출하면 어떤 일이 생기는지를 보여준다. Opera의 경우 **필수 입력 사항입니다.**라는 메시지를 표시한다. 물론, 사용자 인터페이스 언어를 다른 것으로 설정했다면 그 언어로 된 같은 의미의 메시지가 나타날 것이다. 이 메시지를 JavaScript를 이용해서 변경할 수도 있는데, 이에 대해서는 §3.4.3에서 이야기하겠다.

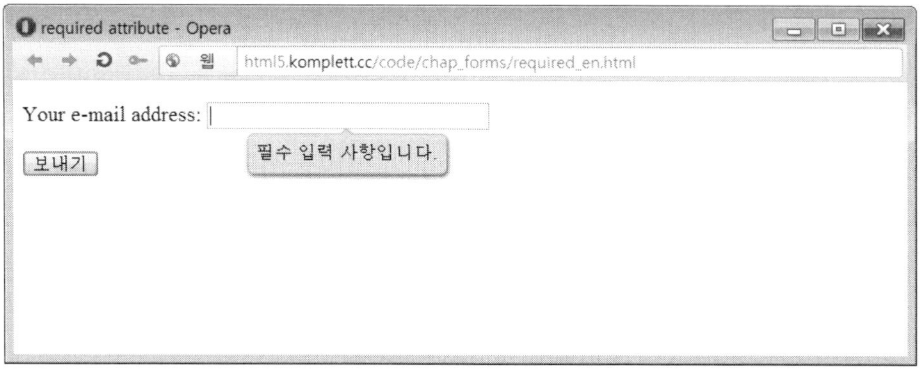

그림 3.12 'required' 특성이 지정된 입력 필드를 채우지 않았을 때 나타나는 오류 메시지(Opera).

이것이 전부가 아니다. 입력 필드의 형식이 email이기 때문에, 브라우저는 유효하지 않은 전자우편 주소가 입력된 경우에도 오류 메시지를 표시할 수 있다. 실제로 Opera는 그런 경우 유효한 전자메일 주소를 입력하십시오라는 메시지를 표시한다(그림 3.13).

그림 3.13 유효하지 않은 전자우편 주소를 입력했을 때 나타나는 오류 메시지(Opera).

Google Chrome이나 Safari 같은 WebKit 기반 브라우저들의 경우 현재 유효성 검증을 지원하긴 하지만 오류 메시지를 표시하지는 않는다. 그런 브라우저들은 유효하지 않은 필드에 테두리를 두르고 커서를 위치시켜서 뭔가가 잘못되었음을 사용자에게 알려준다.

양식 입력의 클라이언트 쪽 유효성 검증이 편리하긴 하나, 그렇다고 이런 기능이 서버 쪽의 통제를 대신할 수는 없음을 명심하기 바란다. 능력 있는 공격자는 아주 약간의 기술적 노력만으로도 이런 클라이언트쪽 메커니즘을 우회할 수 있다.

3.4.1 'invalid' 사건

양식 검증 도중, 유효하지 않은 내용을 담은 입력 요소는 invalid 사건을 발생한다. 이를 이용하면 유효하지 않은 입력들에 대해 임의의 방식으로 반응할 수 있다.

```
window.onload = function() {
  var inputs = document.getElementsByTagName("input");
  for (var i=0; i<inputs.length; i++) {
    inputs[i].addEventListener("invalid", function() {
      alert("Field "+this.labels[0].innerHTML
        +" is invalid");
      this.style.border = 'dotted 2px red';
    }, false);
  }
}
```

페이지가 적재되면 위의 JavaScript 코드는 페이지의 모든 input 요소의 목록을 만든다 (§3.3.5의 예제와 같은 방식이다). 그런 다음 각 요소에 입력 오류를 처리하기 위한 사건 청취자(event listener)*를 등록한다. 이 사건 청취자는 alert 창을 띄우고 해당 요소에 빨간 점선 테두리를 표시한다. alert 창으로는 input 요소의 이름표(label)에 담긴 텍스트를 표시한다.

이런 접근방식은 입력 필드들이 많은 양식에 그리 이상적이지 않다. 그런 경우 사용자는 유효하지 않은 여러 개의 입력 필드들마다 일일이 '확인' 또는 'OK' 버튼을 클릭해야 하며, 해당 입력 필드를 직접 찾아서 고쳐야 한다. 경우에 따라서는 사용자가 필드를 채우는 도중에 입력이 유효하지 않음을 사용자에게 알려주는 것이 더 나을 수 있다. 다음 절에서는 그런 방법을 살펴본다.

---

* [역주] 좀 더 전통적인 프로그래밍 언어나 프레임워크에서 말하는 '사건 처리부(event handler)'에 해당한다.

3.4.2 'checkValidity' 함수

input 요소에 대해 JavaScript checkValidity 함수를 호출하면 그 요소의 유효성이 즉시 점검된다. 보통의 유효성 점검 방식을 흉내내고 싶다면, 사용자가 양식을 제출할 때 입력 요소들에 대해 checkValidity 함수가 호출되도록 만들면 된다.

```
<input type=email name=email
  onchange="this.checkValidity();">
```

위의 입력 필드에 사용자가 유효하지 않은 전자우편 주소를 입력한 후 다른 곳으로 이동 하면(탭 키를 누르거나 브라우저의 다른 어딘가를 클릭해서) 브라우저는(현재, 적어도 Opera는) 즉시 그림 3.13에서 본 것과 같은 오류 메시지를 표시한다. 모든 input 요소의 onchange 사건 처리부에 이러한 입력 점검 함수를 둔다면 오류 처리를 좀 더 매끄럽게 진행 할 수 있을 것이다.

```
window.onload = function() {
  var inputs = document.getElementsByTagName("input");
  for (var i=0; i<inputs.length; i++) {
    if (!inputs[i].willValidate) {
      continue;
    }
    inputs[i].onchange = function() {
      if (!this.checkValidity()) {
        this.style.border = 'solid 2px red';
        this.style.background = '';
      } else {
        this.style.border = '';
        this.style.background = 'lightgreen';
      }
    }
  }
}
```

이 코드의 for가 이제는 친숙할 것이다. 이 루프는 모든 input 요소를 훑으면서 해당 요소의 유효성 점검이 가능한지 판단한다. 현재 요소의 willValidate 속성이 *true*가 아니 면 그냥 다음 요소로 넘어간다. *true*이면 onchange 사건에 익명 함수를 배정한다. 이 함수는 checkValidity 함수를 호출한다. 이 익명 함수 안에서 this는 해당 input 요소를 지칭한다.

유효성 점검이 실패하면 그 요소에 빨간색 테두리를 두르고, 성공하면 요소의 배경을 연두색으로 칠한다. 유효성 검증이 실패한 경우를 발견했거나 사용자가 잘못된 입력을 바로 잡은 후에는 배경색이나 테두리를 위한 스타일 속성에 다시 빈 문자열을 설정한다. 그러면 브라우저가 해당 스타일을 기본값으로 되돌린다. 그림 3.14는 유효하지 않은 시간이 입력된 경우의 모습으로, 빨간 테두리는 위의 JavaScript 코드에 의한 것이고 오류 메시지는 checkValidity 함수가 표시한 것이다.

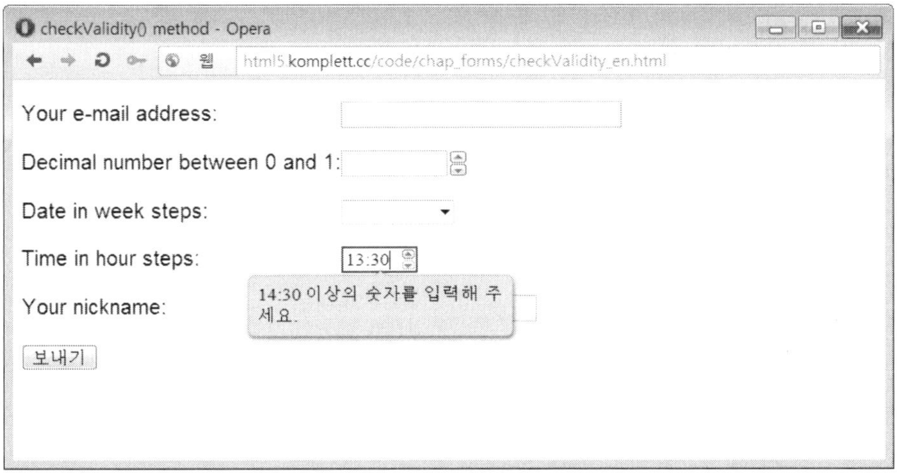

그림 3.14 Opera가 잘못된 시간 입력(이 경우 'step' 특성 위반)에 대해 표시한 오류 메시지.

오류 처리를 좀 더 대화식으로 진행하고 싶다면, onchange 사건 대신 HTML5의 새로운 oninput 사건을 사용하면 된다. 필드가 초점을 잃을 때 발동되는 onchange와 달리, oninput은 개별 글자가 바뀔 때마다 발동된다. 예전에는 키보드 사건 keyup과 keydown을 이용해서 다소 번잡하게 구현해야 했던 처리 방식을 이제는 oninput 사건으로 깔끔하게 처리할 수 있다. oninput의 또 다른 장점은, 양식 전체에 대해 사건 처리부를 한 번만 등록하면 된다는 것이다(각각의 input 요소마다 일일이 등록할 필요 없이). 따라서, 앞의 예제에서 했던 일을 다음과 같이 개별적인 JavaScript 코드 없이 form 요소만 적절히 정의하는 것으로 충분히 해낼 수 있다.

```
<form method=get oninput="this.checkValidity();"
  action=checkValidity.html >
```

물론 이렇게 하면 테두리나 배경색 변경 기능은 없어지지만, 그래도 소스 코드가 훨씬 짧아졌다. 한 가지 주의할 것은, 사용자가 키를 하나 입력할 때마다 양식이 반응하는 방식이 아주 유용하긴 해도 항상 그런 것은 아니라는 점이다. 양식 필드 하나를 채우는 경우, 사용자가 필드를 다 채운 후에 그 내용을 점검하는 것으로 충분한 경우도 많다.

3.4.3 'setCustomValidity()'를 이용한 오류 처리

경우에 따라서는 앞에서 나열한 입력 검증 및 오류 처리 방식들 중 어떤 것으로도 부족할 수 있다. 그런 경우라면 입력 내용을 점검하는 함수를 직접 작성해서 사용하면 된다. 앞의 예제에서는 입력 형식이 email인 입력 필드가 하나 쓰였다. 브라우저는 이 입력 필드에 채워진 값이 유효한 전자우편 주소인지를 점검해준다. 그런데 필요하다면 그 이상의 점검도 가능하다. 다음은 특정 전자우편 서비스 세 가지는 허용하지 않는 예이다.

```
var invalidMailDomains = [
  'hotmail.com', 'gmx.com', 'gmail.com' ];

function checkMailDomain(item) {
  for (var i=0; i<invalidMailDomains.length; i++) {
    if (item.value.match(invalidMailDomains[i]+'$')) {
      item.setCustomValidity('E-mail addresses from '
        +invalidMailDomains[i]+' are not accepted.');
    } else {
      item.setCustomValidity('');
    }
    item.checkValidity();
  }
}
```

이 코드는 invalidMailDomains 배열을 훑으면서 각 요소를 input 요소의 값과 비교한다. JavaScript 함수 match()는 정규표현식을 사용하는 함수이다. 전자우편 서비스 도메인 이름 끝에 $를 붙인 이유도 바로 그것이다. $는 문자열의 끝을 의미한다. 입력된 전자우편 주소의 도메인이 미리 정의된 도메인 이름들 중 하나와 부합하면 이 코드는 setCustomValidity를 호출해서 적절한 오류 메시지가 표시되게 한다. 어떤 것과도 부합하지 않으면 빈 문자열로 setCustomValidity()를 호출한다. 내부적으로 setCustomValidity()는 주어진 오류 메시지를 해당 `input` 요소의 `validationMessage` 속성에 설정하며, 브라우저는 그 속성의 값을 화면에 표시할 오류 메시지로 사용한다. 마지막으로 `checkValidity` 함수를 호출하면 보통의 유효성 점검 과정이 실행되어서 앞에서 언급한 오류 메시지가 실제로 화면에 표시된다. 그림 3.15에 Opera의 결과가 나와 있다.

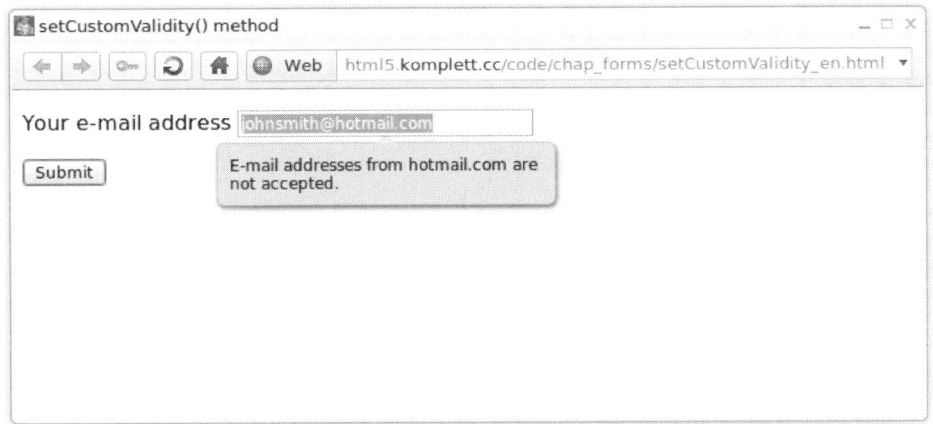

그림 3.15 수동 오류 처리(전자우편 주소 도메인 점검) 도중 Opera가 오류 메시지를 표시한 모습.

3.4.4 유효성 점검 요약

표 3.3은 유효성 점검에 관련된 `input` 요소의 모든 특성과 관련 함수, 그리고 점검 오류가 발생하는 상황을 정리한 것이다.

표 3.3 양식 필드의 유효성 점검 도중 발생하는 오류들.

특성/함수	오류가 발생하는 상황
`required`	필드에 아무 값도 입력되지 않은 경우.
`type=email, url`	입력된 값이 지정된 형식과 일치하지 않는 경우.
`pattern`	입력된 값이 지정된 패턴에 부합하지 않는 경우.
`maxlength`	입력된 값이 허용 길이를 넘긴 경우.
`min, max`	입력된 값이 너무 작거나 큰 경우.
`step`	입력된 값이 지정된 단계 크기를 위반한 경우.
`setCustomValidity()`	이 필드에 설정된 추가적인 조건이 만족되지 않은 경우.

3.4.5 검증이 필요 없을 때를 위한 'formnovalidate' 특성

지금까지 양식 점검과 오류 처리에 대해 꽤 많은 것을 배웠는데, formnovalidate 특성을 이용하면 그 모든 점검 규칙을 무사통과 할 수 있다. 공들여 정의한 규칙들을 그냥 모두 무시하고 양식을 점검 없이 그대로 제출한다는 것이 다소 이상하게 느껴지기도 할 것이다. 다행히 명세서를 보면 금세 의혹이 풀린다. 유효성 점검 생략의 한 가지 전형적인 용도는, 사용자가 단번에 완성하기가 불가능하거나 그러길 원하지 않는 양식의 경우, 지금까지 채운 내용을 버튼 하나를 클릭해서 '저장'(제출이 아니라)할 수 있게 만드는 것이다.

> **참 고**
>
> formnovalidate 특성이 지정된 양식을 제출하면 이미 채워진 양식 필드들이 실제로 서버에 전송된다. 해당 자료를 임시로 저장하는 것은 서버가 책임질 일이다.

이런 예를 생각해 보자. 얼마 전 구입한 디지털카메라에 하자가 있어서 제조사 홈페이지에서 고객 지원을 요청해야 할 일이 생겼다. 고객 지원 요청 양식에 카메라의 결함들을 일일이 입력한 후 제출을 했는데, 웹 사이트가 카메라 일련번호가 빠졌다고 한다. 그런데 카메라가 집에 있어서 일련번호를 확인할 수가 없는 상황이다. 여기서 포기하면 오랜 시간 동안 입력한 내용이 모두 사라져 버릴 것이다. 다행히 'Save' 버튼을 클릭하면 지금까지 입력한 내용이 서버에 저장되므로, 나중에 집에 가서 카메라 일련번호만 추가로 입력하면 된다. 그런 용도로 사용할 버튼을 정의할 때 바로 formnovalidate 특성이 유용하다. 다음이 그러한 예이다.

```
<p><input type=submit formnovalidate
  value="Save" name=save id=save>
```

그럼 이 고객 지원 요청 양식 예제를 실제로 완성시켜 보자.

3.5 예제: 고객 지원 요청 양식

이번 예제에서는 앞에서 소개한 새 양식 요소들과 특성들을 사용해 본다. 이 예제에 나오는
양식을 좀 더 확장한다면 전자상거래 사이트에서도 사용할 수 있을 것이다.

이 고객 지원 요청 양식의 상단부는 사용자의 개인 정보를 입력하기 위한 것이다(이 예제
의 경우에는 이름과 전자우편 주소, 전화번호, 팩스번호만 요구한다). 양식의 나머지 부분에
서는 제품의 기술적 사항들과 결함에 관한 정보를 입력한다. 양식 페이지의 하단부에는 양
식이 얼마나 완성되었는지를 보여주는 진행 표시줄이 있는데, 이는 사용자가 양식을 끝까지
채우도록 격려하기 위한 것이다. 그림 3.16에 양식 페이지의 전체 모습이 나와 있다.

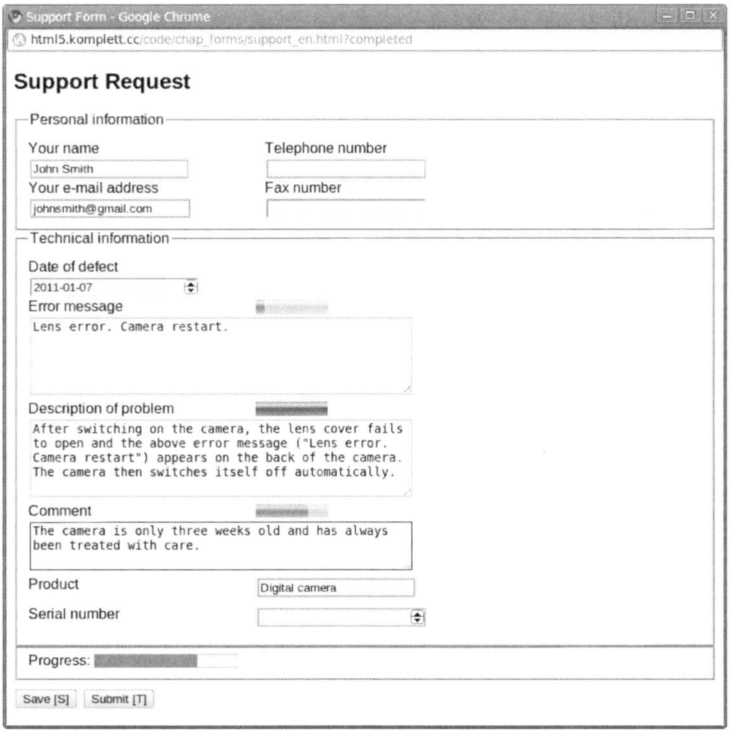

그림 3.16 거의 다 채워진 지원 요청 양식.

양식 페이지의 HTML 코드 첫 부분에서는 외부 JavaScript 파일을 적재하고, 자주 나와서
이제는 익숙할 `window.onload`에 초기화를 위한 `initEventListener` 함수를 설정한다.

```
    <script src="support.js"></script>
    <script>
window.onload = function() {
  initEventListener();
}
    </script>
```

페이지가 모두 적재되면 이 **initEventListener** 함수가 호출된다. 이 함수는 모든 **input** 요소를 훑으면서 각각의 **onchange** 사건에 익명의 함수를 설정한다. 이 사건 처리부(사건 청취자) 함수는 해당 요소의 유효성을 점검한다.

```
function initEventListener() {
  var inputs = document.getElementsByTagName("input");
  for (var i=0; i<inputs.length; i++) {
    if (!inputs[i].willValidate) {
      continue;
    }
    inputs[i].onchange = function() {
      this.checkValidity();
    }
  }
}
```

유효성을 점검할 수 있는 요소에만 사건 청취자를 추가한다는 점에 주목하기 바란다. 지금 예제에서 양식을 제출하는 버튼과 저장하는 버튼은 유효성 점검이 불가능하므로 **onchange** 사건 처리부를 붙이지 않는다. 앞에서 언급했듯이, 지금 예제에서는 **oninput** 사건으로 양식 전체를 점검하는 것보다 이처럼 개별 양식 필드들을 필드가 채워진 후에 점검하는 것이 더 편리하다.

사용자에 좀 더 친근한 양식을 만들기 위해, **required** 특성이 지정된 '필수' 입력 필드들을 시각적으로 강조하기로 하자. 그러면 사용자는 가장 중요한 필드가 어떤 것인지를 쉽게 알아볼 수 있을 것이다. 이를 위해 각 요소마다 추가적인 스타일을 부여할 필요는 없다. CSS3은 **:required**라는 새로운 선택자(selector)를 지원하는데, 바로 지금과 같은 용도를 위해 마련된 것이다. 다음과 같은 스타일 규칙을 적용하면 모든 필수 입력 필드에 오렌지색 테두리가 표시된다.

```
:required { border-color: orange; border-style: solid; }
```

개별 입력 필드(input 요소)들 자체는 별로 새로울 것이 없다. 전자우편 주소와 전화번호 필드에는 그에 걸맞은 입력 형식이 지정되어 있다. 결함이 발생한 날짜를 입력하는 필드는 짐작했겠지만, date 형식이다. 따라서 달력 창에서 편하게 날짜를 선택할 수 있다. 양식 페이지 상단의 2단 배치는 연속적인 div 요소들로 만들어 낸 것이다. 여기서 주목할 것은 사용자가 탭(Tab) 키를 눌렀을 때 입력 초점이 논리적인 방식으로 이동하게 만드는 것이다. 기본은 HTML 코드에 나열된 순서대로, 즉 왼쪽 열부터 채우고 오른쪽 열로 가는 방식이지만, tabindex를 적절히 지정해서 윗 행들부터 차례로 채울 수 있게 한다. 이는 사용자가 탭 키를 누르면 브라우저가 현재 tabindex 값보다 다음으로 높은 tabindex 값을 가진 필드로 커서를 옮긴다는 점을 이용한 것이다.

```
<div style="float:left">
<p><label>Your name
<input tabindex=1 type=text required autofocus
  placeholder="John Smith" name=name></label>
<p><label>Your e-mail address
<input tabindex=3 type=email name=email required></label>
</div>
<div style="float:left;margin-left:10px;">
<p><label>Telephone number
<input tabindex=2 type=tel name=tel required></label>
<p><label>Fax number
<input tabindex=4 type=tel name=fax></label>
</div>
```

textarea 필드들은 좀 더 흥미롭다. 이 텍스트 영역 요소 자체는 HTML5에서도 변한 것이 없다. 단, 이 예제에서는 그림 3.16에서 보듯이 텍스트 영역 위에 작은 그래픽 표시를 붙여서 이 영역에 문자를 몇 개나 더 입력할 수 있는지 사용자에게 알려준다. 짐작했겠지만, 이것은 §3.3.1에서 소개한 새 meter 요소를 이용한 것이다.

```
<p><label>Error message
<textarea placeholder="Lens error. Camera restart."
  name=errmsg required rows=5 cols=50
  title="up to 200 characters">
```

```
</textarea></label><meter value=0 max=200
  tabindex=-1></meter>
```

이 코드는 meter 요소의 최댓값을 200으로 설정한다. 이는 textarea 요소의 title 특성에 설정된 문구에 나오는 수치와 동일하다. 사용자가 그 개수 이상의 문자들을 입력하면 브라우저는 meter 요소를 빨간색으로 바꾸어서 텍스트가 너무 많이 입력되었음을 알려준다. 그러나 이 수치는 textarea 자체의 상한이 아니기 때문에, 브라우저는 여전히 입력된 텍스트를 모두 전송한다. 즉, 이 최댓값은 엄격한 요구조건이 아니라 하나의 힌트일 뿐이다. meter 요소들을 갱신하는 JavaScript 함수는 updateTAMeters()이다. 이 함수는 모든 textarea 요소를 훑으면서 해당 meter 요소를 갱신한다.

```
function updateTAMeters() {
  var textfs = document.getElementsByTagName("textarea");
  for(var i=0; i<textfs.length; i++) {
    textfs[i].labels[0].nextSibling.value =
      textfs[i].textLength;
  }
}
```

이 루프의 장점은 페이지에 얼마든지 여러 개의 textarea 요소들을 추가할 수 있다는 것, 그리고 그 요소들에 meter 요소가 붙어 있기만 하다면 그 meter 요소들이 자동으로 갱신된다는 것이다. 이를 위해 다음과 같은 DOM 기법을 사용한다. 위의 코드에서 굵은 글씨로 표시된 줄을 보자. 그 줄은 DOM의 nextSibling 속성을 이용해서 현재 요소의 다음 요소에 접근한다. HTML 코드에서 텍스트 영역(textarea 요소)과 상태 표시줄(meter 요소)이 정의된 부분을 살펴보면 이해가 될 것이다. HTML 코드를 보면, textarea 요소는 label 요소 안에 포함되어 있고, 그 label 요소 바로 다음에 meter 요소가 정의되어 있다. 이러한 구조에서 textarea 요소로부터 그에 해당하는 meter 요소로 가려면, 우선 textarea 요소의 labels 속성에 접근한다. 이 속성은 하나의 *NodeList* 배열이다. 이 배열의 첫 요소(색인 0)가 바로 textarea 요소를 감싼 label 요소이고, 그것의 바로 다음 요소(nextSibling)가 곧 현재 textarea 요소에 대응되는 meter 요소이다.

잘 살펴보면 이런 접근 방식이 처음 보았을 때만큼 복잡하지는 않겠지만, 그렇다고 아주 견고한 방법은 아님을 주의하기 바란다. 만일 텍스트 영역을 감싼 label 요소와 meter 요소

사이에 여분의 빈칸이나 줄바꿈이 있으면 상태 표시가 더 이상 작동하지 않는다. 그런 경우 nextSibling은 하나의 텍스트 노드가 되고, 따라서 for 루프에서 더 이상 meter 요소에 도달하지 못한다.

다음으로, 페이지 하단에 있는, 양식의 전체적인 완성 정도를 표시하는 부분을 보자. 짐작했겠지만, 이 진행 표시줄은 progress 요소이다. 여기서 주목할 만한 부분은, 이 요소를 JavaScript를 이용해서 좀 더 우아하게 갱신한다는 점이다. 우선 요소의 HTML 코드를 보자.

```
<label>Progress:
  <progress id=formProgress value=0
    tabindex=-1></progress></label>
```

이 progress 요소는 id가 formProgress이고 값(value 특성)이 0이다. 그리고 tabindex가 음수인데, 이렇게 하면 탭 키로는 결코 이 요소에 도달하지 못한다. 이 진행 표시 요소를 갱신하는 JavaScript 함수 updateProgress()는 다음과 같은 모습이다.

```
function updateProgress() {
  var req = document.querySelectorAll(":required");
  count = 0;
  for(var i=0; i<req.length; i++) {
    if (req[i].value != '') {
      count++;
    }
  }
  var pb = document.getElementById("formProgress");
  pb.max = req.length;
  pb.value = count;
}
```

진행 표시줄은 꼭 필요한 요소들만 참조하는 것이 바람직하다. 그래서 이 함수는 문자열 :required로 querySelectorAll() 함수를 호출한다. 그러면 required 특성이 지정된 요소들만 담은 노드 목록(*NodeList*)을 얻게 된다. 그 목록을 루프로 돌려서 각 요소의 value 특성을 점검한다. 만일 그 특성이 빈 문자열이 아니면(즉, 해당 요소에 어떤 값이 입력되었으면) 카운터 변수 count를 1 증가한다. 루프를 벗어난 후에는 progress 요소의 max 특성에 required 특성을 가진 요소들 전체 개수를, 그리고 value 특성에 그런 요소들 중 값이 입력된 요소들의 개수를 설정한다.

마지막으로 양식 제일 아래의 두 버튼, 즉 Save 버튼과 Submit 버튼을 살펴보자. 저장을 위한 Save 버튼은 §3.4.5절에서 이야기했다. 여기서 주목할 것은 accesskey라는 특성이다.

```
<p><input accesskey=T type=submit formnovalidate
  value="Save [S]"  name=save id=save>
<input accesskey=T type=submit name=submit id=submit
  value="Submit [T]">
```

키보드 단축키가 HTML5에서 새로이 도입된 것은 아니지만, 예전에는 그리 많이 쓰이지 않았다. 단축키의 한 가지 문제는 단축키를 발동하는 키 조합이 플랫폼마다 다르다는 것이다. 그래서 특정 단축키를 위해 어떤 키를 눌러야 할지를 사용자가 바로 알아차리기 힘들다. HTML5 명세는 이 문제에 대한 해결책으로, "accessKeyLabel의 값은 사용자가 사용하는 플랫폼의 정확한 값에 해당하는 문자열을 돌려주어야 한다."라는 지침을 제시한다. 웹 개발자는 그 값을 버튼의 이름표나 title 특성에 설정하면 된다. 안타깝게도, 이 책을 쓰는 현재 이런 단축키 힌트 문자열을 지원하는 브라우저는 전혀 없다.

요 약

이번 장에서는 양식에 관련된 HTML5의 여러 새로운 기능들을 살펴보았다. HTML5에서는 웹 개발자의 일이 조금 더 쉬워진다. 날짜나 시간 같이 흔히 쓰이는 입력 형식을 위해 외부 JavaScript 라이브러리를 공부할 필요가 없기 때문이다. 특히, 양식에 관련된 새 기능은 일반적으로 텍스트 입력이 데스크톱에서보다 훨씬 힘든 이동 기기를 다룰 때 더욱 도움이 될 것이다. 브라우저가 수행하는 양식 유효성 검증 역시 코드를 좀 더 투명하게, 따라서 좀 더 관리하기 쉽게 만드는 데 크게 기여할 것이다. 그러나 클라이언트 쪽 검증이 서버 응용 프로그램의 보안을 대신하지는 않는다는 점을 주의하기 바란다. 능력 있는 공격자는 그런 클라이언트 쪽 점검을 얼마든지 우회할 수 있다.

이번 장에 자극을 받아서, 독자 자신의 웹 사이트에 있는 여러 양식들에 HTML5의 새 기능들을 사용해 보고 싶은 마음이 들지 모르겠는데, 거리낌 없이 시도해 보길 권한다. 새 요소들과 특성들의 구문은 구식 브라우저들이라도 오류를 일으키지 않도록 만들어져 있기 때문이다. 그런 브라우저의 사용자는 새 입력 요소들의 장점을 온전히 누리지 못하지만, 그래도 기본적인 텍스트 입력은 항상 가능하다.

4

동영상과
음향

YouTube의 등장은 온라인 비디오 재생 분야의 비약적인 발전을 일으켰다. 이전에도 동영상 플랫폼들이 있긴 했지만, 컴퓨터 초보자가 동영상 파일을 인터넷을 통해서 다른 사람이 보게 만드는 일은 사실상 불가능했다. 전자우편으로 보내기에는 파일이 너무 컸고, 전송이 된다고 해도 수신자의 컴퓨터에서 제대로 재생되지 않을 확률이 아주 컸다.

반면 YouTube는 사용자가 동영상 파일들을 저장할 수 있는 온라인 저장소를 제공한다. 또한 다양한 동영상 형식들을 Adobe Flash Player에서 재생할 수 있는 형식으로 변환하기까지 한다.

Adobe의 Flash는 다양한 운영체제를 지원한다. 그리고 Adobe는 많이 쓰이는 주요 브라우저들을 위한 플러그인도 제공한다. 브라우저 플러그인은 대체로 좋은 것이지만, 가끔은 플러그인과 브라우저 사이의 의사소통이 어려울 때가 있다(아예 불가능하지는 않더라도). 또한 Adobe Flash Player 같은 닫힌 소스(closed-source) 플러그인은 브라우저 제조사들이 그리 반기지 않는 것이다. 브라우저나 플러그인이 죽었을 때 오류를 찾기가 더 어렵기 때문이다.

HTML5은 이러한 상황을 바로잡으려 했다. 이를 위한 새 HTML 요소의 이름을 짓는 일은 쉬운 일이었다. 바로 **video**이다. 그러나 적당한 이름을 짓는 것으로 모든 문제가 해결된 것은 아니다.

4.1 첫 예제

HTML5의 새 video 요소를 사용하는 방법을 보여주는 짧은 예제 하나로 시작하자.

```
<!DOCTYPE html>
  <title>Simple Video</title>
   <video controls autoplay>
    <source src='videos/mvi_2170.webm' type='video/webm'>
    <source src='videos/mvi_2170.ogv' type='video/ogg'>
    Sorry, your browser is unable to play this video.
   </video>
```

이제는 별 수고 없이도 브라우저에서 동영상을 재생할 수 있다. 그림 4.1은 이를 Mozilla Firefox에서 본 결과이다. HTML 코드는 굳이 설명이 필요 없을 정도로 자명하지만, 그래도 다음 절에서 코드를 좀 더 자세히 살펴보겠다.

4.2 'video' 요소와 그 특성들

앞의 예제에서는 video 요소에 두 개의 특성이 지정되어 있다. 바로 **controls**와 **autoplay**이다. **controls** 특성이 지정되어 있으면 브라우저는 동영상 제어 수단들을 표시한다(그림 4.1). **autoplay** 특성이 지정되어 있으면 브라우저는 준비가 되는 즉시 동영상을 자동으로 재생한다.

그림 4.1 WebM 형식의 동영상을 Mozilla Firefox에서 재생하는 모습.

canvas 요소(제5장)와 비슷하게, video 요소는 내장 콘텐트(embedded content)의 범주에 속한다. 다른 말로 하자면, 이 요소는 HTML과 직접 연관되지는 않는 콘텐트를 재생한다. 내장 콘텐트 요소에는 대안 콘텐트(*fallback*)도 포함시킬 수 있다. 즉, video 요소를 지원하지 않는 브라우저에서 대신 표시할 콘텐트를 지정할 수 있는 것이다. §4.1의 예제의 경우 브라우저가 video를 지원하지 않으면 *Sorry, your browser is unable to play this video*라는 텍스트가 대신 표시된다. 더 나아가서, 동영상 대신 정지 화상(이미지)을 표시하게 만들 수도 있다. 그럼 video 요소의 여러 특성들을 좀 더 자세히 살펴보자(표 4.1).

표 4.1 'video' 요소의 특성들

특성	값	비고
src	*url*	재생할 동영상의 URL. 이 특성을 생략하고 대신 soruce 요소로 동영상을 지정하는 것도 가능하다(§ 4.1의 예제 참고).
poster	*url*	동영상이 적재되는 동안 브라우저가 표시할 이미지의 URL.
preload	none	사용자가 재생 버튼을 클릭해야만 브라우저가 동영상 적재를 시도한다. 대역폭 절약을 위한 것이다.
preload	metadata	동영상의 메타자료(이를테면 동영상 길이, 작성자, 저작권 등)만 적재한다.

preload	auto	이 경우 사용자가 재생 버튼을 클릭하기도 전에 동영상이 모두 적재된다.
autoplay	부울	재생에 충분한 자료를 받는 즉시 동영상 재생을 시작.
controls	부울	간단한 동영상 제어 수단들을 표시한다. 이 특성이 해당 제어 수단들이 어떤 모습인지를 구체적으로 지정하는 것은 아니다. 그 부분은 브라우저 제조사가 결정한다. 명세서는 재생, 일시 정지, 음량 조절, 동영상의 다른 지점으로 이동(콘텐트가 지원하는 경우), 전체화면으로 전환, 자막 표시 버튼 등을 제안한다.
loop	부울	동영상의 끝에 도달하면 자동으로 재생을 반복한다.
width	*CSS 픽셀 개수*	동영상 표시 영역의 너비(가로 길이).
height	*CSS 픽셀 개수*	동영상 표시 영역의 높이(세로 길이).
audio	muted	사용자의 개인 선호설정(있는 경우)을 무시하고, 동영상이 항상 소리 없이 재생되게 만든다.

video 요소에 src 특성이 없으면 브라우저는 video 요소 안에 있는 하나 이상의 source 요소들을 살펴보고, 그 요소들의 src, type, media 특성(표 4.2)을 동영상 재생에 사용한다. 이처럼 video 요소 안에 source 요소를 사용하는 경우 video 요소 자체의 src 특성은 지정하지 말아야 한다.

표 4.2 `source` 요소의 특성들.

특성	값	
src	*url*	재생할 동영상의 URL
type	*MIME 형식*	동영상의 MIME 형식. 음향과 동영상 코덱 명세를 추가할 수 있다. 이를테면 type='video/webm; codecs="vorbis,vp8"'. source 요소가 여러 개인 경우 브라우저는 어떤 동영상을 재생할 것인지를 이 특성(다른 특성들과 함께)에 근거해서 결정한다.
media	*CSS 매체 질의문*	이 동영상이 의도하는 출력 매체의 조건.

브라우저가 여러 source 요소들 중 하나를 선택하는 기준은 두 가지인데, 하나는 동영상의 MIME 형식(지정된 경우)이고 또 하나는 media 특성에 *CSS 매체 질의문*(CSS media query) 형태로 지정된 추가 조건이다. 먼저 매체 질의문부터 보자.

CSS3에서는 매체 질의 기능이 크게 확장되었다. 이제는 *print, screen, handheld, projection*

같은 친숙한 키워드들 외에도 훨씬 더 복잡한 조건을 표현할 수 있다. 다음은 브라우저 창의 너비에 관한 조건을 지정한 예이다.

```
media="screen and (min-width: 800px)"
```

이러한 매체 질의는 동영상 출력에 특히나 흥미로운데, 왜냐하면, 브라우저 크기에 따라 해상도가 다른 동영상을 제공할 수 있기 때문이다. 이런 기법 덕분에 디스플레이 화면이 작고 인터넷 연결 속도도 느린 이동 기기도 완벽하게 관리할 수 있다. 다음은 매체 질의문에 기초해서 필요에 따라 작은 크기의 동영상을 표시하는 예제의 전체 코드이다.

```
<!DOCTYPE html>
  <title>Simple Video</title>
   <video controls autoplay>
    <source src='videos/mvi_2170.webm' type='video/webm'
      media="screen and (min-width: 500px)" >
    <source src='videos/mvi_2170_qvga.webm'
      type='video/webm' media="screen" >
    Sorry, your browser is unable to play this video.
   </video>
```

이렇게 하면 너비가 500픽셀 미만인 브라우저는 자동으로 더 작은 크기의 동영상 mvi_2170_qvga.webm을 재생한다.

참 고

CSS3 매체 질의 명세서는 현재 **편집자 초안**(Editor's Draft) 단계이다. 따라서 향후 몇 가지 세부사항이 변할 수 있다. 현재 단계의 명세서는 W3C 웹 사이트의 http://dev.w3.org/csswg/css3-mediaqueries에서 볼 수 있다.

재생할 동영상을 선택하는 또 다른 기준은 **type** 특성에 지정된 MIME 형식이다. 여기에 코덱을 지정하면(생략 가능) 브라우저는 동영상을 적재하기 전이라도 자신이 동영상을 해독할 수 있는지 판단할 수 있다. 그런데 코덱이 무엇일까? 다음 절에서 복잡하다면 복잡한 코덱에 관한 사정을 알아보겠다.

4.3 동영상 코덱

현대적인 동영상 형식들은 하나의 **컨테이너**(container, 수용기) 파일에 음향 콘텐트와 영상 콘텐트를 따로 저장한다. 이런 유연한 접근방식에는 여러 가지 장점이 있다. 예를 들어 파일 하나에 여러 개의 음향 트랙들을 저장해서 사용자가 특정 언어의 음성을 선택하게 하는 (DVD 영화에서 하듯이) 것이 가능하다. 그림 4-2에 동영상 컨테이너 파일의 구조가 나와 있다. 이러한 컨테이너 파일 안에 음향과 동영상을 압축해 넣는 방식을 흔히 **코덱**(codec)* 이라고 부른다.

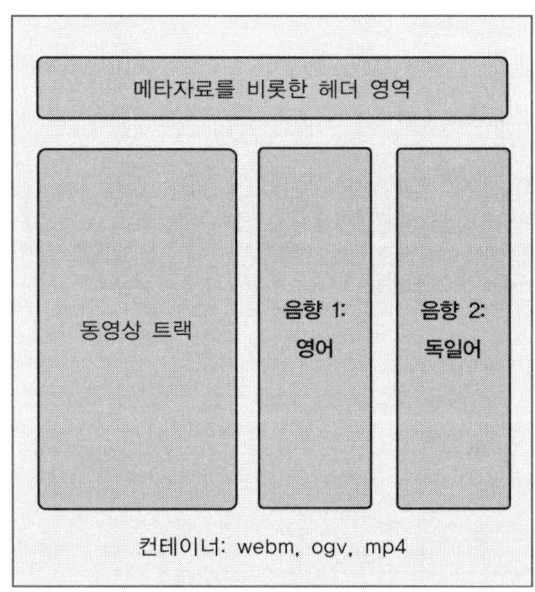

그림 4.2 동영상 컨테이너 형식의 구조.

HTML5 명세서를 만들면서 논쟁이 심했던 부분 중 하나가 바로 HTML5가 허용하는 음향, 동영상 코덱을 정의하는 것이었다. 이 논란은 한편으로는 특정 부호화 공정에 관한 특허를 소지한 기업들의 사업상의 이해관계 때문에, 또 한편으로는 유용하고 품질 높은 형식을 선택 하고자 하는 요구 때문에 발생하게 되었다. 좀 더 정확히 말하면, 논쟁은 특허로 보호된 동영

---

* [역주] coder−decocder의 약자로, 동영상 정보를 부호화(coding) · 복호화(decoding)하는 프로그램 또는 장치를 뜻한다.

상 코덱인 *H.264*를 지지하는 그룹과 오픈소스 형식인 *Ogg Theora*를 지지하는 그룹(Mozilla 팀이 이끄는) 사이에서 벌어졌다. 이언 힉슨은 이러한 분란 때문에 중요한 `video` 요소가 아예 폐기될 위험이 있음을 깨닫고는, 동영상 형식의 정의를 명세서에서 빼버리기로 결정했다. 이제, 브라우저가 어떤 동영상 형식을 지원할 것인지, 그리고 어떤 형식에 대해 사용권 (license) 비용을 기꺼이 지불할 것인지는 브라우저 제조사가 알아서 결정할 문제이다.

예전에 GIF 이미지 형식에 관해서 저질렀던 실수(나중에 CompuServe가 사용권 비용을 요구했다)를 되풀이하지 않기 위해 Mozilla 팀이 열심히 싸우긴 했지만, 상황은 새로운 온라인 동영상 형식으로 H.264가 가장 선호되는 방향으로 흘러갔다. 그러나 잠재적인 특허 침해 문제에 봉착하게 되는 처지에 놓이길 앉아서 기다릴 생각이 없었던 Google은 이 문제를 본격적으로 해결하기로 결심했다. Google은 이미 중요한 동영상 형식들을 개발해 두고 있던 동영상 전문 기업 *On2 Technologies*를 매입해서, 독자적인 새 코덱 *VP8*을 내놓았다. 소프트웨어 업계의 거인 Google은 개발자 컨퍼런스 *Google-IO 2010*에서 드디어 자신들의 계획을 드러냈다. 새 동영상 코덱 VP8과 음향 형식 *Ogg Vorbis*에 기초한 새 프로젝트 *WebM*이 웹 상의 오픈소스 프로젝트로서 발표되었으며, 곧이어 Firefox와 Opera가 이를 구현했다.

Google은 2011년 초에 한 걸음 더 나아가서 자신의 Chrome 브라우저의 이후 버전들에서는 더 이상 H.264 코덱을 지원하지 않겠다고 발표했다. 이 충격적인 행보에 대한 Google의 해명은, 자신들이 열린 혁신을 원하며 월드와이드웹의 핵심 기술이 개방 표준에 기초해야 한다는 믿음을 가지고 있는데 H.264는 그런 표준이 아니라는 것이었다.

간략한 역사는 이 정도로 마무리하고, 개별 형식들을 좀 더 살펴보자. 동영상 압축의 기술적인 세부사항을 길게 늘어놓지는 않을 것이니 안심하기 바란다. 그냥 인터넷용으로 흔히 쓰이는 형식들을 간략히 소개만 하겠다.

4.3.1 Ogg: Theora와 Vorbis

지난 세기 말에 프라운호퍼 협회(Fraunhofer Society)*가 유명한 MP3 형식에 대해 사용권 비용을 요구하기 시작하자, *Xiph.Org* 재단이 공개 음향 코덱인 *Vorbis*를 개발했다. Xiph는

---

* [역주] 응용과학의 여러 분야를 연구하는 독일의 연구 단체이다(http://ko.wikipedia.org/wiki/프라운호퍼_협회 페이지 참고).

또한 2002년에 발표된 동영상 코덱 *VP3.2*(앞에서 언급한 *On2*가 개발)에 기초해서 *Theora*라
는 동영상 형식도 만들었다. 그리고 이들을 결합한 컨테이너 형식 *Ogg*도 만들었는데, 이
컨테이너는 여러 개의 음향, 동영상 트랙들을 담을 수 있다. Ogg 동영상 파일의 MIME 형식
은 *video/ogg*이며, 해당 파일 확장자는 **.ogv**이다. (확장자 **.ogg**도 가능하지만, Xiph.org에
따르면 이 확장자는 사용하지 말고 대신 Ogg 동영상 파일에는 **.ogv**를, Ogg 음향 파일에는
.oga를 명시적으로 사용해야 한다.)

　　지금 말하는 Ogg 컨테이너를 *Ogg Media* 컨테이너(파일 확장자는 **.ogm**)와 혼동하지 마시
길. Ogg Media(OGM) 컨테이너는 다수의 추가적인 동영상 코덱들을 지원하는 하나의 확장
형식이다. 원래는 이 확장 형식이 아주 유용할 것 같았지만, 몇 가지 문제점이 드러났다.
Xiph는 Ogg라는 이름을 오직 공개 형식들의 문맥에서만 언급해야 한다고 주장하는데, 이는
특허로 보호되는 형식들도 사용할 수 있는 Ogg Media에는 해당하지 않는다.

4.3.2 MPEG-4: H.264와 AAC

MPEG-4(MP4) 컨테이너는 Apple의 운영체제들에서 흔히 쓰이는 멀티미디어 형식 *QuickTime*에
서 파생된 것이다. Ogg 컨테이너처럼 MP4도 음향 트랙들과 동영상 트랙들을 담는다. 더
나아가서 이미지와 텍스트도 담을 수 있다. MP4에서 가장 흔히 쓰이는 코덱은 특허가 있는
동영상 코덱 H.264와 음향 코덱 *AAC(Advanced Audio Coding)*이다. 파일 확장자는 **.mp4**이
며, 흔히 쓰이는 MIME 형식은 *video/mp4, audio/mp4, application/mp4*이다.

참고

좀 헷갈리는 일이지만, 확장자가 **.m4a**인 파일도 있다. 이들은 Apple의 iPod와 여러 기기
들에서 등장하기 시작했는데, 사실 이들은 MP4 파일이다. Apple은 이것이 순수한 음향
파일임을 나타내기 위해 이런 파일 확장자를 만들었다고 한다. 이외에도 Apple은 오디오
북 파일에 확장자 **.m4b**를, iPhone 벨소리에는 **.m4r**을 사용한다.

　　MP4 파일 형식은 Apple의 이동 기기들(iPod, iPhone, iPad)의 큰 성공에 힘입어 빠르게
퍼져 나갔다. 처리 능력이 낮은 프로세서를 가진 기기들(휴대전화 등)에서 동영상 재생 성능

을 허용 수준 이상으로 보장하기 위해, 계산량이 많은 공정을 개별적인 칩에 맡기는 기술이 쓰인다. 이러한 하드웨어 가속은 에너지를 절약하고 배터리 수명을 늘린다.

H.264 코덱에 관련된 특허 문제를 과소평가해서는 안 될 것이다. 이 코덱의 부호화 방식은 적어도 2028년까지 특허로 보호되어 있다. 이는 마치 다모클레스의 머리 위에 매달려 있는 진실의 칼과도 같다. 즉, 소프트웨어 개발사들은 언제라도 부호화 공정에 대해 비용을 지불해야 하는 상황에 처할 수 있는 것이다.

4.3.3 WebM: VP8와 Vorbis

이번 절 도입부에서 언급했듯이, Google은 WebM 프로젝트를 시작함으로써 흥분과 만족을 불러일으켰다. 동영상 코덱 VP3은 전반적으로 좋은 평가를 얻었으며, 음향 코덱 Vorbis는 이미 성공을 입증했다. Google은 이들을 담을 컨테이너로 오픈소스 형식인 *Matroska*를 사용하기로 결정했는데, 이 형식 역시 이미 검증을 거친 것이다. 그러나 원래의 Matroska 형식은 여러 종류의 코덱들을 지원하지만, 그로부터 파생된 WebM 컨테이너는 오직 동영상 코덱 VP3과 음향 코덱 Vorbis만을 지원한다.

WebM 동영상 파일의 표준적인 확장자는 .webm이고 MIME 형식은 *video/webm*이다.

Google의 발표 직후 브라우저 제조사 Mozilla(Firefox)와 Opera는, 그리고 심지어 Microsoft (인터넷 익스플로러)까지도, WebM 형식을 지원하겠다고 공표했다. Google의 브라우저인 Chrome이 WebM을 지원함은 말할 필요도 없을 것이다. 정리하자면, 이 새 코덱을 지원하지 않는 브라우저는 Apple의 Safari 뿐이다(적어도 이 글을 쓰는 현재).

4.4 동영상 변환 도구

그런데 사람들이 주로 사용하는 디지털 카메라나 캠코더가 동영상을 직접 WebM이나 Ogg 형식으로 저장하지 않으므로, 이 새 형식들을 사용하려면 적절한 동영상 변환 도구가 필요하다. 이번 절에서는 여러 변환 도구들을 소개한다. 이들은 모두 Windows와 Mac OS, Linux 에서 실행된다(단, *Miro Video Converter*는 예외).

4.4.1 FFmpeg

*FFmpeg*를 동영상 변환계의 스위스 **군용칼**이라고 부르는 사람도 있다. 그런데 그렇게 불러 마땅한 것이, FFmpeg는 놀랄 만큼 많은 음향, 동영상 형식들을 읽고 쓸 수가 있다. 또한 FFmpeg은 멀티미디어 파일을 그 구성요소별로 분해하는 기능도 제공한다. 그러나 이 도구로 YouTube 동영상을 변환해서 MP3 컬렉션에 추가하면 좋겠다는 생각을 하고 있다면, YouTube의 음향 트랙의 음질이 다소 실망스러운 경우가 많다는 점을 주의하기 바란다.

FFmpeg의 개발자들이 그래픽 사용자 인터페이스 프로그래밍 같은 사소한 일들에는 신경 쓰지 않은 탓에, 이 도구를 사용하려면 명령줄(command-line) 환경에 익숙할 필요가 있다. FFmpeg의 기본 설정을 변경하지 않았다고 할 때, Flash 동영상(FLV)을 WebM으로 변환하려면 명령줄에서 다음과 같은 형태의 명령을 실행하면 된다.

```
$> ffmpeg -i myflashvideo.flv myflashvideo.webm
```

FFmpeg는 또한 동영상 파일의 구체적인 형식을 파악하는 데에도 좋은 도구이다.

```
$> ffmpeg -i myflashvideo.flv
 ...
 Input #0, flv, from '/tmp/myflashvideo.flv':
  Duration: 00:05:12.19, start: 24.8450, bitrate: 716 kb/s
    Stream #0.0: Video: h264, yuv420p, 480x360 [PAR 1:1
      DAR 4:3], 601 kb/s, 25 tbr, 1k tbn, 49.99 tbc
    Stream #0.1: Audio: aac, 44100 Hz, stereo, s16,
      115 kb/s
```

이 예의 동영상 파일은 Flash 컨테이너로, 약 5분 길이의 동영상과 음향을 담고 있다. 동영상 트랙의 압축에는 H.264 코덱이, 음향 트랙의 압축에는 AAC가 쓰였다.

FFmpeg는 버전 0.6부터 WebM 동영상을 지원한다. 그런데 Google이 제공하는 *libvpx* 라이브러리를 사용하는 데 만족하지 못했던 개발자들은 동영상 변환의 성능을 크게 끌어올리기 위해서 기존의 FFmpeg 코덱에 기초해 VP8을 다시 구현했다.

FFmpeg 프로젝트의 상당 부분은 *libavcodec* 라이브러리가 차지한다. FFmpeg가 지원하는 음향, 동영상 형식들이 이 라이브러리에 모여 있다. *vlc*, *mplayer*, *xine* 같은 매체 재생기들은 이 라이브러리를 이용해서 동영상을 재생하고 재부호화한다.

참 고

> FFmpeg 명령줄 도구의 매개변수들은 끝도 없이 많다. 그래서 이 책의 제한된 지면으로 그 옵션들을 모두 설명하는 것은 불가능한 일이다. 좀 더 알고 싶은 독자라면 FFmpeg의 훌륭한 온라인 문서화(http://www.ffmpeg.org/ffmpeg-doc.html)를 참고하기 바란다.

표 4.3에 FFmpeg의 부호화 관련 주요 매개변수들이 정리되어 있다.

표 4.3 FFmpeg의 주요 매개변수

매개변수	영향
-h	도움말. 모든 매개변수를 볼 수 있다(아주 길다).
-formats	지원하는 파일 형식 전체 목록.
-codecs	지원하는 음향, 동영상 코덱 전체 목록.
-i 파일	파일을 입력 파일/스트림으로 설정한다.
-f 형식	형식을 출력 형식(이를테면 webm, ogg, mp4)으로 설정한다.
-ss 시작	입력 매체에서 시작(초 단위 시간)에 해당하는 지점으로 이동한다.
-t 기간	기간(초) 동안만 변환/갈무리를 진행한다.
-b 비트율	동영상 화질을 결정하는 비트율(bitrate)을 지정한다. 기본 비트율은 200kb/s이다.
-r *fps*	초당 프레임 수(기본은 25).
-s 크기	동영상 크기(픽셀 단위 너비×높이 형태로 지정할 수도 있고 *vga* 같은 미리 정의된 값을 지정할 수도 있다).
-ab *비트율*	음질(비트율, 기본값은 64kb/s).

이런 다양한 옵션들 덕분에 사용자의 개입 없이도 FFmpeg를 활용할 수 있다. 이는 자동 동영상 변환에 특히나 적합하다.

4.4.2 VLC

수년 동안 *VideoLan* 프로젝트는 인기 있는 매체 재생 프로그램인 *VLC*를 개발해 왔다. 여러 운영체제들을 지원하며(Windows, Mac OS, Linux, 기타 여러 Unix 변종들) 간단한 사용자

인터페이스를 제공하는 VLC 매체 재생기는 여러 라이브러리를 사용하는데, 그 중 하나가
FFmpeg 프로젝트의 *libavcodec* 라이브러리이다. 따라서 WebM 형식도 지원한다.

VLC는 다양한 형식과 출처의 동영상을 재생하는 기능 외에 멀티미디어 콘텐트의 변환
기능도 제공한다(Convert - Save 메뉴). 그림 4.3에서 보듯이, 흔히 쓰이는 형식들을 변환할
때 미리 정의된 프로파일을 사용할 수 있는데, 이는 아주 유용한 기능이다.

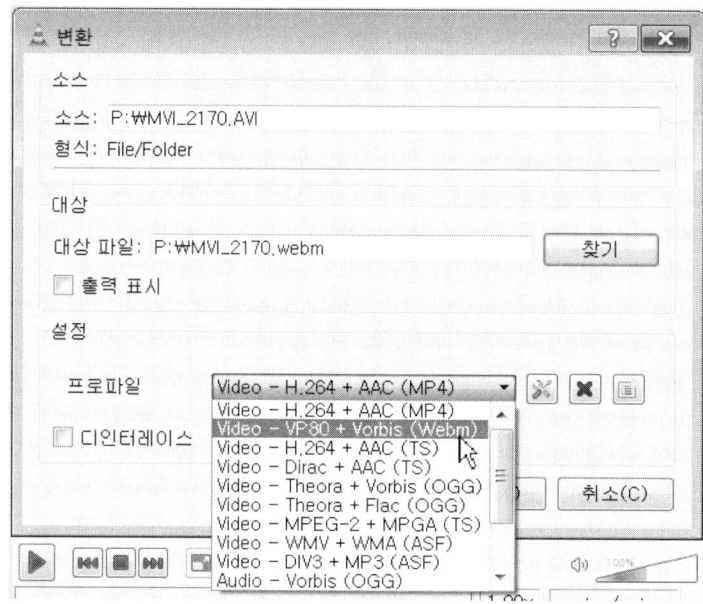

그림 4.3 VLC의 동영상 변환을 위한 대화상자.

동영상 화질과 크기를 좀 더 세밀하게 지정하고 싶다면 '도구' 메뉴를 통해서 열 수 있는
또 다른 대화상자를 사용하면 된다.

VLC를 좀 더 자세히 살펴보면 더욱 흥미로운 기능들을 발견할 수 있을 것이다. 예를
들어 화면을 동영상으로 갈무리하는 소위 스크린캐스트 기능(이를테면 독자가 현재 데스크
톱에서 하는 일을 기록할 수 있다)이나 동영상을 다양한 프로토콜들을 통해서 인터넷으로
스트리밍하는 기능도 제공한다. 물론 FFmpeg로도 그런 일을 할 수 있지만, VLC의 경우
편리한 GUI를 제공한다는 장점을 가지고 있다. 홈페이지 http://www.videolan.org에서 모든
주요 플랫폼용 VLC를 내려받을 수 있다.

4.4.3 Firefogg

명령줄에 익숙하지도 않고 VLC를 설치할 생각도 없는 독자라면 Firefox의 부가기능인 *Firefogg*를 고려해 보기 바란다. 이 부가기능을 설치한 후 http://firefogg.org/make로 가면 자신의 컴퓨터에 있는 동영상을 Ogg나 WebM 동영상 형식으로 변환할 수 있다. 사실 Firefogg.org 사이트는 그냥 GUI 버튼들만 제공한다. 실제 변환 작업은 지역 컴퓨터에서 진행된다. Firefogg 부가기능 설치 시 함께 설치되는 FFmpeg 변형 버전이 배경에서 변환을 담당한다.

http://firefogg.org/make 페이지의 Preset: 항목을 열면 Ogg와 WebM 동영상을 위한 고화질, 저화질 기본 설정들이 있다(그림 4.4). 또한 이 페이지에서 제목이나 작성자, 녹화 일자, 저작권 같은 메타자료도 간편하게 설정할 수 있다.

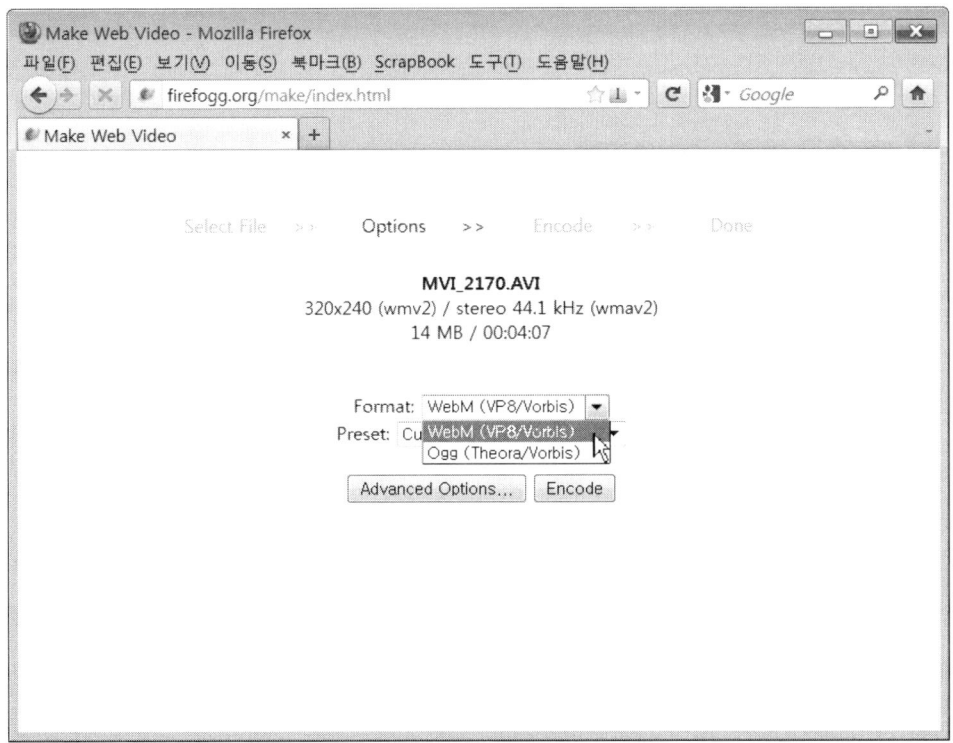

그림 4.4 Firefogg의 동영상 변환 설정들.

　　그러나 Firefogg가 단지 FFmpeg의 GUI 역할만 하는 것은 아니다. 이 부가기능은 JavaScript 라이브러리 하나도 제공하는데, 이를 이용하면 사용자가 동영상을 사이트에 올리는 기능을 손쉽게 구현할 수 있다. 이러한 접근방식의 장점은 명백하다. 사용자가 압축률이 낮은 동영상을 서버에 올리고 서버 쪽에서 그것을 웹용 형식으로 변환하는 것보다는 사용자의 컴퓨터에서 먼저 변환한 후에 서버에 올리는 방식이 더 효율적이다. 그러면 웹 서버의 대역폭과 계산량이 절약된다. Wikipedia 역시 이런 접근방식을 지지하기 때문에, 앞으로도 Firefogg가 계속 발전할 것이라고 기대할 수 있다.

참 고

> http://firefogg.org/dev/chunk_post_example.html 페이지를 보면 Firefogg의 JavaScript 라이브러리의 사용법을 보여주는 예제 코드가 있다. Firefogg는 동영상을 1MB 단위로 잘라서 업로드한다. 덕분에 중간에 인터넷 연결이 끊어져도 동영상 전체를 다시 올릴 필요가 없다.

4.4.4 Miro Video Converter

Miro Video Converter(http://www.mirovideoconverter.com/)는 모든 주요 운영체제를 지원하는 혁신적인 오픈소스 동영상·음향 재생기인 *Miro Media Player*에서 파생된 제품으로, 현재는 Windows와 Mac OS용 버전만 있다. 그림 4.5는 이 변환기의 간단한 사용자 인터페이스로, 동영상 코덱뿐만 아니라 대상 기기(iPad, iPhone, PlayStation, Android 등)도 지정할 수 있다.

　　동영상 파일을 이 변환기로 끌어다 놓으면 내부적으로 FFmpeg가 변환 작업을 진행한다. 어떤 이유로 FFmpeg가 변환에 실패했을 때에는(종종 그런 일이 생긴다.) FFmpeg Output 버튼이 도움이 된다. 이 버튼을 클릭하면 구체적인 변환 명령뿐만 아니라 변환 상태 메시지들도 모두 볼 수 있다(그림 4.6). 주된 오류 메시지로 Google을 검색해 보면 쓸만한 해답을 얻을 수 있을 것이다.

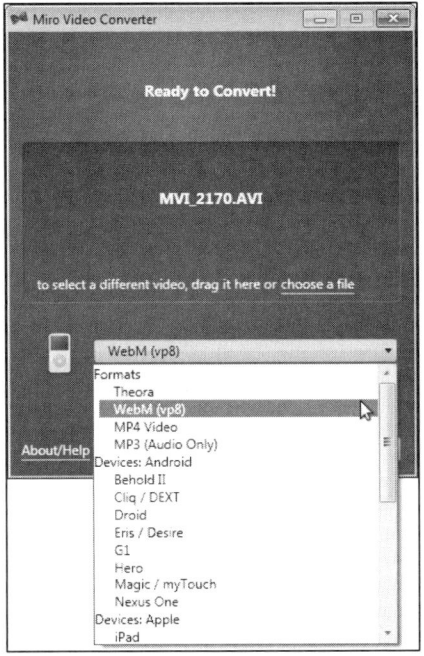

그림 4.5 Miro Video Converter의 동영상 변환 옵션들.

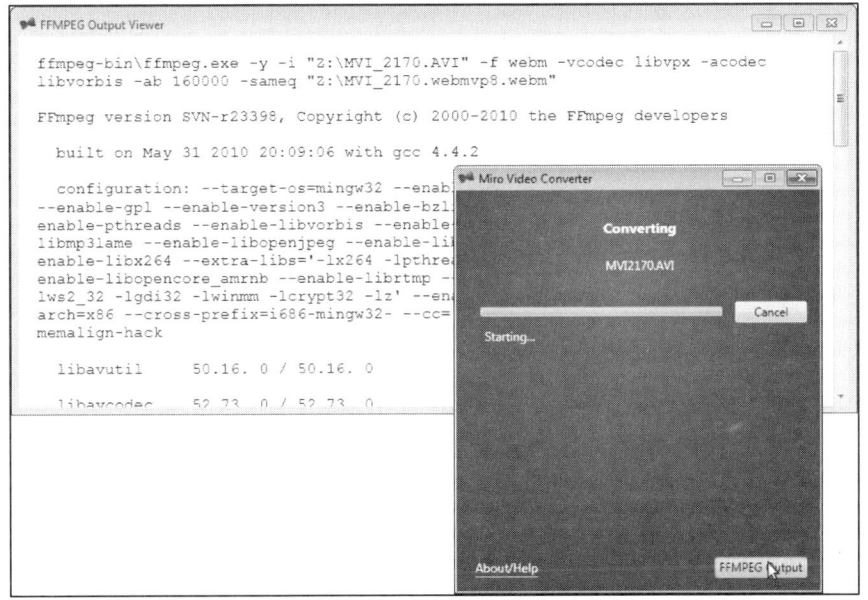

그림 4.6 Miro Video Converter로 동영상을 변환하는 모습.

4.5 브라우저별 동영상 형식 지원 여부

웹 사이트에 올린 동영상을 최대한 다양한 브라우저들에서 볼 수 있게 만들려면, 현재로서
는 video 요소를 위한 대안 해법을 사용하는 수밖에 없다. 표 4.4에서 보듯이 현재 모든
주요 브라우저가 공통으로 지원하는 동영상 형식은 없다. 브라우저 버전들과 출시 일자의
상관관계에 대해서는 제1장 끝 부분 또는 다음 웹 페이지를 참고하기 바란다.

http://html5.komplett.cc/code/chap_intro/timeline.html?lang=en

표 4.4 주요 브라우저들의 코덱 지원 현황.

코덱	Firefox	Opera	Chrome	Safari	IE	iOS*	Android
OGG	3.5	10.50	3.0				
MP4			3.0			3.0	2.0
WebM	4.0	10.60	6.0		9**		
Flash	플러그인	플러그인	플러그인	플러그인	플러그인		2.2

*   iPhone, iPad, iPod 같은 Apple의 모바일 기기용 운영체제(2010년 6월부터 iOS라고 부른다. 그전에는 iPhone
OS라고 했다)
** Microsoft에 따르면, IE의 경우는 다른 브라우저들과 달리 WebM 코덱을 반드시 운영체제에 설치해야 한다.

4.6 기존 브라우저를 위한 임시 해결책

다행히, 여러 플랫폼들과 브라우저들을 모두 만족시키려는 웹 개발자라고 해도 바퀴를 스스
로 다시 발명할 필요는 없다. 웹을 살펴보면 이 문제에 초점을 둔 공개 라이브러리들을 여럿
발견할 수 있다. 현재 Kaltura의 JavaScript 라이브러리 *mwEmbed*의 개발이 아주 튼튼한 단계
에 도달한 상태이다. Wikipedia는 이 라이브러리를 이용해서 대부분의 플랫폼에서 video
요소와 audio 요소를 사용할 수 있게 만든다. 이 라이브러리는 주로 Ogg 형식에 초점을
두고 있다. WebM이나 MP4도 제공하고 싶다면 *html5media*가 좋은 대안일 것이다.

4.6.1 mwEmbed

mwEmbed 라이브러리는 주로 Wikipedia와 통합된 덕에 널리 알려지게 되었다. 이 라이브러

리를 개발한 Kaltura사는 공개 백과사전 Wikipedia의 위키 시스템인 *MediaWiki*와의 통합은 물론, *Drupal*이나 *WordPress* 같이 널리 쓰이는 CMS나 블로그 소프트웨어를 위한 플러그인 도 제공한다.

예를 하나 보자. 새 HTML5 문법을 인식하지 못하는 구식 브라우저를 위해, 이번 예제에 서는 head와 body 요소도 사용한다.

```
<!DOCTYPE html>
<html>
 <head>
  <title>mwEmbed fallback</title>
  <script type="text/javascript"
    src="http://html5.kaltura.org/js" > </script>
 </head>
 <body>
  <h1>mwEmbed fallback</h1>
   <video controls autoplay>
    <source src='videos/mvi_2170.mp4' type='video/mp4'>
    <source src='videos/mvi_2170.webm' type='video/webm'>
    <source src='videos/mvi_2170.ogv' type='video/ogg'>
    Sorry, your browser is unable to play this video.
   </video>
 </body>
</html>
```

이 예제는 JavaScript 라이브러리 mwEmbed를 그 프로젝트 웹 사이트(http://html5.kaltura. org/js)에서 직접 적재한다. 그러면 그 라이브러리가 동영상 재생에 관련된 대부분의 일을 알아서 처리한다. 어떤 브라우저에서든, 동영상 하단에 작은 제어줄이 나타난다. 그림 4.7은 아직 HTML5의 video 요소를 인식하지 못하는 Internet Explorer 8에서 이 예제를 실행한 모습이다. 이 경우 이 라이브러리는 *Cortado*라는 Java 애플릿을 적재해서 Ogg 동영상을 재생한다.

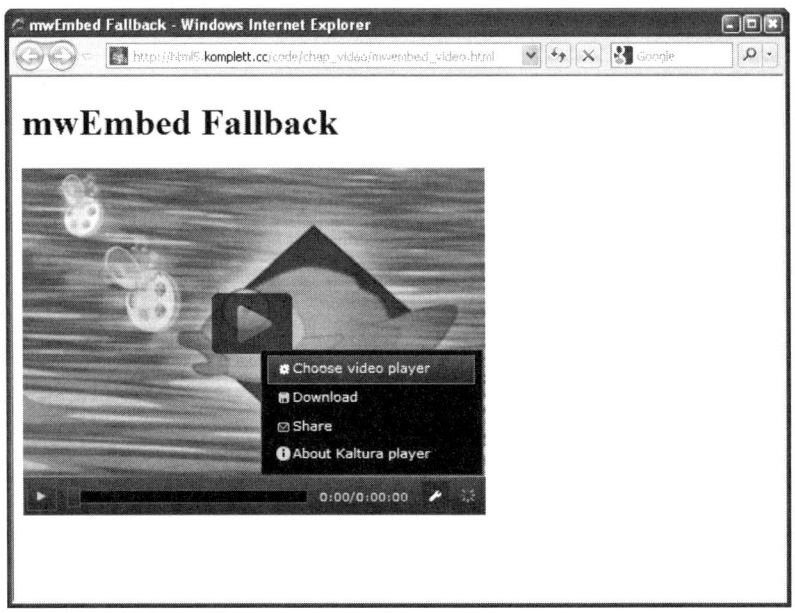

그림 4.7 Internet Explorer 8에서 Kaltura의 대안 해법 라이브러리 mwEmbed가 작동한 모습.

브라우저 고유의 동영상 재생 기능 대신 Java 애플릿을 사용하는 것이 마음에 들지 않는다면, 대신 *html5media* 라이브러리를 사용하면 될 것이다.

4.6.2 html5media

JavaScript 라이브러리 *html5media*는 mwEmbed보다 좀 더 조심스럽게 작동한다. 이 라이브러리는 브라우저가 지정된 동영상 형식을 재생할 수 없는 경우에만 끼어든다. 그런 경우 라이브러리는 오픈소스 Flash 동영상 재생기인 *Flowplayer*를 적재해서 동영상을 재생한다. Flowplayer는 입력으로 MP4(H.264) 동영상 형식을 기대한다. 그런데 html5media의 현재 버전에는 버그가 하나 있다. source 요소가 여러 개이면 구식 브라우저는 JavaScript 오류를 내면서 아무것도 출력하지 않는다.

```
<!DOCTYPE html>
<html>
 <head>
  <title>html5media fallback</title>
```

```
<script type="text/javascript"
  src="libs/html5media.min.js" > </script>
</head>
<body>
 <h1>html5media fallback</h1>
 <video src="videos/mvi_2170.mp4" width=640 height=480
   controls>
 </video>
</body>
</html>
```

예제에서 보듯이, 동영상의 너비와 높이를 지정하는 것이 아주 중요하다. 그렇지 않으면 Flowplayer는 동영상의 높이를 단 몇 픽셀로만 표시한다. 그림 4.8에 이 예제의 실행 모습이 나와 있다.

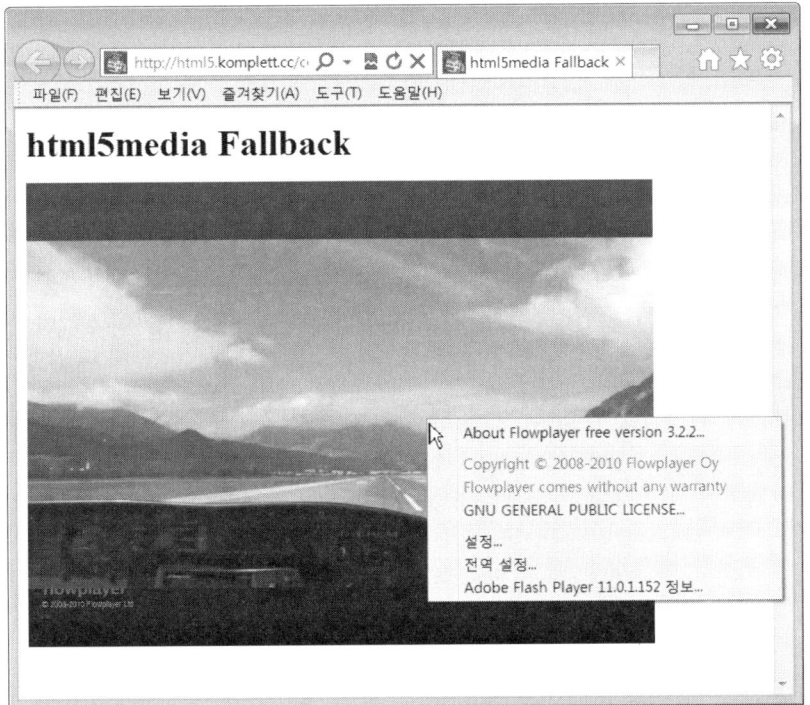

그림 4.8 Internet Explorer 8에서 html5media와 Flowplayer로 동영상을 재생하는 모습.

4.7 동영상과 스크립팅 — 간단한 동영상 재생기

브라우저에서 그냥 동영상을 재생하는 수준을 넘어, JavaScript 코드에서 `HTMLMediaElement` 인터페이스를 통해서 동영상을 직접 제어하는 것도 가능하다. 이번 절에서 그 방법을 이야기하겠다. 다음과 같은 기능을 가진 간단한 JavaScript HTML5 동영상 재생기를 구현해 보기로 한다.

- 동영상 재생 시작 및 중지
- 제어줄에 현재 재생 위치를 표시하고, 사용자가 위치 변경 가능
- 빨리 감기·되감기
- 영화의 특정 장면 선택
- 음량 선택(크게/작게, 무음)

이 예제를 위한 동영상을 찾아보았는데, 다행히 적당한 것을 금세 발견할 수 있었다. 약 10분짜리 컴퓨터 애니메이션인 *Big Buck Bunny*로, 홈페이지(http://bigbuckbunny.org)에 따르면 이 작품은 한 자유 영화 프로젝트의 결과물이라고 한다. 이 프로젝트는 *Blender Foundation*이 시작한 것이다. 2007년 10월에서 2008년 4월까지 일곱 명의 3D 애니메이션 전문가들이 *Blender, Gimp, Inkscape, Python* 같은 자유 소프트웨어(모두 *Ubuntu*에서 실행)를 이용해서 이 영화를 만들고 개방적인 사용권* 하에 온라인으로 공개했다. *funny and furry***라는 모토에 기초한 이 작품의 요약 내용을 Wikipedia http://en.wikipedia.org/wiki/Big_Buck_Bunny 페이지에서 볼 수 있다. 그러나 지금 예제에서 주된 관심사는 영화 자체가 아니라 동영상 재생기이다. 그림 4.9에 이 재생기의 완성된 모습이 나와 있다.

---

*   [역주] 구체적으로는 CC-BY, 즉 Creative Commons - Attribute(http://creativecommons.org/licenses/by/3.0/deed.ko)이다.

**   [역주] fu-로 운(?)을 맞춘 것이라서 원문을 그대로 썼다. 군이 옮기자면 '재밌고 복실복실하게!' 정도나, furry에는 '무서운'을 비롯한 다른 의미·용법도 있다고 한다.

그림 4.9 JavaScript HTML5 동영상 재생기의 실행 모습.

참 고

이 동영상 재생기 예제의 HTML 페이지와 JavaScript 라이브러리, CSS 스타일시트 파일을
이 책의 부록 웹 사이트에서 내려받을 수 있다. 주소는 다음과 같다.

- http://html5.komplett.cc/code/chap_video/js_videoPlayer_en.html
- http://html5.komplett.cc/code/chap_video/js_videoPlayer.js
- http://html5.komplett.cc/code/chap_video/js_videoPlayer.css

4.7.1 동영상 내장

페이지에 동영상을 내장하는 것 자체는 앞에서 이미 살펴보았다. 이전과 다른 점이라면
`oncanplay` 특성과 `ontimeupdate` 특성에 적절한 사건 처리부들이 지정되었다는 것이다.
잠시 후에 이야기하겠지만, 이들은 동영상 재생기에서 중요한 역할을 한다.

```
<video preload=metadata
       poster=videos/bbb_poster.jpg
       width=854 height=480
       oncanplay="initControls()"
```

```
        ontimeupdate="updateProgress()">
  <source src='videos/bbb_480p_stereo.ogv'
          type='video/ogg;codecs="theora, vorbis"'>
  <!-- further source elements as alternatives -->
  Sorry, your browser is unable to play this video.
</video>
```

preload=metadata에 의해, 브라우저는 영화 재생 시간과 첫 프레임만 미리 불러온다. 동영상 적재 도중에는 먼저 poster 특성에 지정된 이미지('포스터')를 표시하고, 이후 첫 프레임이 준비되면 그것을 표시한다. 안타깝게도, 예제 동영상의 첫 프레임은 완전히 까만 화면이다.

이 예제에서는 너비와 높이를 명시적으로 설정한다. 원래의 동영상은 854×480 크기였지만, 이 예제가 사용하는 것은 원본을 428×240으로 줄인 것이다. 그것을 위와 같이 너비와 높이를 명시적으로 지정해서 854×480으로 확대해 표시한다. 이렇게 하는 이유는 용량 때문이다. 원본은 160MB였지만, 크기를 줄인 버전은 39MB이다. 아무래도 작은 용량이 재생기를 시험해 보기에 좋다. 그리고 width 특성과 height 특성을 명시적으로 지정하면 HTMLVideoElement 인터페이스의 80%를 설명하는 데 도움이 된다. 이 인터페이스의 동영상 크기 관련 속성은 단 네 개이다. 그 속성들 외에, 포스터 이미지의 URL을 위한 속성(생략 가능)과 음향을 끌 것인지를 결정하는 속성이 있다.

JavaScript의 video 변수가 HTML의 video 요소를 가리킨다고 할 때, 동영상 관련 속성들의 값은 다음과 같다.

- video.width = 854(HTML 코드에서 명시적으로 지정되었음)

- video.height = 480(HTML 코드에서 명시적으로 지정되었음)

- video.videoWidth = 428 (동영상 파일 자체에서 비롯)

- video.videoHeight = 240 (동영상 파일 자체에서 비롯)

- video.poster = videos/bbb_poster.jpg (포스터 이미지 주소)

물론, 이 몇 안 되는 특성들로 동영상 재생기를 구현하지는 못한다. 그리고 이들은 단지 HTMLVideoElement의 추가적인 속성일 뿐이다. HTMLVideoElement는 HTMLMediaElement

의 일종이며, 동영상 재생기에 필요한 모든 메서드와 속성이 바로 이 `HTMLMediaElement`에 있다. 좀 더 알고 싶은 독자라면 http://www.w3.org/TR/html5/video.html#htmlmediaelement 의 명세를 살펴보기 바란다.

실질적인 작업은 `oncanplay`에서 시작한다. 브라우저가 동영상을 재생할 수 있게 되면 즉시 이 속성에 설정된 JavaScript 코드가 실행된다. 지금 예제에서는 이에 의해 `initControls` 함수가 호출된다. 이 함수는 동영상(`video` 요소)에 대한 참조를 만들어서 `video`라는 전역 변수에 저장한다. 다음이 이 함수의 모습이다(이후 이 함수에 코드를 좀 더 추가할 것이다).

```
var video;
var initControls = function() {
  video = document.querySelector("VIDEO");
};
```

`document.querySelector()` 메서드는 *CSS 선택자(Selectors) API*의 일부이다. 이 함수에 의해 `video` 변수는 페이지의 첫 `video` 요소를 가리키게 된다. 이제부터 이 변수를 통해서 동영상의 `HTMLMediaElement` 인터페이스에 접근할 수 있다. 그럼 이를 이용해서, 원래 계획한 기능들 중 첫 번째인 동영상 재생 시작 및 중지 기능을 구현해 보자.

4.7.2 동영상 재생의 시작과 중지

재생을 시작하고 중지하는 기능을 구현하려면, 우선 사용자가 클릭할 버튼을 HTML 문서에 추가해야 한다.

```
<input type=button
       value="&#x25B6;"
       onclick="playPause(this);">
       id="playButton"
```

`&#x25B6;`은 유니코드(Unicode) 기호 *BLACK RIGHT-POINTING TRIANGLE*(검은 오른쪽 삼각형)에 해당하는 HTML 개체인데, 재생 버튼으로 사용하기에 딱 좋은 형태이다. 재생을 시작하고 중지하는 기능은 `playPause()` 함수에 들어 있다. 사용자가 이 버튼을 클릭할 때마다 이 함수가 호출된다. 전달되는 인수 `this`는 이 버튼 객체(형식이 `button`인 `input` 요

소) 자신이다.

```
var playPause = function(ctrl) {
  if (video.paused) {
    video.play();
    ctrl.value = String.fromCharCode('0x25AE','0x25AE');
  }
  else {
    video.pause();
    ctrl.value = String.fromCharCode('0x25B6');
  }
};
```

video.paused 속성은 동영상이 재생 중인지의 여부를 알려준다. 이 속성이 true이면 동영상의 재생이 일시 정지된 상태인 것이고 false이면 재생 중인 것이다. 이 속성 덕분에 동영상의 재생과 중지를 구현하기가 쉬워진다. 함수는 video.paused가 false이냐 true이냐에 따라 video.start()와 video.pause() 중 하나를 호출한다.

함수는 매개변수 ctrl로 전달된 버튼 객체의 value 속성(ctrl.value)을 이용해서, 현재 상태에 따라 버튼을 재생 버튼 또는 중지 버튼으로 변경한다. 이 속성에 '&#x25B6'을 직접 배정하면 원하는 결과가 나오지 않음을 주의할 것. 그렇게 하면 &#x25B6이라는 문자열 자체가 그대로 표시된다. 올바른 방법은 JavaScript의 String.fromCharCode()를 이용해서 유니코드 기호를 생성하는 것이다. 원하는 유니코드 16진 코드에 해당하는 문자열들(쉼표로 구분)을 넣어서 이 메서드를 호출하면 그 코드에 해당하는 유니코드 기호가 반환된다. 한편 재생 버튼을 나타내는 문자열로는 *BLACK VERTICAL RECTANGLE*(검은 수직 사각형, ▮) 기호 두 개를 사용한다.

버튼 ID playButton의 용도는 나중에 이야기하겠다.

4.7.3 재생 위치의 표시 및 설정

현재 재생 위치를 표시하기 위해, 제3장에서 소개했던 range 형식 input 요소를 추가한다.

```
<input type="range"
       min=0 max=1 step=1 value=0
```

```
onchange="updateProgress(this)"
id="currentPosition">
```

min 특성과 max 특성은 이 요소에 허용되는 값의 범위를 결정하고, step은 사용자가 슬라이더를 끌어 움직일 때 value가 변하는 크기(단계)이다. 동영상의 경우 min은 동영상의 시작 위치, max는 끝 위치에 해당한다. 따라서 max를 동영상 전체 길이(초 단위)로 설정해야 한다. 이를 설정하기에 알맞은 장소는 initControls()이고, 알맞은 속성은 video.duration이다. 즉, initControls() 함수에 다음과 같은 코드 두 줄을 추가하면 된다.

```
curPos = document.getElementById("currentPosition");
curPos.max = video.duration;
```

이에 의해 max에 596.468017578125가 배정된다. 이 값을 보면 동영상이 약 10분 길이임을 알 수 있다. 사용자가 슬라이더를 끌거나 클릭했을 때 재생 위치를 갱신하는 작업은 onchange 특성에 설정된 사건 처리부 updateProgress()에서 담당한다.

```
var updateProgress = function(ctrl) {
  video.currentTime = ctrl.value;
};
```

이 작업은 그냥 문장 하나로 충분하다. video.currentTime 속성으로 현재 재생 위치(시간)를 알아낼 수 있을 뿐만 아니라 현재 재생 위치를 직접 설정하는 것도 가능하다는 점을 기억하기 바란다. 현재 재생 위치의 값으로는 슬라이더 컨트롤의 value 특성을 사용한다. 다음으로, 현재 재생 위치를 표시하는 부분을 보자. 위치를 MM:SS 형태로 표시하기 위해 다음과 같은 과정을 밟는다.

1. 슬라이더 옆에 span 요소를 하나 추가한다.

   ```
   <span id="timePlayed"> </span>
   ```

2. initControls() 안에서 이 span에 대한 참조를 curTime 변수에 넣고, 그 내용을 0:00으로 초기화한다.

   ```
   curTime = document.getElementById("timePlayed");
   curTime.innerHTML = '0:00';
   ```

3. updateProgress()가 호출될 때마다 curTime의 내용을 현재 재생 위치에 해당하는 시간 값으로 갱신한다.

```
mm = Math.floor(video.currentTime / 60.0);
ss = parseInt(video.currentTime) % 60;
ss = (ss < 10) ? '0'+ss : ss;
curTime.innerHTML = mm+':'+ss;
```

이제 거의 끝났다. 슬라이더의 기능 중 하나만 더 구현하면 된다. 동영상이 재생 중이면 슬라이더 핸들 역시 현재 재생 위치에 맞게 계속 이동해야 한다. 해법은 동영상 내장을 위한 HTML 코드 자체에 있다. 바로 ontimeupdate 특성이다. 명세서에 따르면 매체 스트림이 재생되는 동안 timeupdate 사건이 적어도 15밀리초, 최대 250밀리초의 간격으로 발생해야 한다. 이 사건이 발생하면 사건 처리부 특성 ontimeupdate에 설정된 함수가 호출된다. 따라서 이 특성에 updateProgress()를 설정하면 슬라이더를 재생과 동기화하기에 딱 알맞은 타이머가 생기는 셈이다.

사용자가 슬라이더를 클릭하거나 끌 때와는 달리, 이 경우에는 재생 위치를 설정하는 것이 아니라 슬라이더 컨트롤을 현재 재생 위치(video.currentTime)에 맞게 이동해야 한다. 이상의 기능을 추가한 updateProgress() 함수의 최종 버전이 목록 4.1에 나와 있다.

목록 4.1 재생 위치의 변경 및 갱신.

```
var updateProgress = function(ctrl) {
  if (ctrl) {
    video.currentTime = ctrl.value;
  }
  else {
    curPos.value = video.currentTime;
  }
  // 시간을 MM:SS 형태로 변환한다.
  mm = Math.floor(video.currentTime / 60.0);
  ss = parseInt(video.currentTime) % 60;
  ss = (ss < 10) ? '0'+ss : ss;
  curTime.innerHTML = mm+':'+ss;
};
```

if/else 블록은 updateProgress()가 사용자의 슬라이더 조작에 의해 호출된 것인지 아니면 ontimeupdate에 의해 호출된 것인지에 따라 처리를 달리하기 위한 것이다. 전자의 경우에는 전달된 슬라이더 객체를 ctrl에 배정하고, 현재 재생 위치를 슬라이더의 값에 따라 변경한다. 후자, 즉 timeupdate 사건이 발생한 경우에는 슬라이더 핸들 위치(curPos)를 현재 재생 위치에 맞게 변경한다.

이제 재생 및 재생 위치 조작 기능이 완성되었다. 잠시 쉬어 가는 의미에서, '내 손으로' 거의 완성시킨 동영상 재생기로 Big Buck Bunny를 즐겁게 감상해 보기 바란다.

4.7.4 빨리 감기 · 되감기

다음으로, 빨리 감기 · 되감기*(fast forward/backward)를 구현해 보자. 이를 위해서는 우선 해당 기능을 발동하기 위한 버튼 두 개를 페이지에 추가해야 한다. 버튼 텍스트로는 이번에도 유니코드 기호들을 사용하기로 한다. 앞, 뒤로 빨리 이동하는 기능을 나타내기에 적합한 기호로 꺾음 따옴표(quillemet; angle-quatation mark)들이 있다. 이들의 유니코드 이름을 보면 어떤 모습인지 짐작할 수 있을 것이다. 바로 *LEFT-POINTING DOUBLE ANGLE QUOTATION MARK*(왼쪽 이중 꺾음 따옴표)와 *RIGHT-POINTING DOUBLE ANGLE QUOTATION MARK*(오른쪽 이중 꺾음 따옴표)로, 16진 부호는 «와 »이다. 이 두 버튼의 onmousedown과 onmouseup을 위한 사건 처리부 함수들도 적절히 설정한다.

```
<input type="button"
       value="&#x00AB;"
       onmousedown="fastFwdBwd(-1)"
       onmouseup="fastFwdBwd()">
 <input type="button"
        value="&#x00BB;"
        onmousedown="fastFwdBwd(1)"
        onmouseup="fastFwdBwd()">
```

JavaScript 콜백 함수 fastFwdBwb()는 상당히 짧다.

---

* [역주] '감는다'는 좀 구식 표현인데, 옛날(20세기)에는 실제로 긴 리본 형태의 자기 테이프를 앞, 뒤로 감으면서 특정 재생 위치로 이동했으며, 감는 속도를 달리해서 재생 속도를 바꾸었다.

```
var fastFwdBwd = function(direct) {
  _pause();
  _play();
  if (direct) {
    video.playbackRate = 5.0 * direct;
  }
};
```

동영상을 빠르게 재생할 때 중요한 역할을 하는 속성이 두 개 있다. 하나는 위의 함수에 나온 `video.playbackRate`이다. 이 속성은 현재 재생 속도를 나타낸다. 또 하나는 `video.defaultPlaybackRate`로, 동영상의 정상 속도에 해당하며 기본 값은 **1.0**이다. 빠른 재생을 위해서는 재생 속도를 변경해야 한다. 예를 들어 **2.0**은 **두 배로 빠르게(2배속)**, **4.0**은 네 **배로 빠르게(4배속)**에 해당한다. 한편, 이 수치의 부호는 재생 방향을 뜻한다. 즉, 음수 기호 (-)를 붙인 값을 지정하면 되감기가 된다.

명세서의 정의에 따르면, 브라우저는 `video.play()`가 호출될 때마다 `video.playbackRate` 를 `video.defaultPlaybackRate`로 설정해야 한다. 즉, `defaultPlaybackRate` 자체가 바 뀌지 않는 한, 재생을 다시 시작할 때마다 재생 속도가 정상으로 돌아간다. 따라서, 속도를 높이기 위해서는 그 상태에서 `video.playbackRate`만 변경하면 된다.

이제 `fastFwdBwd()` 함수가 하는 일을 잘 이해할 수 있을 것이다. 이 함수는 우선 동영상을 멈추고 다시 시작한다. 그런 다음, 만일 `direct`에 값(1이나 -1)이 설정되어 있으면 `video.playbackRate`를 적절히 설정한다. 이에 의해 재생이 전진 또는 후진 방향으로 빠르게 진행 된다.

`_pause()` 함수와 `_play()` 함수는 각각 동영상을 시작, 중지하는 코드(기본적으로는 이전 에 나온 `playPause()` 콜백 함수에서 이미 보았던 것이다)를 담고 있다. 이 두 함수 덕분에 재생 버튼을 실제로 클릭하지 않더라도 스크립트 안에서 재생을 제어할 수 있다. 재생·중지 기능을 버튼 자체의 콜백 함수에서 분리하기 위해, `initControls()`에서 `getElementById()` 로 버튼에 대한 참조를 얻어서 변수 `pButton`에 저장해 둔다. 목록 4.2에 분리된 두 함수와 그것들을 사용하도록 변경된 `playPause()` 함수가 나와 있다.

목록 4.2 동영상 시작, 중지.

```
var _play = function() {
  video.play();
  pButton.value = String.fromCharCode('0x25AE','0x25AE');
};
var _pause = function() {
  video.pause();
  pButton.value = String.fromCharCode('0x25B6');
};
var playPause = function() {
  if (video.paused) {
    _play();
  }
  else {
    _pause();
  }
};
```

4.7.5 영화의 특정 장면 선택

개별 장면(scene)을 선택하려면 우선 각 장면 제목과 위치(시간)를 담은 목록을 만들어야
한다. 기본적으로 다음과 같은 풀다운 메뉴를 만들면 된다.

```
<select name="scenes" onchange="selectScene(this)" size=19>
  <option value="0:00" selected>0:00 Opening scene</option>
  <option value="0:23">0:23 Title sequence</option>
  <!-- 기타 17개 항목 -->
</select>
```

실질적인 작업은 콜백 함수 selectScene()에서 일어난다. 사용자가 목록의 한 항목을
선택하면 그 항목이 selectScene()에 전달된다. selectScene()에서는 그 항목의 시간을
재생 위치 설정에 맞는 형식으로 변환해서 video.currentTime에 설정한다. 그런 다음 슬
라이더 바 위치를 갱신하고, _play()를 호출해서 동영상을 새 위치에서 재생한다.

```
var selectScene = function(ctrl) {
  arr = ctrl.value.split(":");
  video.currentTime = parseFloat((arr[0]*60)+(arr[1]*1));
  updateProgress();
  _play();
};
```

4.7.6 음량 조절(크게/작게, 무음)

이제 음량(volume) 조절 기능만 구현하면 재생기가 완성된다. 우선 간단한 연습 삼아서, 소리를 켜고 끄는 기능을 구현해 보자. 이전과 마찬가지로 HTML 페이지에 버튼을 추가한다. 이번에도 유니코드 기호를 사용하는데, *BEAMED EIGHTH NOTES*(꼬리가 연결된 8분음표, ♫)를 사용하기로 하자.

```
<input type="button"
       value="&#x266B;"
       onclick="mute(this)">
```

mute() 함수는 읽기/쓰기 특성인 video.muted를 이용해서 음량 상태를 뒤집는다(켜져 있으면 끄고, 꺼져 있으면 켜는 식으로). 사용자에게 시각적인 피드백을 제공하기 위해, 소리가 꺼질 때에는 버튼 색을 CSS 색상 silver로 변경하고 켜질 때에는 검은색으로 변경한다.

```
var mute = function(ctrl) {
  if (video.muted) {
    video.muted = false;
    ctrl.style.color = 'black';
  }
  else {
    video.muted = true;
    ctrl.style.color = 'silver';
  }
};
```

음량 변경 기능을 구현하는 것도 어렵지 않다. 우선, 음량 조절을 위한 슬라이더(입력 형식 range)와 현재 음량 수준을 표시할 span 하나를 추가해야 한다. 기본적인 HTML 구조는 다음과 같다.

```
<input type="range"
       min=0.0 max=1.0 step=0.1 value=1.0
       onchange="adjustVolume(this)"/>
<span id="currentVolume"> </span>
```

initControls()에서는 이 span 요소에 대한 참조를 변수에 저장해 두고, video.volume 속성을 이용해서 음량을 100%로 초기화한다.

```
curVol = document.getElementById("currentVolume");
curVol.innerHTML = "100 %";
video.volume = 1;
```

콜백 함수 adjustVolume()은 슬라이더가 변경될 때마다 호출된다. 슬라이더의 값 범위 (min=0, max=1)가 video.volume의 값 범위와 정확히 일치하므로 그냥 슬라이더의 값을 그대로 설정하면 된다. step=0.1이므로 슬라이더의 값은 0.1단위이다. 이를 10% 단위의 값으로 변환해서 span에 표시한다.

```
var adjustVolume = function(ctrl) {
  video.volume = ctrl.value;
  curVol.innerHTML = (Math.round(ctrl.value*100))+'%';
};
```

이렇게 해서 나만의 동영상 재생기가 완성되었다. 이 예제를 통해서 HTMLMediaElement 인터페이스의 특성들과 메서드들을 절반 정도 살펴보았다. 다음 절에서는 이 예제에 나오지 않은 특성들과 메서드들 중 흥미로운 몇 가지를 살펴본다.

4.7.8 ‘HTMLMediaElement’ 인터페이스의 다른 특성들과 메서드들

모든 매체 요소(동영상뿐만 아니라 음향도 포함) 객체에는 공통의 속성이 다섯 개 있는데, 모두 HTMLMediaElement 인터페이스에 속한 것이다. 매체 스트림의 원본(source)을 뜻하는 src가 있고, 부울 속성인 autoplay, loop, controls가 있다. 그리고 none, metadata, auto 중 하나를 설정할 수 있는 preload가 있다. 다음은 이들을 모두 사용한 예이다.

```
var video = document.createElement("VIDEO");
video.src = 'videos/bbb_240p_stereo.ogv';
video.autoplay = false;
video.loop = true;
video.controls = true;
video.preload = 'metadata';
```

그런데 이 동영상은 아직 적재되지 않은 상태이다. 동영상 적재는 HTMLMediaElement 인터페이스의 또 다른 메서드인 video.load()가 호출되어야 시작한다. 그리고 동영상이 브라우저에 표시되려면 해당 요소를 DOM 트리에 추가해야 한다. 즉, 다음 두 줄을 추가해야 동영상을 볼 수 있다.

```
video.load();
document.documentElement.appendChild(video);
```

동영상 재생기 video 요소의 oncanplay 특성에 대응되는 JavaScript 쪽 개체는 사건 형식, 콜백 함수, 그리고 **포착**(capture) 단계에서 사건 처리부가 발동하는지의 여부를 뜻하는 플래그 하나로 이루어진 사건 청취자이다. 달리 말해서, 사건 처리부를 포착 단계가 아니라 **버블링** 단계에서 발동하게 하고 싶다면 그 플래그를 false로 설정하면 된다. 사건이 처리되는 순서와 단계를 좀 더 알고 싶다면 http://www.quirksmode.org/js/events_order.html 페이지를 참고하기 바란다. 다음은 canplay 사건에 반응해서 즉시 동영상을 재생하는 사건 청취자를 설정하는 예이다.

```
video.addEventListener("canplay", function() {
  video.play();
}, false);
```

참고

이 코드 예제의 HTML 버전을
http://html5.komplett.cc/code/chap_video/js_dynamicVideo_en.html에서 볼 수 있다.

간단한 예제이지만, 매체 스트림을 불러오는 도중에 진행되는 과정은 상당히 복잡하다. 명세서는 네트워크 상태(network state)와 준비 상태(ready state)를 구분하며, HTMLMediaElement 인터페이스에 이 두 상태를 위한 **읽기 전용** 속성 두 개와 관련 상태를 서술하는 여러 상수들을 정의해 두었다.

networkState 속성은 네트워크 상태를 감시하는 데 쓰인다. 이 속성은 언제라도 읽을 수 있는데, 그 값은 표 4.5에 나온 네 가지 중 하나이다.

표 4.5 'networkState' 속성의 상수들.

값	상수	설명
0	NETWORK_EMPTY	동영상/음향이 아직 초기화되지 않았음.
1	NETWORK_IDLE	동영상/음향 원본이 선택되었지만, 현재 불러오는 중은 아님.
2	NETWORK_LOADING	브라우저가 동영상/음향을 불러오고 있음.
3	NETWORK_NO_SOURCE	동영상/음향의 적당한 원본을 찾지 못했음.

적절한 원본을 선택하는 과정에서 기억해야 할 것은, 매체를 해당 요소의 src 특성으로 지정할 수도 있고 여러 source 요소들로 지정할 수도 있다는 점이다. 그렇다면, 하나의 동영상에 대해 여러 개의 source 요소들이 지정되어 있을 때 브라우저가 어떤 것을 선택했는지를 JavaScript 코드에서 알아내려면 어떻게 해야 할까? 답은 읽기 전용 속성인 video.currentSrc 이다. *Big Bucuk Bunny* 동영상 재생기 예제는 이 속성을 이용해서 재생기 왼쪽 하단 저작권 옆에 현재 원본 이름을 표시한다.

브라우저가 적당한 source 요소를 선택할 때에는 주어진 매체 형식을 브라우저가 지원하는지를 판정하는 과정이 진행되는데, 그러한 판정을 JavaScript에서도 수행할 수 있다. 알고 싶은 형식을 인수로 해서 canPlayType() 메서드를 호출하면 된다. 브라우저가 그 형식을 지원하는 것이 거의 확실하면 이 메서드는 "probably"를 돌려주고, 좀 의심스럽다면 "maybe"를, 지원하지 못하는 것이 확실하면 빈 문자열('')을 돌려준다.

참고

http://html5.komplett.cc/code/chap_video/js_canPlayType.html 페이지는 현재 브라우저에서 주요 형식들에 대해 canPlayType()이 어떤 값을 돌려주는지 알려준다.

readyState 속성은 매체 요소가 현재 어떤 상태에 있는지를 말해준다. 이 속성이 가질 수 있는 값들이 표 4.6에 나와 있다.

표 4.6 'readyState' 속성의 상수들.

값	상수	설명
0	HAVE_NOTHING	현재 재생 위치에서 사용할 수 있는 자료가 없음.
1	HAVE_METADATA	메타자료(길이, 크기 등)를 사용할 수 있으나, 재생을 위한 자료는 아직 없음.
2	HAVE_CURRENT_DATA	현재 재생 위치를 위한 자료가 있긴 하지만 재생에 충분한 정도는 아님.
3	HAVE_FUTURE_DATA	현재 및 향후 재생 위치들을 위한 자료가 충분함, 재생을 시작해도 됨.
4	HAVE_ENOUGH_DATA	네트워크 상태가 변하지 않는다면 매체 스트림을 계속 재생할 수 있을 가능성이 아주 큼.

동영상 적재나 재생 도중 뭔가가 잘못되면 **error** 사건이 발생한다. 구체적인 이유는 해당 사건 객체의 **code** 속성으로 알아낼 수 있다.

```
video.addEventListener("error", function(e) {
  alert(e.code);
}, false);
```

이 콜백 함수는 **e.code**의 값을 표시하는데, **e.code**에 설정될 수 있는 값들은 표 4.7과 같다.

표 4.7 'MediaError' 인터페이스의 'code' 속성의 상수들.

값	상수	설명
1	MEDIA_ERR_ABORTED	동영상 적재를 사용자가 취소했음.
2	MEDIA_ERR_NETWORK	네트워크 오류가 발생했음.
3	MEDIA_ERR_DECODE	매체 스트림 복호화 도중 오류가 발생했음.
4	MEDIA_ERR_SRC_NOT_SUPPORTED	브라우저가 지원하지 않는 매체 형식임.

HTMLMediaElement 인터페이스 소개도 이제 거의 끝나간다. 나머지 속성들은 다음과 같다.

- 브라우저가 현재 다른 자료를 검색하고 있는지의 여부를 뜻하는 **seeking** 속성과 스트림이 끝에 도달했는지의 여부를 뜻하는 **ended** 속성(둘 다 **부울** 형식).
- 스트림 시작 시간에 관한 정보를 제공하는 **initialTime** 속성.
- 현재 재생 일정(timeline) 오프셋을 나타내는 **startOffsetTime** 속성(**Date** 객체).
- **TimeRanges** 인터페이스의 구현을 위한 속성들—**buffered, played, seekable**.

TimeRanges는 시간 주기(period)들을 기록하기 위한 인터페이스이다.

```
interface TimeRanges {
  readonly attribute unsigned long length;
  float start(in unsigned long index);
  float end(in unsigned long index);
};
```

이 인터페이스의 작동 방식을, **TimeRanges**의 **played** 속성에 관한 예제 하나를 통해서 설명해 보겠다. *Big Buck Bunny* 동영상의 도입부를 재생하다가 정지 버튼을 클릭하면 초 단위 시작 시간과 종료 시간으로 구성된 시간 범위 하나가 **played** 속성에 추가된다. 그 범위의 시작 시간과 종료 시간은 각각 **played.start(0)**와 **played.end(0)**이다. 그리고 **played.length** 속성은 이러한 범위들의 개수(현재는 1)이다. 이제 챕터 8로 넘어가서 재생을 좀 더 진행하면 시작 시간이 **played.start(1)**이고 종료 시간이 **played.end(1)**인 또 다른 시간 범위가 만들어지며, **played.length**는 2가 된다. 두 시간 범위가 겹친다면 둘이 하나로 합쳐진다. 한 **TimeRanges** 객체 안의 모든 범위들은 시간순으로 정렬된다.

이런 수단들을 이용해서, 매체 스트림의 어떤 영역이 버퍼링되었는지, 재생되었는지, 또는 탐색 가능한지를 추적할 수 있다. *Big Buck Bunny* 재생 도중 생성되는 개별 시간 범위들을 보여주는 온라인 예제가 http://html5.komplett.cc/code/chap_video/js_timeRanges.html 페이지에 있으니 참고하기 바란다.

4.7.9 여러 가지 매체 관련 사건들

매체 스트림의 적재 또는 재생 도중 여러 시점에서 수많은 사건들이 발생할 수 있다. 이 사건들은 기본적으로 **HTMLMediaElement** 인터페이스의 세 가지 주된 상태(네트워크, 준비,

재생)의 현재 조건들을 반영한다.

네트워크 상태와 관련해서는 loadstart, progress, suspend, abort, error, emptied, stalled 같은 사건들이 발생하는데, 사건 이름을 보면 네트워크가 어떤 상황일 때 각 사건이 발생하는지 짐작할 수 있을 것이다. 준비 상태와 관련해서는 loadedmetadata, loadeddata, waiting, playing, canplay, canplaythrough 같은 사건들이 발생한다. 모두 현재 또는 향후 재생 위치를 위한 자료의 준비 여부에 직접 연관되어 있다. 재생 상태(playback state)에 관한 사건은 play, pause, timeupdate, ended, ratechange, durationchange, volumechange 인데, 역시 이름을 보면 어떤 상황에 발생하는 사건인지 알 수 있을 것이다.

어떤 사건을 언제, 어떻게 사용할 것인지는 전적으로 그것을 사용하는 스크립트의 목적에 달려 있다. 이번 절의 예제 동영상 재생기는 사건 두 개만으로, 즉 oncanplay와 ontimeupdate 만으로 충분했다. 그러나 좀 더 세부적인 제어 수단이나 정보를 제공하려 했다면 다른 여러 속성들도 활용했을 것이다.

여러 사건에 대한 자세한 내용을 알고 싶다면 명세서의 *Event summary*(http://www.w3. org/TR/html5/video.html#mediaevents)가 유용할 것이다. 그 부분을 보면 각 사건의 설명은 물론 사건이 구체적으로 언제 발생하는지도 알 수 있다.

매체 사건들이 **실제로 작동하는** 모습을 보고 싶다면 W3C 사이트에 있는 Philippe Le Hégaret의 *HTML5 Video, Media Events, and Media Properties* 시험 페이지를 추천한다. 주 소는 http://www.w3.org/2010/05/video/mediaevents.html이다.

4.8 그렇다면 음향은?

HTML5의 음향(오디오)에 관해서는 별로 새로운 것이 없다.

video와 audio가 HTMLMediaElement 인터페이스를 공유하기 때문에, 앞에서 스크립팅과 동영상에 관해 말한 모든 것이 audio 요소에도 적용된다. 물론, HTMLVideoElement 인터페이스 중 너비, 높이, 음향 트랙, 포스터 이미지 등 video 요소에만 국한된 속성들과 메서드들은 audio에 적용되지 않는다. audio 요소는 다음과 같이 생성자를 이용해서 손쉽게 생성할 수 있는데, 이때 음향 매체의 원본을 지정할 수 있다.

```
var audio = new Audio(src);
```

　동영상에서처럼 이번에도 음향 재생기 예제를 통해서 HTML5의 음향 관련 기능을 살펴보겠다. 구체적으로는 Big Buck Bunny 사운드트랙을 재생하는 음향 재생기를 만들 것인데, 슬라이더, 시간 표시, 재생 시작 및 중지는 동영상 예제에서와 동일한 방식이다. 이번 예제의 새로운 기능은 특정 트랙을 선택해서 바로 들을 수 있게 하는 것이다. 이를 위해 여러 개의 음향 파일들을 사용하며, 트랙 목록의 특정 트랙으로 이동하기 위한 버튼 두 개도 사용한다. 또한, 이번 예제는 모든 트랙을 다 재생하면 첫 트랙으로 돌아가는 반복(looping) 기능과 다음 트랙을 무작위로 선택하는 소위 '섞기(셔플)' 기능도 제공한다.

그림 4.10 JavaScript HTML5 음향 재생기의 스크린샷.

참 고

이 예제의 개별 트랙들은 동영상의 사운드트랙에서 추출한 것으로, 추출 작업에는 공개 크로스플랫폼 사운드 편집기인 Audacity(http://audacity.sourceforge.net)를 사용했다. 개인적인 용도에 한해서라면, 배경 잡음이 없는 사운드 트랙을 작곡가 Jan Morgenstern의 홈페이지(http://www.wavemage.com/category/music)에서 내려받을 수 있다.

　새 버튼들을 이전처럼 유니코드 기호들을 이용해서 표현했기 때문에, 음향 재생기의 모습이 그리 낯설지 않을 것이다. 표 4.8은 음향 재생기 버튼들에 쓰인 유니코드 기호들을 정리한 것이다.

표 4.8 음향 재생기 버튼들에 쓰인 유니코드 기호들.

버튼	개체	유니코드 이름
이전 트랙으로	◃	*WHITE LEFT−POINTING SMALL TRIANGLE*(흰 왼쪽 작은 삼각형)
다음 트랙으로	▹	*WHITE RIGHT−POINTING SMALL TRIANGLE*(흰 오른쪽 작은 삼각형)
반복	↺	*ANTICLOCKWISE OPEN CIRCLE ARROW*(반시계 방향 열린 원 화살표)
섞기	↝	*RIGHTWARDS WAVE ARROW*(오른쪽 물결 화살표)

풀다운 메뉴 역시 낯설지 않을 것이다. 그러나 이 메뉴는 동영상 재생기에서처럼 재생의 현재 위치를 특정 지점으로 이동하는 것이 아니라, 재생할 트랙 자체를 변경한다. 메뉴와 이전 트랙, 다음 트랙, 반복, 섞기 버튼들 역시 트랙 자체를 변경하기 때문에 JavaScript의 논리가 조금 더 복잡해진다.

그럼 audio 요소부터 살펴보자.

```
<audio src="music/bbb_01_intro.ogg"
       oncanplay="canPlay()"
       ontimeupdate="updateProgress()"
       onended="continueOrStop()">
</audio>
```

페이지가 적재되면 요소의 src 특성에 첫 트랙이 설정된다. 또한 세 사건 처리부 콜백 함수들도 설정된다. updateProgress() 함수는 이전에 나왔던 것으로(목록 4.1), 재생 위치 (시간) 표시와 슬라이더 위치를 갱신하는 역할을 한다. 다른 둘은 새로운 함수들인데, canPlay()는 트랙을 재생할 준비가 되면 호출되며, continueOrStop()은 트랙의 끝에 도달했을 때 무엇을 할 것인지를 결정한다. oncanplay가 호출하는 canPlay()는 다음과 같이 상당히 짧은 함수이다.

```
canPlay = function() {
  curPos.max = audio.duration;
  if (pbStatus.keepPlaying == true) {
    _play();
  }
};
```

짐작했겠지만, 동영상에서처럼 `curPos.max`는 슬라이더의 `max` 특성에 대응된다. 그런데 그다음의 `if` 블록은 왜 있는 것일까? 답은 간단하다. 재생기가 현재 재생 모드에 있는 경우에만 트랙을 재생하기 위한 것이다.

즉, 재생 버튼의 상태는 재생기가 다른 트랙으로 전환한 후에 재생을 시작하는지를 결정한다. 재생기가 재생 도중이면 트랙이 바뀌었을 때 재생을 자동으로 시작하나, 일시 정지 상태이면 트랙만 바꾸고 재생은 시작하지 않는다. 이런 행동이 가능하도록 재생 버튼의 콜백 함수를 구현하기가 복잡할 것 같지만, 사실은 간단하다. 그냥 다음 코드를 추가하기만 하면 된다.

```
pbStatus.keepPlaying =
  (pbStatus.keepPlaying == true) ? false : true;
```

이렇게 하면 재생 버튼을 클릭할 때마다 상태 변수 `pbStatus.keepPlaying`이 `true`에서 `false`로 또는 `false`에서 `true`로 바뀌며, `canPlay()`는 이에 기초해서 재생 여부를 올바르게 판단한다.

참 고

음향 재생기의 구조와 기능을 좀 더 잘 이해하고 싶다면 HTML과 JavaScript, CSS 소스 코드를 직접 살펴보기 바란다. 이들의 주소는 다음과 같다.

- http://html5.komplett.cc/code/chap_video/js_audioPlayer_en.html
- http://html5.komplett.cc/code/chap_video/js_audioPlayer.js
- http://html5.komplett.cc/code/chap_video/js_audioPlayer.css

트랙이 재생 준비가 된 상태인지는 이러한 `canPlay()`와 `pbStatus.keepPlaying`으로 관리할 수 있다. 다음으로, 한 트랙에서 다른 트랙으로 넘어가는 기능을 살펴보자. 이전에 언급했듯이, 트랙이 바뀌는 이유는 여러 가지이다. 사용자가 트랙 목록(풀다운 메뉴)에서 특정 트랙을 선택했을 수도 있고, '이전 트랙' 버튼이나 '다음 트랙' 버튼을 클릭했을 수도 있고, 또는 '섞기'나 '반복' 모드에서 트랙의 끝에 도달했기 때문일 수도 있다. 이 모든 경우에는 한 가지 공통점이 존재하는데, 바로 다음에 재생할 새 트랙을 적재해야 한다는 것이다. 이를 수행하는 것이 다음의 `loadTrack()` 함수이다.

```
var loadTrack = function(idx) {
  audio.src = 'music/'+tracks.options[idx].value;
  audio.load();
};
```

두 가지 사항에 주목하기 바란다.

1. `idx` 인수는 무엇일까? 이 `idx`는 적재할 트랙의, 트랙 목록(tracks 객체) 안에서의 색인이다. 이를 통해서 그 트랙의 파일 이름에 접근할 수 있다.
2. `audio.load()`는 왜 호출하는 것일까? 짐작했겠지만, 이 호출에 의해 새 트랙의 적재가 시작된다. 이후 audio가 canplay 상태에 도달하면 트랙을 재생할 수 있다.

참 고

단순함을 위해 이 예제는 Ogg Vorbis 음향 파일만을 사용한다. 다른 여러 버전들을 제공하고자 한다면 먼저 `canPlayType()` 메서드를 이용해서 적절한 매체 형식을 찾은 후에 적재해야 할 것이다. 이번 장을 다 읽은 후 스크립트에 실제로 그런 기능을 추가해 보기 바란다.

`loadTrack()`은 여러 상황에서 호출된다. 우선, 사용자가 메뉴에서 트랙을 변경하면 onchange 사건 처리부 changeTrack(this)에 의해 이 함수가 호출된다.

```
changeTrack = function(ctrl) {
  loadTrack(ctrl.options.selectedIndex);
};
```

이 함수는 '이전 트랙' 버튼이나 '다음 트랙' 버튼이 클릭되었을 때에도 실행된다. 그런 경우 해당 버튼의 onclick 사건 처리부는 아래의 advanceTrack(n) 함수를 호출하는데, 인수 n은 이동 방향을 결정한다. 구체적으로는, 이 인수가 -1이면 **이전 트랙**으로 가고 1이면 **다음 트랙**으로 간다.

```
advanceTrack = function(n) {
  var idx = tracks.options.selectedIndex + n;
  if (idx < 0) {
    idx = idx + tracks.options.length;
  }
  if (idx > tracks.options.length-1) {
    idx = idx - tracks.options.length;
  }
  tracks.options.selectedIndex = idx;
  loadTrack(idx);
};
```

재생할 새 트랙을 결정하는 알고리즘은 간단하다. 우선 n을 현재 선택된 트랙의 색인에 더하고, 그런 다음에는 그 색인이 유효한 범위를 벗어난 경우를 처리한다. 즉, 현재 트랙이 첫 트랙인 상태에서 '이전 트랙' 버튼이 클릭되었다면 색인은 음의 값이 된다. 그런 경우에는 마지막 트랙을 새 트랙으로 선택한다. 비슷하게, 현재 트랙이 마지막 트랙인 상태에서 '다음 버튼'이 클릭되었다면 첫 트랙을 선택한다.

advanceTrack()의 장점은 이것을 마지막 두 기능, 즉 반복 재생 기능과 섞기(무작위 선택) 기능에도 사용할 수 있다는 점이다. 그럼 이 두 기능을 살펴보자. 우선, 해당 버튼들의 **활성화, 비활성화** 모드 전환 방식을 이해하고 넘어갈 필요가 있다. 이 모드 전환은 onclick 사건 처리부의 **toggleOnOff(node)**에 의해 일어나는데, 여기서 **node**는 해당 버튼 요소이다.

```
toggleOnOff = function(node) {
  var cls = node.getAttribute("class");
  node.setAttribute("class",
    (cls == 'off') ? 'on' : 'off'
  );
  pbStatus[node.id] = node.getAttribute("class");
};
```

함수의 첫 줄은 해당 **button** 요소의 **class** 특성의 값을 얻는다. 이 값은 CSS에서 버튼의 모습을 그 상태에 따라 바꾸는 데에도 쓰인다. **js_audioPlayer.css**의 *on*, *off* 부분이 바로 그것이다.

```
.off {
  opacity: 0.2;
}
.on {
  opacity: 1.0;
}
```

함수는 현재 상태를 뒤집는다(on은 off로, off는 on으로). 또한 그 값을 상태 변수 pbStatus[node.id]에도 저장한다. 여기서 node.id는 *loop* 또는 *shuffle*이다. 결과적으로 pbStatus.loop나 pbStatus.shuffle에 on 또는 off가 배정된다. 이 값들은 재생이 트랙의 끝에 도달했을 때 효과를 발휘한다. 그럼 이를 처리하는 콜백 함수 continueOrStop()을 보자.

```
continueOrStop = function() {
  if (pbStatus.shuffle == 'on') {
    advanceTrack(
      Math.round(Math.random()*tracks.options.length)
    );
  }
  else if (tracks.options.selectedIndex ==
           tracks.options.length-1) {
    if (pbStatus.loop == 'on') {
      advanceTrack(1);
    }
    else {
      pbStatus.keepPlaying = false;
    }
  }
  else {
    advanceTrack(1);
  }
};
```

섞기 모드가 활성되어 있으면 Math.random()의 결과를 반올림하고 트랙 전체 개수를 곱해서 0에서 전체 트랙 개수까지의 난수 하나를 얻고, 그 값을 트랙 색인 증가분으로 사용해서 advanceTrack()을 호출한다. advanceTrack()은 색인을 항상 유효한 범위 안으로 조정한다는 점을 기억하기 바란다. 예를 들어 현재 끝에서 두 번째 트랙인 상태에서 5로

이 함수를 호출하면 네 번째 트랙이 선택된다.

반복 모드는 마지막 트랙에서만 의미가 있다. 그런 경우, 만일 해당 버튼이 *on* 상태이면 advanceTrack(1)을 호출해서 첫 트랙으로 이동한다. *off* 상태이면 pbStatus.keepPlaying 을 false로 설정한다. 그 외의 모든 경우에는 그냥 다음 트랙으로 넘어간다.

이렇게 해서 간단한 음향 재생기를 완성했다. 이것으로 동영상과 음향에 관한 이야기는 마무리하겠다. 사실 우리가 손으로 직접 구현한 기능들 중에는 브라우저 자체에 구현되어 있는, 그냥 controls 특성을 통해서 손쉽게 활성화할 수 있는 것들이 많았다. 그러나 이처럼 기능들을 직접 구현해 보면 동영상과 음향 스크립팅에 사용할 수 있는 여러 옵션들을 발견 하고 좀 더 잘 이해할 수 있다.

요 약

예전에는 플러그인에 의존해야 했던 두 가지 중요한 기능, 즉 동영상과 음향 기능이 이제는 HTML 명세의 일부가 되었다. 궁극적으로 어떤 동영상 코덱이 사실상의 표준이 될 것인지 는 예측하기 힘들지만, Google이 WebM을 적극적으로 밀고 있는 만큼, 특허 없는 개방 형식 이 대세가 되리라고 희망해 본다.

이 장의 후반부에서 보듯이, 스크립트에서 동영상과 음향에 접근할 때에는 HTMLMediaElement 인터페이스를 사용한다. JavaScript를 이용하면 기존의 플러그인 해법으로는 불가능했던 종 류의 상호작용이 가능해진다.

이번 장을 통해서, 이런 새롭고 환상적인 HTML5의 기능들을 이해하기 위한 기초를 닦을 수 있었을 것이다. HTML5의 다른 여러 주제들처럼 웹에는 HTML5의 동영상과 음향에 관 련된 아주 인상적인 예제들이 많이 있다. 잠깐 시간을 내서 직접 검색해 보시길!

5
캔버스

HTML5의 새 요소들 중 가장 흥미로운, 그러면서도 가장 오래된 요소로 캔버스(canvas)를 꼽을 수 있다. WHATWG가 결성된 지 한 달밖에 안 된 2004년 7월에 Apple의 David Hyatt은 Canvas라는 이름의 자사 독점 HTML 확장을 소개했다. 그 발표는 당시 아직 새로웠던 HTML5 움직임에 혼란을 일으켰다. 이에 대한 이언 힉슨의 첫 반응은 "진정한 해결책은 이 제안들을 논의 테이블에 올리는 것이다."였으며, 약간의 논쟁 후에 Apple은 자신의 제안을 WHATWG 에 제출했다. 덕분에 캔버스는 HTML5 명세에 포함되었으며, 그 첫 초안이 2004년 8월에 발표되었다.

5.1 첫 예제

캔버스는 프로그래밍 가능한, 다시 말해 JavaScript API를 이용해서 그림을 그릴 수 있는 말 그대로 '화폭(畵幅, canvas)'이다. 화폭은 canvas 요소로 나타내고, 그 화폭에 그림을 그리는 스크립트 코드는 script 요소에 담는다. 그럼 canvas 요소부터 보자.

```
<canvas width="1200" height="800">
   여기에 브라우저가 canvas를 지원하지 않을 때 표시할 내용을 넣는다.
</canvas>
```

width 특성과 height 특성은 canvas 요소의 크기(픽셀 단위)를 결정한다. 브라우저는 HTML 페이지에 그 크기만큼의 공간을 마련해 둔다. 두 특성 모두 기본 값이 있는데, width 를 지정하지 않으면 300픽셀, height를 지정하지 않으면 150픽셀이 쓰인다. 시작 태그와 종료 태그 사이의 내용은 브라우저가 캔버스를 지원하지 않을 경우에 표시된다. 이미지(img 요소)의 alt 특성처럼, 이 대안 내용은 캔버스 응용 프로그램의 내용을 서술하거나 적절한 스크린샷을 보여주어야 한다. 추가 정보 없이 달랑 **이 브라우저는 캔버스를 지원하지 않음** 같은 문구만 표시하는 것은 별 도움이 되지 않으므로 피해야 한다.

이렇게 해서 빈 화폭이 준비되었다. 다음으로 할 일은 script 요소에 그리기 명령들을 추가하는 것이다. JavaScript 코드 단 몇 줄이면 이 첫(솔직히 좀 단순한) 예제에 활기를 불어 넣을 수 있다.

```
<script>
  var canvas = document.querySelector("canvas");
  var context = canvas.getContext('2d');
  context.fillStyle = 'red';
```

```
    context.fillRect(0,0,800,600);
    context.fillStyle = 'rgba(255,255,0,0.5)';
    context.fillRect(400,200,800,600);
</script>
```

캔버스의 그리기 명령들을 전혀 몰랐던 사람이라도 코드를 잘 들여다보면 이것이 어떤 도형들을 그릴 것인지 짐작할 수 있을 것이다. 실행 결과(그림 5.1)가 그 짐작과 비슷한지 확인해 보기 바란다. 이 코드는 빨간 직사각형과 노란 직사각형을 그린다. 둘 다 불투명도가 50%이기 때문에, 둘이 겹친 부분이 주황색으로 나타난다.

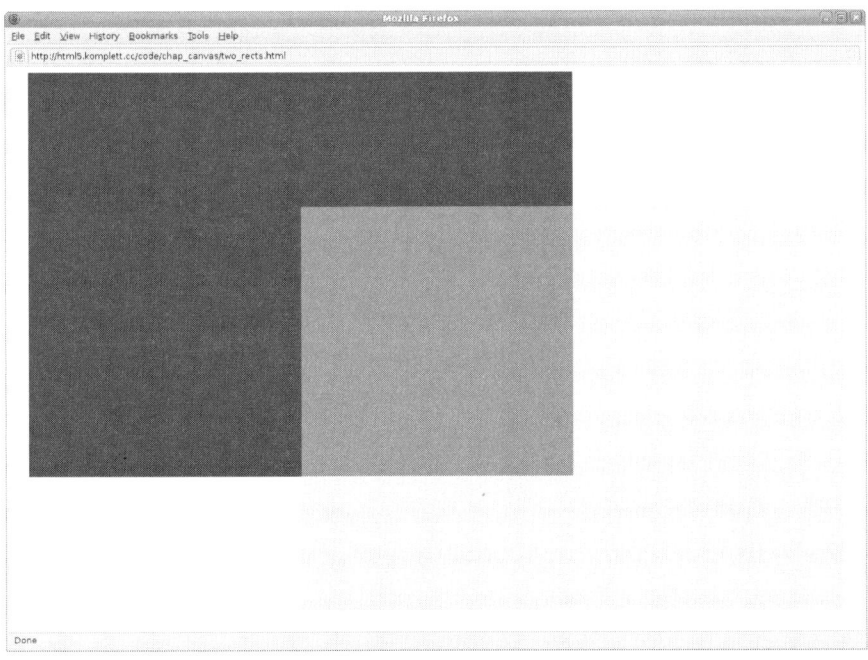

그림 5.1 서로 겹치는 두 직사각형.

참 고

이번 장의 모든 그림은 캔버스를 이용하는 HTML 페이지로 만들어 낸 것이다. 그림 상단을 보면 해당 페이지의 URL이 나와 있지만, http://html5.komplett.cc/code/chap_canvas/index_en.html에서 각 예제 페이지에 접근하는 것이 더 편할 것이다. 소스 코드도 살펴보시길!

캔버스에 뭔가를 그리려면 우선 캔버스에 대한 참조를 생성해야 한다. 스크립트의 첫 줄에서 하는 일이 바로 그것이다. 첫 줄은 *W3C CSS* 선택자 *API*의 document.querySelector() 메서드를 이용해서 문서의 첫 canvas 요소를 찾고 그 요소에 대한 참조를 canvas 변수에 배정한다.

```
var canvas = document.querySelector("canvas");
```

HTMLCanvasElement 형식의 객체인 이 canvas 객체에는 canvas.width 속성과 canvas.height 속성이 있으며, getContext()라는 메서드도 있다. *2d*를 인수로 해서 이 메서드를 호출하면 캔버스의 핵심이라 할 수 있는 CanvasRenderingContext2D 객체를 얻게 된다.

```
var context = canvas.getContext('2d');
```

이 객체는 2차원 그래픽을 위한 그리기 문맥(drawing context) 또는 렌더링 문맥을 나타낸다. 문맥을 얻었으면 이를 이용해서 직사각형들을 그릴 수 있다. fillStyle 속성이나 fillRect() 메서드의 세부 사항을 잠시 접어둔다면, 두 직사각형을 추가하는 절차는 동일하다. 채움색 (fill color)을 정의한 후 직사각형을 캔버스에 추가하는 것일 뿐이다.

```
context.fillStyle = 'red';
context.fillRect(0,0,800,600);
context.fillStyle = 'rgba(255,255,0,0.5)';
context.fillRect(400,200,800,600);
```

현재 캔버스 명세에는 2차원 문맥만 정의되어 있다(http://www.w3.org/TR/2dcontext의 *HTML Canvas 2D Context* 참고). 그러나 이후에는 *3D* 등의 다른 문맥들도 추가될 수 있다. 실제로, 3차원으로의 확장 노력을 이미 Khronos 그룹이 시작했다. Khronos 그룹과 Mozilla, Google, Opera가 힘을 합쳐서 OpenGL ES 2.0에 기초한 WebGL이라는 JavaScript 인터페이스를 만들고 있다(http://www.khronos.org/webgl). 그리고 이 새로운 표준의 첫 구현 결과를 Firefox와 WebKit, Chrome에서 시험해 볼 수 있다.

다시 2차원 문맥으로 돌아가서, CanvasRenderingContext2D 인터페이스는 다양한 기능을 제공하기 때문에 정교한 응용 프로그램을 만드는 데 부족함이 없다. 그림 5.2는 간단한 막대그래프인데, 이 예제를 이용해서 그리기 문맥의 세 가지 기능인 직사각형, 색상, 그림자를 설명해 보겠다.

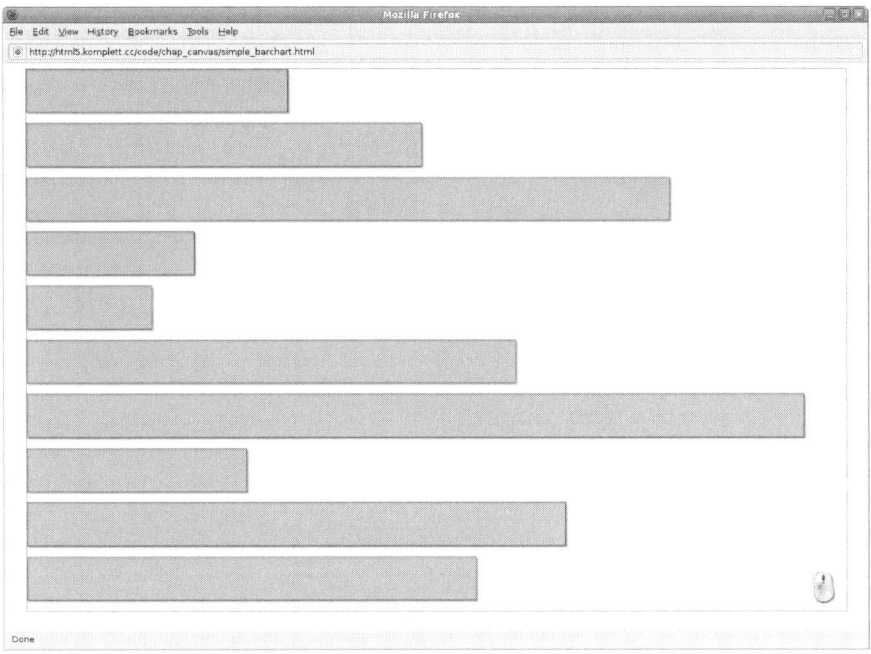

그림 5.2 수평 막대 10개로 이루어진 막대그래프.

5.2 직사각형

캔버스에는 직사각형을 위한 메서드가 네 개 있다. 그 중 셋은 지금 이야기하고, 나머지 하나
는 나중에 경로(path)와 연관해서 설명하겠다.

```
context.fillRect(x, y, w, h)
context.strokeRect(x, y, w, h)
context.clearRect(x, y, w, h)
```

이름만으로도 이 메서드들의 의미를 짐작할 수 있을 것이다. fillRect()는 속이 채워진
(filled) 직사각형을 그리고, strokeRect()는 속이 채워지지 않고 테두리만 있는 직사각형을
그린다. 그리고 clearRect()는 주어진 직사각형 영역 안의 내용을 지우는 지우개 역할을

한다. 직사각형의 위치와 크기는 네 개의 매개변수들로 결정되는데, x와 y는 직사각형의
원점의 좌표이고 w와 h는 직사각형의 너비와 높이다.

캔버스 전체의 좌표계 원점은 캔버스 왼쪽 상단 모서리이다. 따라서 x 좌표는 왼쪽에서
오른쪽으로 증가하고 y 좌표는 위에서 아래로 증가한다(그림 5.3).

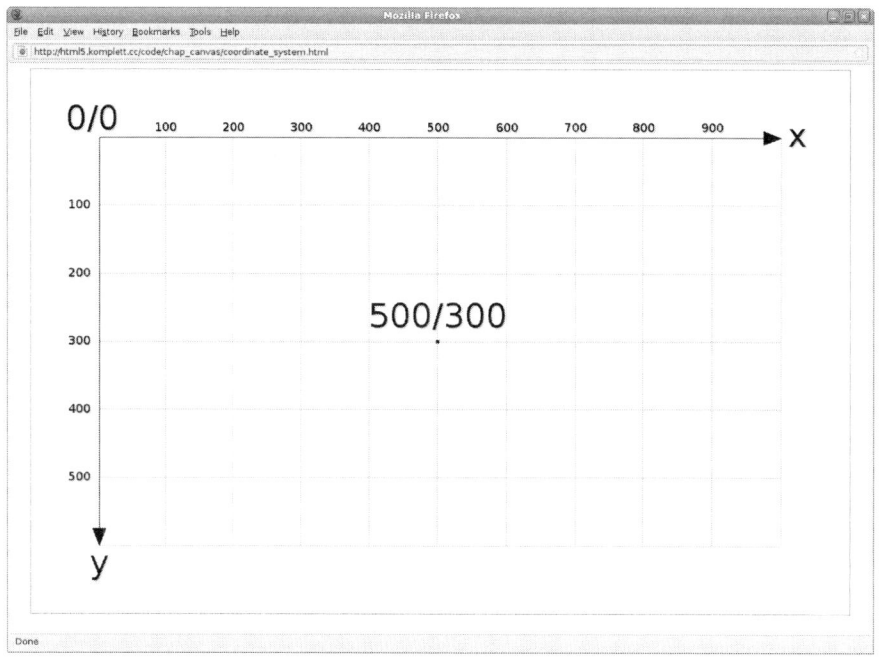

그림 5.3 캔버스의 좌표계.*

첫 예제에서처럼, 이번 예제에서도 우선 문서의 canvas 요소에 대한 참조를 정의하고
그리기 문맥을 생성한다. 실질적인 작업, 즉 수평 막대들을 그리는 작업은 drawBars() 함수
가 담당한다. 이 함수는 그릴 막대들의 개수를 받는다.

```
<script>
var canvas = document.querySelector("canvas");
var context = canvas.getContext('2d');
```

---

* [역주] 이 그림에서 500/300은 500 나누기 300이 아니라 좌표쌍 (500, 300)을 뜻한다. 0/0도 마찬가지이다. 이후
의 그림들에서도, 특별한 언급이 없는 한 x/y는 (x, y)를 뜻한다.

```
var drawBars = function(bars) {
  context.clearRect(0,0,canvas.width,canvas.height);
  for (var i=0; i<bars; i++) {
    var yOff = i*(canvas.height/bars);
    var w = Math.random()*canvas.width;
    var h = canvas.height/bars*0.8;
    context.fillRect(0,yOff,w,h);
    context.strokeRect(0,yOff,w,h);
  }
};
drawBars(10);
</script>
```

마지막의 drawBars(10)에 의해 drawBars() 함수가 호출되면, 이 함수는 우선 clearRect() 를 이용해서 기존 내용을 지우고 for 루프를 열 번 반복해서 막대(수평 직사각형) 열 개를 그린다. 각 반복마다 fillRect()와 strokeRect()를 이용해서 속이 채워지고 테두리도 있는 직사각형을 만들어 낸다. 막대의 너비인 w는 0에서 canvas 요소의 너비 사이에서 무작위로 설정하는데, 이때 JavaScript 함수 Math.random()이 쓰인다. Math.random() 함수는 0.0에서 1.0 사이의 값을 돌려주므로, 너비(또는 높이, 위치 등)를 캔버스의 크기 안에서 무작위로 결정하기에 알맞다. 이 함수의 값에 너비(또는 해당 크기)를 곱하면 된다.

막대들은 수직 방향으로 같은 간격으로 배치된다. 막대들 사이의 간격은 막대의 최대 높이인 h에 0.8을 곱한 것이다.

캔버스의 너비와 높이는 첫 예제에서처럼 canvas.width와 canvas.height로 알아낸다. 그리기 문맥의 canvas 속성, 즉 context.canvas를 통해서 해당 캔버스 요소(HTMLCanvasElement 객체)에 접근할 수 있음을 기억하기 바란다. 이를 이용해서, 캔버스를 클릭할 때마다 막대들을 새로 그리도록 해 보자. drawBars(10) 줄 다음에 다음 세 줄을 추가하면 된다.

```
context.canvas.onclick = function() {
  drawBars(10);
};
```

앞에서 열 개의 막대들의 위치와 크기를 결정하는 방법은 설명했다. 그러나 막대 내부의 옅은 회색과 검은 테두리, 그리고 가장자리의 그림자 등 막대의 구체적인 모습을 만들어

내는 부분에 대해서는 아직 이야기하지 않았다. 그럼 캔버스에서 색상을 배정하는 방법부터
살펴보자.

5.3 색상과 그림자

캔버스의 `fillStyle` 속성과 `strokeStyle` 속성은 도형의 내부를 채우는 색상(이하 채움색)
과 선(line)의 색상을 결정한다. 이 속성에 지정하는 색상은 CSS 색상 값의 규칙을 따르는데,
그 형식은 다양하다. 표 5.1에 여러 가지 색상 형식들이 정리되어 있다. 예는 모두 순수한
빨간색이다.

표 5.1 빨간색에 해당하는 유효한 CSS 색상 값들.

형식	값
16진	#FF0000
16진(단축 형태)	#F00
RGB	rgb(255,0,0)
RGB(백분율)	rgb(100%,0%,0%)
RGBA	rgba(255,0,0,1.0)
RGBA(백분율)	rgba(100%,0%,0%,1.0)
HSL	hsl(0,100%,50%)
HSLA	hsla(0,100%,50%,1.0)
SVG(색 이름)	red

　캔버스의 현재 채움색과 선의 색을 지정하고 싶으면, 그냥 `fillStyle` 속성과 `strokeStyle`
속성에 원하는 색상 값을 배정하면 된다. 막대그래프 예제에서는, 채움색은 `silver`라는
SVG 색 이름을 이용해서 지정하고 반투명한 검은 외곽선 색은 RGBA 표기법을 이용해서
지정한다. 막대들이 모두 같은 모습으로 나타나는 것이 바람직하므로, 이러한 색상들을
`drawBars()` 함수 이전에 정의한다.

```
context.fillStyle = 'silver';
context.strokeStyle = 'rgba(0,0,0,0.5)';
var drawBars = function(bars) {
```

```
    // ...막대들을 그리는 코드...
};
```

RGBA나 HSLA의 마지막 A 성분은 불투명도(opacity)를 뜻한다. 이 불투명도의 유효한 값은 0.0(완전 투명)에서 1.0(완전 불투명)까지이다. HSL과 HSLA는 하나의 색을 적, 녹, 청 성분들로 지정하는 것이 아니라 색조(hue), 채도(saturation), 명도(lightness)로 지정한다.

참 고

HSL 색상 팔레트나 SVG의 유효한 색 이름을 비롯한 CSS 색상에 관련된 주제들을 좀 더 알고 싶다면 *CSS Color Module Level 3* 명세서(http://www.w3.org/TR/css3-color)를 보기 바란다.

막대그래프 예제를 자세히 살펴보면 막대 뒤에 그림자가 깔려 있음을 알 수 있다. 이 그림자는 다음과 같이 네 개의 추가적인 그리기 문맥 속성들로 만들어 낸 것이다.

```
context.shadowOffsetX = 2.0;
context.shadowOffsetY = 2.0;
context.shadowColor = "rgba(50%,50%,50%,0.75)";
context.shadowBlur = 2.0;
```

처음 두 줄의 shadowOffsetX와 shadowOffsetY는 그림자의 오프셋을 결정한다. shadowColor는 그림자의 색상 및 불투명도, shadowBlur는 그림자가 흐려지는 정도를 뜻한다. 일반적으로 shadowBlur의 값이 클수록 그림자가 더 흐릿해진다.

다음 절에서는 색상의 변화를 나타내는 그래디언트를 살펴본다. 그 전에, 막대그래프 예제와 이후의 몇몇 예제들에 나오는 점선 테두리가 어떻게 만들어진 것인지 설명하고 넘어가겠다. 이 점선은 그냥 CSS로 만든 것일 뿐이다. canvas도 HTML5의 한 요소이므로 CSS 스타일의 적용 대상이다. 덕분에 캔버스의 배경색과 테두리는 물론 간격, 위치, z-index도 CSS로 간단하게 지정할 수 있다. 막대그래프 예제에서는 다음과 같이 style 특성에 점선 테두리를 위한 규칙을 지정한다.

```
<canvas style="border: 1px dotted black;">
```

5.4 그래디언트

도형 내부나 테두리에 항상 일정한 색만 사용할 수 있는 것은 아니다. 캔버스는 두 종류의 그래디언트(gradient)를 제공하는데, 하나는 선형(linear) 그래디언트이고 또 하나는 방사상 (radial) 그래디언트이다. 그럼 빨간색에서 시작해서 노란색과 주황색을 거쳐 보라색으로 변하는 간단한 그래디언트의 예를 통해서 캔버스에서 그래디언트를 만들고 사용하는 방법을 살펴보자(그림 5.4).

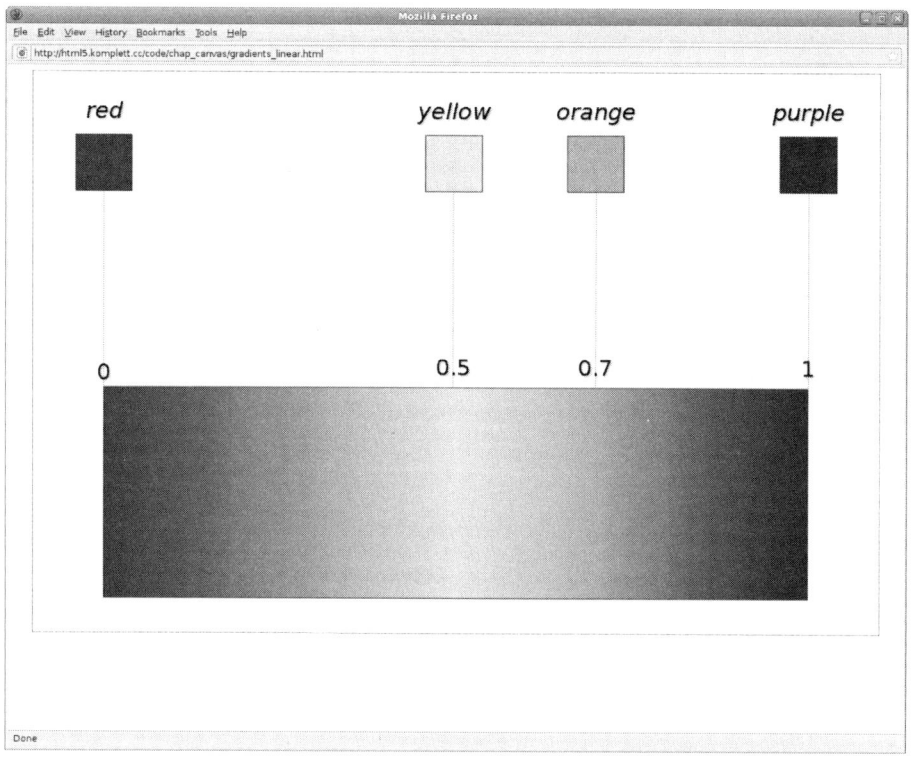

그림 5.4 네 가지 색상으로 이루어진 선형 그래디언트.

선형 그래디언트를 사용하려면 우선 context.createLinearGradient(x0, y0, x1, y1) 로 CanvasGradient 객체를 생성해야 한다. 인수 x0, y0, x1, y1은 색상이 변하는 방향을 결정한다. 다음 단계에서 이 객체로 색상 오프셋들로 지정해야 하므로, linGrad라는 변수에 이 객체를 저장해 두기로 하자.

```
var linGrad = context.createLinearGradient(
  0,450,1000,450
);
```

다음으로, 이 CanvasGradient 객체의 addColorStop(offset, color) 메서드를 이용해서 원하는 색상을 가상의 그래디언트 직선 선분 상의 적절한 오프셋에 추가한다. 첫 인수(오프셋)를 0.0으로 하면 그래디언트 선분의 시작점 (x0, y0)의 색상이 설정되며, 1.0으로 하면 끝점 (x1, y1)의 색상이 설정된다. 그 사이의 값은 시작점과 끝점 사이의 해당 위치(이를테면 0.5는 딱 절반 위치)를 의미한다. 브라우저는 이런 식으로 설정된 색상들을 RGBA 색상 공간 안에서 적절히 보간한다.

```
linGrad.addColorStop(0.0, 'red');
linGrad.addColorStop(0.5, 'yellow');
linGrad.addColorStop(0.7, 'orange');
linGrad.addColorStop(1.0, 'purple');
```

색상은 유효한 CSS 색상 값으로 지정하면 된다. 이 예에서는 코드를 읽고 이해하기에 편한 SVG 색 이름을 사용했다. 이제 완성된 그래디언트를 fillStyle이나 strokeStyle에 배정하면 된다.

```
context.fillStyle = linGrad;
context.fillRect(0,450,1000,450);
```

다음으로, 방사상 그래디언트를 보자. 선형 그래디언트와는 달리 방사상 그래디언트에서는 직선 선분이 아니라 원을 기준으로 색상들을 지정한다. 일단은 방사상 그래디언트 객체를 생성해야 하는데, 이를 위한 메서드는 context.createRadialGradient(x0, y0, r0, x1, y1, r1)이다(그림 5.5 참고).

그림 5.5의 왼쪽은 방사상 그래디언트의 시작 원과 끝 원이고, 중간은 그래디언트의 세 색상들과 해당 오프셋 값들이다. 그리고 오른쪽은 최종 결과로, 마치 빛을 발하는 듯한 구(球, sphere)가 만들어졌다. 다음과 같이 꽤나 명확하고 간단한 소스 코드로 이처럼 매력적인 결과를 만들어 낼 수 있다.

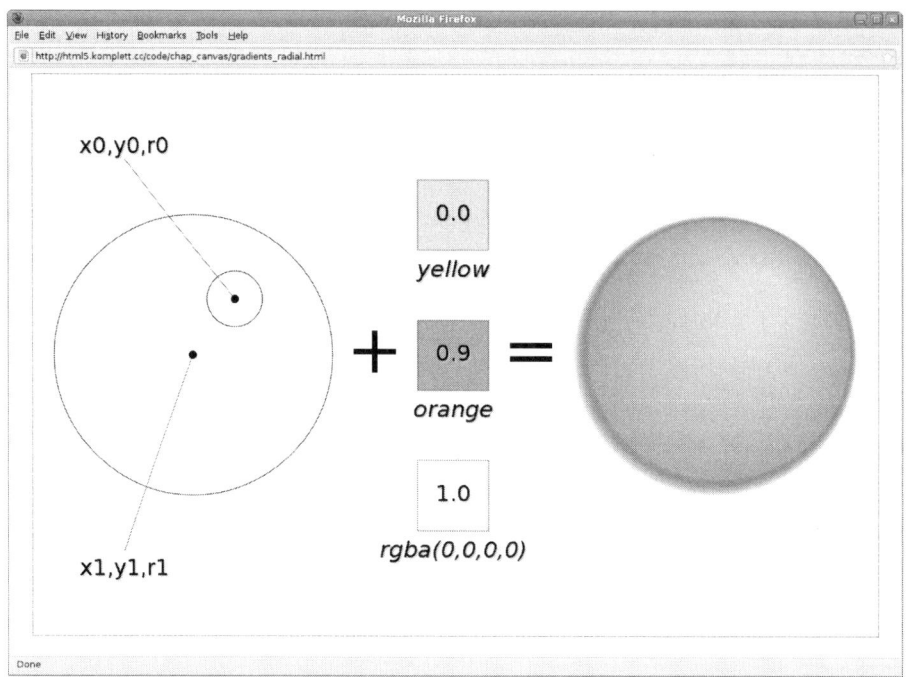

그림 5.5 방사상 그래디언트의 구성 성분들.

```
var radGrad = context.createRadialGradient(
  260,320,40,200,400,200
);
radGrad.addColorStop(0.0,'yellow');
radGrad.addColorStop(0.9,'orange');
radGrad.addColorStop(1.0,'rgba(0,0,0,0)');
context.fillStyle = radGrad;
context.fillRect(0,200,400,400);
```

구 주변의 그림자는 마지막 두 색상 성분에 의해 우연히 만들어진 것이다. 그래디언트 가시 영역(바깥쪽 원)에 거의 근접한(0.9) 주황색에서 가시 영역의 딱 가장자리에 해당하는 투명 검은색으로의 보간에 의해 마치 그림자 같은 모습이 생겼다.

이상으로 색상과 그래디언트를 간단하게나마 살펴보았다. 다음 절에서는 좀 더 복잡한 기하 도형을 위한 '경로' 객체를 소개한다.

5.5 경로

캔버스에서 경로(path)를 만드는 과정은 종이에 실제로 도형을 그리는 것과 비슷하다. 즉, 종이의 한 점에 연필을 대고, 선을 긋고, 연필은 떼고, 종이의 다른 점으로 이동해서 비슷한 과정을 반복하는 것이다. 이런 식으로 단순한 직선은 물론 복잡한 곡선도 그릴 수 있고, 그런 직선들과 곡선들을 조합해서 임의의 도형을 만들 수 있다. 간단한 예로, 다음은 경로 명령들을 이용해서 캔버스에 알파벳 대문자 A를 그리는 스크립트이다.

```
context.beginPath();
context.moveTo(300,700);
context.lineTo(600,100);
context.lineTo(900,700);
context.moveTo(350,400);
context.lineTo(850,400);
context.stroke();
```

결과가 그림 5.6에 나와 있다.

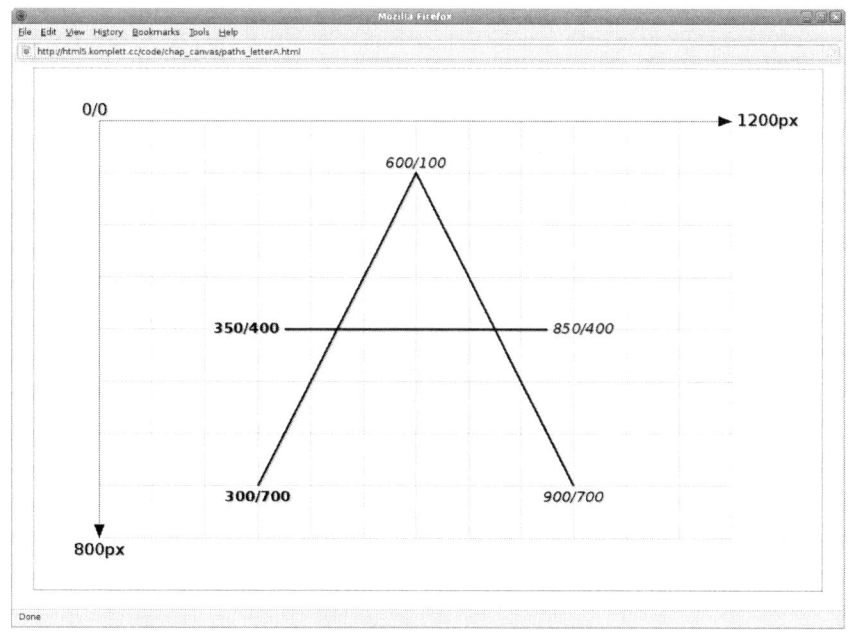

그림 5.6 경로로 그린 A자.

이 예제 코드를 좀 더 자세히 살펴보면, 경로 생성이 다음과 같은 세 단계로 이루어져 있음을 알 수 있다.

1. beginPath()로 새 경로를 초기화한다.
2. moveTo()와 lineTo()로 기하 도형의 형태를 정의한다.
3. stroke()로 그 도형을 실제로 그린다.

하나의 경로는 반드시 beginPath()로 시작해야 하며, 그 이후에는 임의의 개수의 선분들을 추가할 수 있다. 이 예제에서는 moveTo()와 lineTo() 호출들을 이용해서, 마치 A자를 실제로 손으로 그릴 때처럼 비스듬한 선분 두 개를 추가하고 다음으로 수평 성분 하나를 추가해서 A자 형태를 만들었다. 그런 다음 stroke()를 호출하면 그 A자 형태가 캔버스에 그려진다.

한 경로의 선분들을 여러 개의 개별 경로들로 분할할 수도 있다. 어떤 경우에 그렇게 하는 것이 바람직한지는 전적으로 그리고자 하는 도형에 달려 있다. 여기서 중요한 것은, 하나의 경로에는 하나의 스타일이 적용된다는 점이다. 따라서, 예를 들어 A자의 수평 성분을 다른 색으로 그리고 싶다면 경로를 두 개 만들어야 한다.

그럼 주된 그리기 메서드들을 좀 더 자세히 살펴보자.

5.5.1 선분

캔버스는 lineTo()라는 메서드를 제공한다. A자 예제에서 직선 선분을 그릴 때 바로 이 메서드를 사용했다.

```
context.lineTo(x, y)
```

이 메서드의 효과가 그림 5.7에 나와 있다.

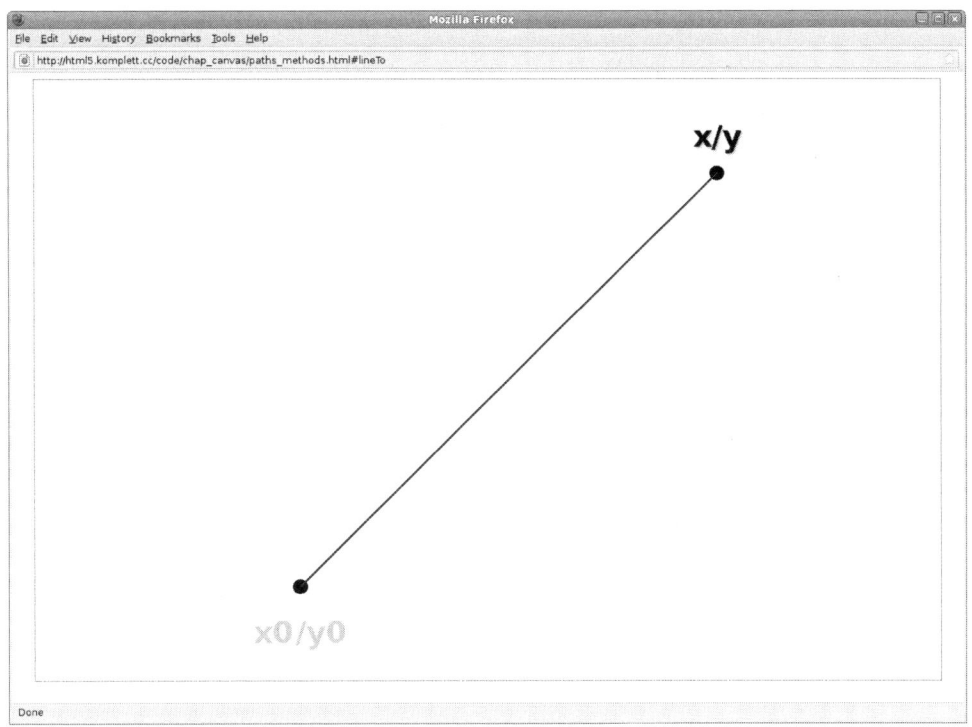

그림 5.7 경로 메서드 `lineTo()`

이 메서드는 "점 *(x, y)*까지 선을 그어라"라는 뜻이다. 그 선(선분)의 시작은 현재 점, 즉 가장 최근에 moveTo()로 이동한 점 또는 마지막으로 호출한 어떤 그리기 메서드의 끝점이다. 따라서 이번에 추가한 선분의 끝점 (x, y)가 다음번 선분의 시작점이 된다.

시작점과 끝점을 쉽게 구분할 수 있도록, 이번 절의 예제 스크린샷들에서 시작점(x0/y0)은 회색으로, 끝점은 굵은 글꼴로 표시해 두었다.

5.5.2 베지에 곡선

캔버스는 두 종류의 베지에 곡선(Bézier curve)을 지원한다. 하나는 이차(quadrtic) 베지에 곡선이고 또 하나는 삼차(cubic) 베지에 곡선이다. 그런데 캔버스 API에서는 Bézier라는 이름이 후자, 즉 삼차 베지에 곡선을 그리는 bezierCurveTo() 메서드에만 등장한다. 이차 베지에 곡선을 위한 메서드의 이름은 quadraticCurveTo이다. 그림 5.8에 이차 베지에 곡선의 예가 나와 있다. 5.9는 삼차 베지에 곡선의 예이다.

```
context.quadraticCurveTo(cpx, cpy, x, y)
context.bezierCurveTo(cp1x, cp1y, cp2x, cp2y, x, y)
```

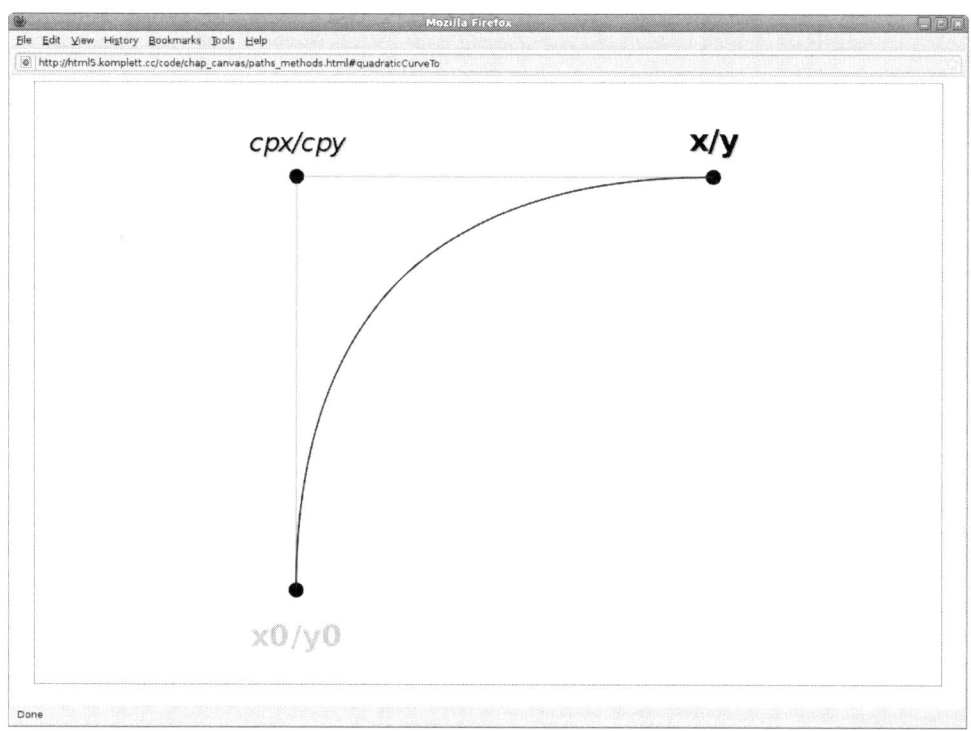

그림 5.8 경로 메서드 'quadraticCurveTo()'

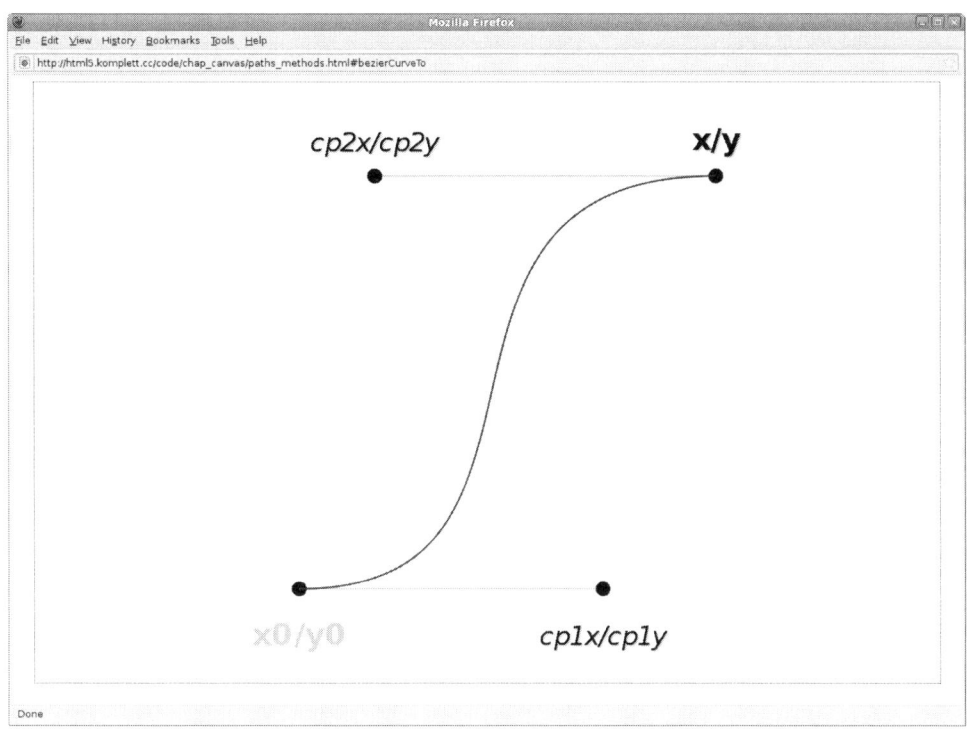

그림 5.9 경로 메서드 `bezierCurveTo()`

베지에 곡선은 곡선의 시작점(현재 점)과 끝점, 그리고 곡선의 형태를 결정하는 제어점들로 이루어진다. 이차 베지에는 제어점이 하나이고 삼차는 두 개이다. 두 경우 모두, 곡선을 그리고 나면 끝점 (x, y)이 새로운 현재 점이 된다.

5.5.3 원호

원호(arc)를 그리는 메서드들은 다소 난해한 편이다. 첫 메서드는 좌표 두 개와 반지름을 받는다.

```
context.arcTo(x1, y1, x2, y2, radius)
```

그림 5.10을 보자. (x0, y0)에서 (x1, y1)을 잇는 선분과 (x1, y1)에서 (x2, y2)를 잇는 선분 모두에 접하는, 반지름이 radius인 원이 있다. 그 원이 첫 선분에 접하는 점이 t1이고

둘째 선분에 접하는 점이 t2이다. arcTo()는 바로 t1에서 t2까지의 원호를 생성한다. 그리고 끝 접점 t2가 새 현재 점이 된다.

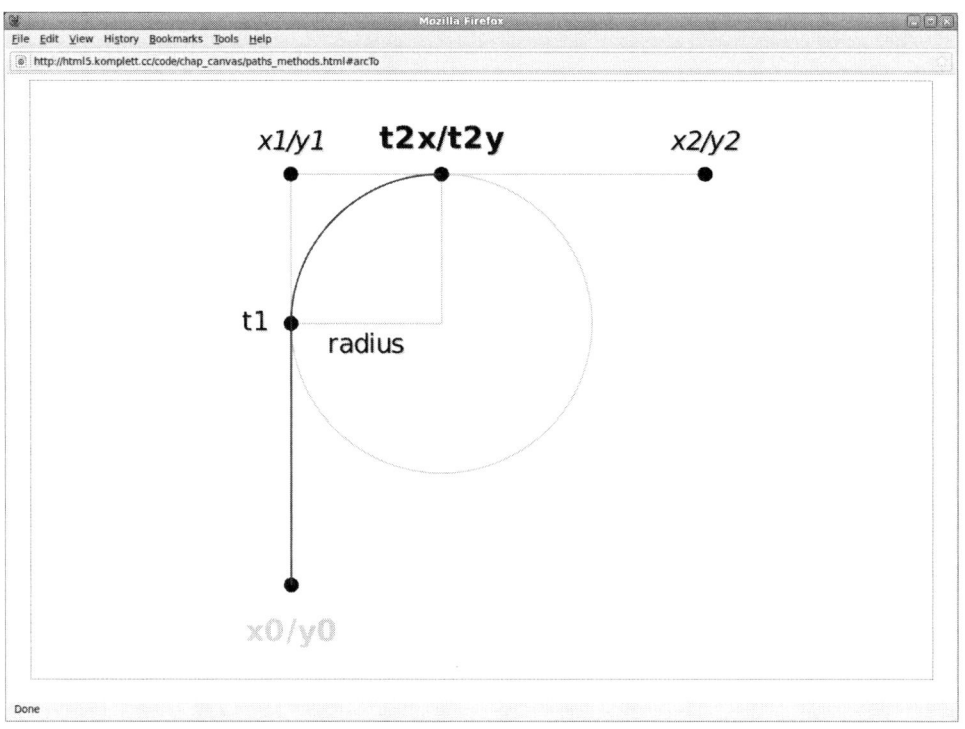

그림 5.10 경로 메서드 `arcTo()`

실제 응용에서 이 메서드는 직사각형의 둥근 모서리를 그릴 때 아주 유용하다. 이 메서드와 다른 그리기 메서드들을 이용해서 모서리가 둥근 직사각형을 그리는 다음과 같은 함수를 하나 만들어 두면 두고두고 써먹을 수 있다. 그림 5.11에 이 함수를 이용해서 만들어 낸 결과가 나와 있다.

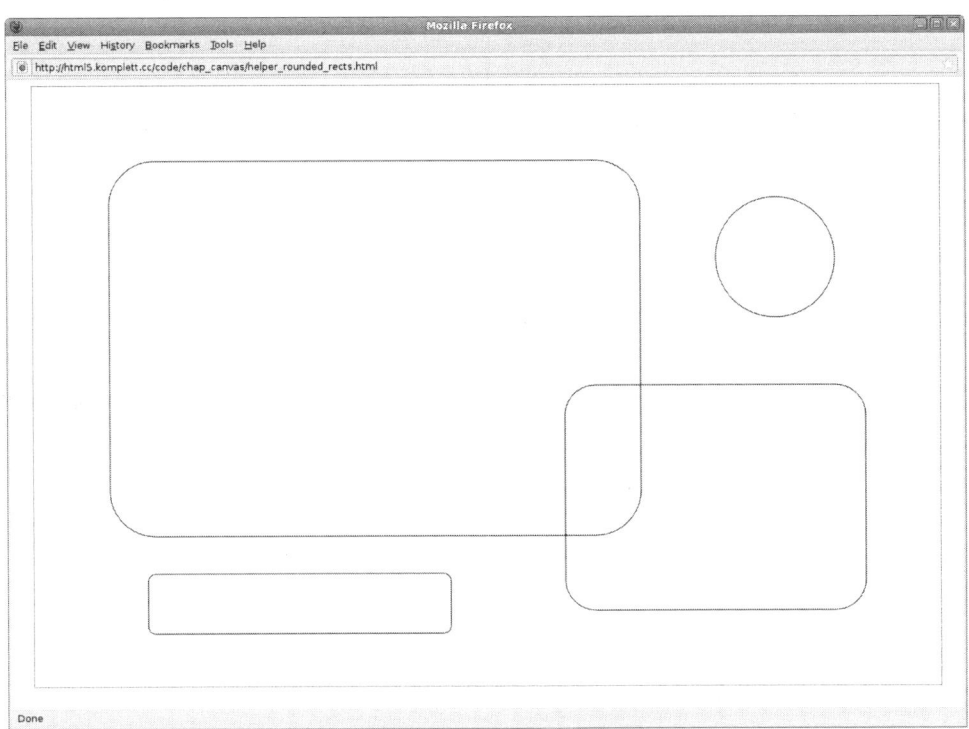

그림 5.11 네 가지 둥근 모서리 직사각형들. 원은 둥근 모서리 직사각형의 극단적인 형태라고 할 수 있다.

```
var roundedRect = function(x,y,w,h,r) {
  context.beginPath();
  context.moveTo(x,y+r);
  context.arcTo(x,y,x+w,y,r);
  context.arcTo(x+w,y,x+w,y+h,r);
  context.arcTo(x+w,y+h,x,y+h,r);
  context.arcTo(x,y+h,x,y,r);
  context.closePath();
  context.stroke();
};
roundedRect(100,100,700,500,60);
roundedRect(900,150,160,160,80);
roundedRect(700,400,400,300,40);
roundedRect(150,650,400,80,10);
```

roundedRect() 함수는 직사각형을 위한 네 값과 둥근 모서리를 위한 반지름 하나를 받는다. 함수는 우선 moveTo() 메서드를 한번, arcTo()를 네 번, closePath()를 한 번 호출해서 둥근 모서리 사각형을 그린다. closePath() 메서드는 처음 등장했는데, 이 메서드는 현재 점과 경로의 시작점을 연결해서 경로를 '닫는다.' 이에 의해 사각형이 완성된다.

원호를 만드는 또 다른 메서드로 arc()가 있는데, 언뜻 보면 앞의 메서드보다도 복잡해 보인다. 이 메서드는 중심 좌표와 반지름 외에 두 개의 각도와 회전 방향을 받는다.

```
context.arc(x, y, radius, startAngle, endAngle, anticlockwise)
```

처음 두 인수는 반지름이 radius인 원의 중심이다(그림 5.12). 이 점에서 startAngle 각도와 endAngle 각도로 두 직선을 그으면 원과의 교점이 두 개 생긴다. 그런데 시작 교점에서 시계 방향으로 종료 교점에 도달할 수도 있고, 반시계 방향으로 도달할 수도 있음을 주목하기 바란다. 둘 중 어느 방향인지를 결정하는 것이 바로 마지막 인수 anticlockwise 이다. 이 인수가 0이면 시작 교점에서 **시계방향**으로 종료 교점을 향하는 원호가 만들어지고, 1이면 **반시계방향**의 원호가 만들어진다.

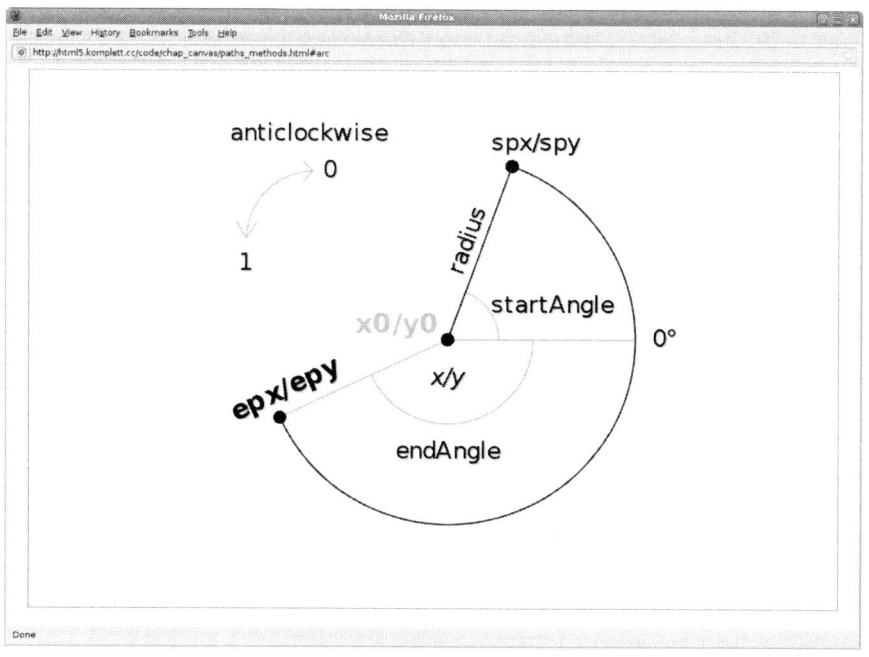

그림 5.12 경로 메서드 'arc()'

그림 5.12에서 spx/spy가 바로 시작 교점, epx/epy가 종료 교점이다. 그 둘을 잇는, 검은 실선으로 된 원호는 anticlockwise가 0인 경우에 해당한다. 원호가 만들어지고 나면 종료 교점이 새로운 현재 점이 된다.

이러한 원호 메서드들에서 한 가지 주의할 점은 각도들을 라디안(radian) 단위로 지정해야 한다는 것이다(일상적으로 쓰이는 도[degree] 단위가 아니라). 따라서 다음처럼 도 단위 값을 라디안 단위 값으로 변환하는 간단한 보조 함수를 만들어 두면 편하다.

```
var deg2rad = function(deg) {
  return deg*(Math.PI/180.0);
};
```

보조 함수 이야기가 나온 김에, 원과 부채꼴(circular sector)을 손쉽게 그리기 위한 보조 함수 두 개를 보자. 우선, 원을 그리는 circle()은 중심 좌표와 반지름만 지정해 주면 나머지 수치들을 알아서 계산한다.

```
var circle = function(cx,cy,r) {
  context.moveTo(cx+r,cy);
  context.arc(cx,cy,r,0,Math.PI*2.0,0);
};
```

다음으로 sector()를 보자. 흔히 파이 그래프라고 부르는 원형 도식을 그릴 때 각도를 라디안 단위로 지정하는 것은 그리 직관적이지 못하다. 이 sector() 함수는 내부적으로 단위 변환을 수행하기 때문에, 편하게 도 단위 값들을 사용할 수 있다.

```
var sector = function(cx,cy,r,
    startAngle,endAngle, anticlockwise
  ) {
  context.moveTo(cx,cy);
  context.arc(
    cx,cy,r,
    startAngle*(Math.PI/180.0),
    endAngle*(Math.PI/180.0),
    anticlockwise
  );
```

```
 context.closePath();
};
```

이런 함수들이 있으면 다음과 같이 간결하게 원과 파이그래프를 그릴 수 있다.

```
context.beginPath();
circle(300,400,250);
circle(300,400,160);
circle(300,400,60);
sector(905,400,250,-90,30,0);
sector(900,410,280,30,150,0);
sector(895,400,230,150,270,0);
context.stroke();
```

그림 5.13에 결과가 나와 있다.

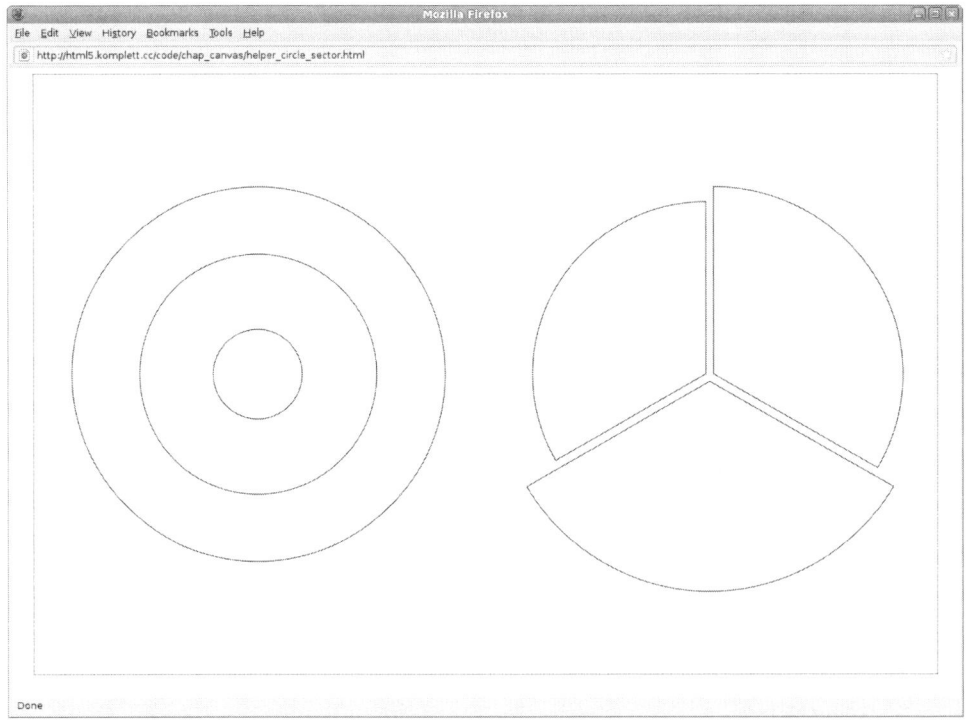

그림 5.13 원과 부채꼴.

5.5.4 직사각형

앞의 메서드들에 비하면 rect()는 아주 직관적이다.

```
context.rect(x, y, w, h)
```

이전의 경로 그리기 메서드들과는 달리 rect()는 현재 점(x0, y0)을 사용하지 않는다. rect()는 그냥 주어진 x, y, w, h만으로 직사각형을 그린다. 그런 다음에는 그 x, y가 새로운 현재 점이 된다(그림 5.14).

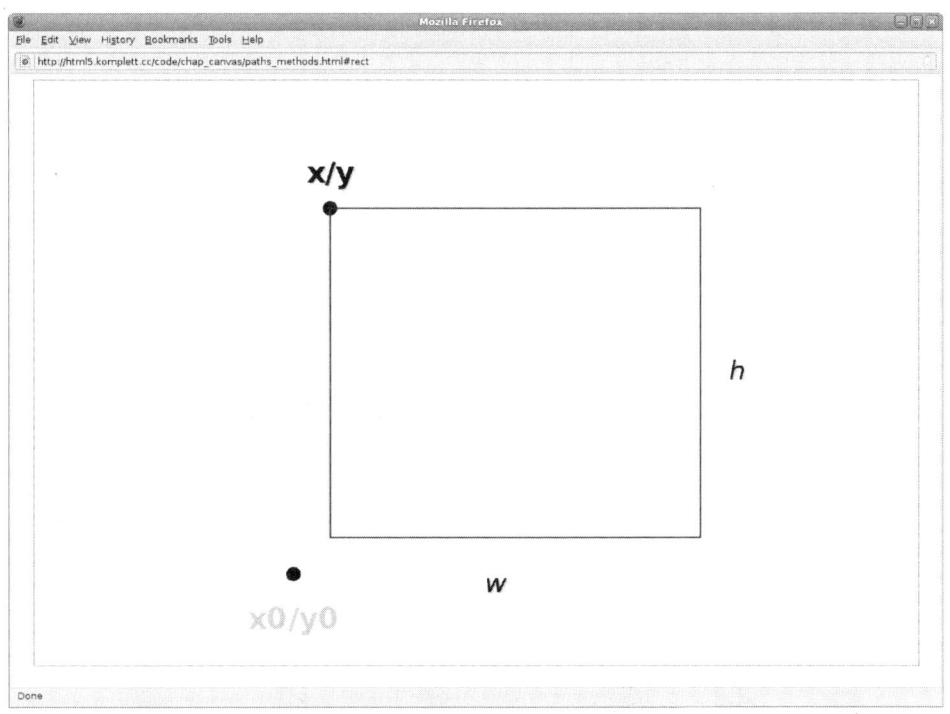

그림 5.14 경로 메서드 ˙rect()˙

5.5.5 외곽선, 채움, 절단 마스크

지금까지 경로 생성 3단계의 처음 두 부분인 초기화와 기하 도형 정의 단계를 이야기했다. 그럼 마지막 단계인 '그리기' 단계를 살펴보자. 이 단계에서 경로의 구체적인 모습이 결정된다. 이전의 모든 예제에서는 그냥 다음과 같은 메서드 호출 하나로 그리기 단계를 수행했다.

```
context.stroke()
```

경로의 선의 색은 그리기 문맥의 **strokeStyle** 속성에 의해 결정된다. 색상 외에, 선의 굵기(lineWidth)나 선 끝의 모양(lineCap), 두 선분이 만나는 접합부의 모양(lineJoin)도 설정할 수 있다. 아래는 이 속성들에 사용 가능한 값들을 나타낸 것인데, *는 기본값을 뜻한다(이 관례는 이후에도 계속 쓰인다).

```
context.lineWidth = [ 픽셀 ]
context.lineCap = [ *butt, round, square ]
context.lineJoin = [ bevel, round, *miter ]
```

그림 5.15에 선의 굵기, 끝 모양, 접합부 모양의 예가 나와 있다.

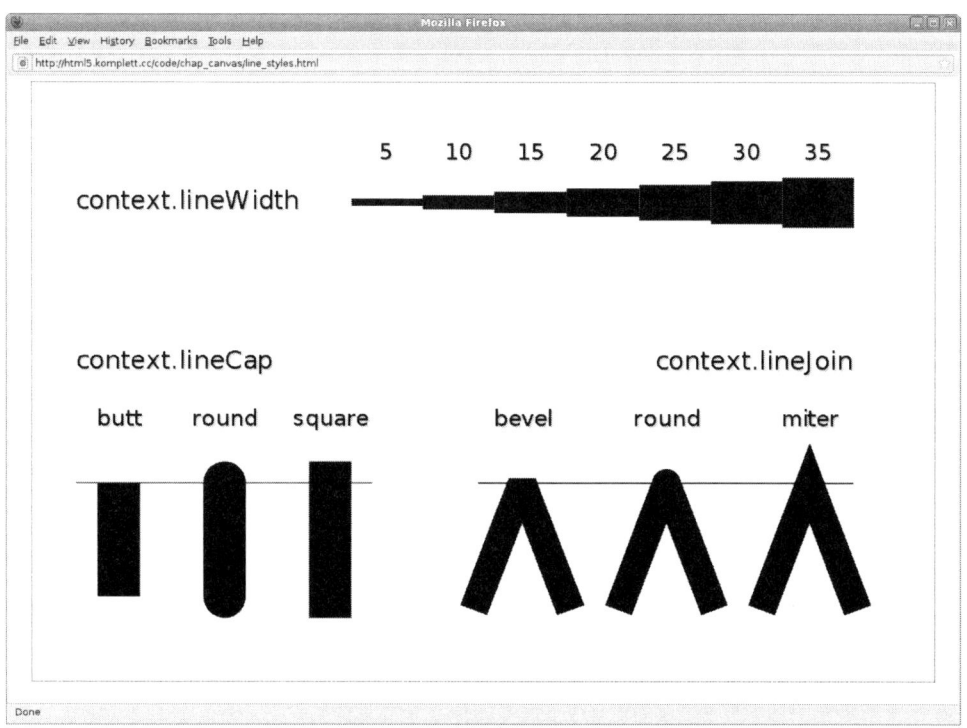

그림 5.15 선의 스타일을 결정하는 속성들.

　　lineWidth의 값은 픽셀 단위이고 기본 값은 1.0이다. 다른 두 선 스타일 속성과 마찬가지로, 선 너비 속성은 선과 다각형뿐만 아니라 strokeRect()로 만들어내는 직사각형에도 적용된다.

　　선의 끝 모양을 결정하는 lineCap 속성에는 butt나 round, square를 지정할 수 있다. butt가 기본 값이다. round를 지정하면 반지름이 선 굵기(lineWidth)의 절반인 반원이 선 끝에 추가된다. square를 지정하면 높이가 선 굵기의 절반인 직사각형이 선의 끝에 추가된다.

　　lineJoin 속성에 bevel을 지정하면 접합부가 살짝 돌출된다. round를 지정하면 접합부가 둥글게 되고, miter를 지정하면 뾰족한 모양이 된다. miter의 결과가 너무 뾰족해지는 것이 싫다면 miterLimit라는 속성으로 뾰족한 부분을 제한할 수 있다. 이 속성은 선 굵기의 절반에 대한 첨예부 길이(두 선의 교점과 뾰족한 꼭짓점 사이의 거리)의 비율*의 상한으로, 기본 값은 10.0이다. 만일 실제 비율이 이 최대 비율보다 크면 뾰족한 부분이 적절히 잘려서 bevel과 비슷한 모습이 된다.

　　경로의 내부를 하나의 색 또는 색상 그래디언트로 채우고 싶다면, 우선 fillStyle 속성에 원하는 채움 스타일을 지정한 후 다음과 같은 경로 메서드를 호출한다.

```
context.fill()
```

　　경로의 내부를 채운다는 것이 간단한 일 같겠지만, 경로의 선들이 교차하거나 닫힌 도형 안에 또 다른 도형이 있는 경우에는 상황이 아주 복잡해진다. 이런 경우 소위 0이 아닌 감음수(winding number)** 규칙이 적용된다. 이 규칙은, 부분 경로의 내부를 채울 것인지를 그 부분 경로의 감는 방향에 따라 결정한다는 것이다.

　　그림 5.16에 이 0이 아닌 감음수 규칙의 적용 예가 나와 있다. 왼쪽은 두 원 모두 시계방향으로 그려져('감겨') 있기 때문에 둘 다 속이 채워졌다. 반면 오른쪽의 안쪽 원은 반시계 방향이기 때문에 채워지지 않았다.

---

* 　[역주] http://mapserver.org/_images/miter-linejoin.jpg를 기준으로 한다면 2m/d이다.
** 　[역주] 감음수란 폐곡선이 주어진 한 점을 중심으로, 반시계방향으로 몇 번이나 이동하는지를 나타낸다. 예를 들어 원 안의 한 점에 대한, 반시계방향으로 그려진 원의 감음수는 1이고 시계방향으로 그려진 원의 감음수는 −1이다.

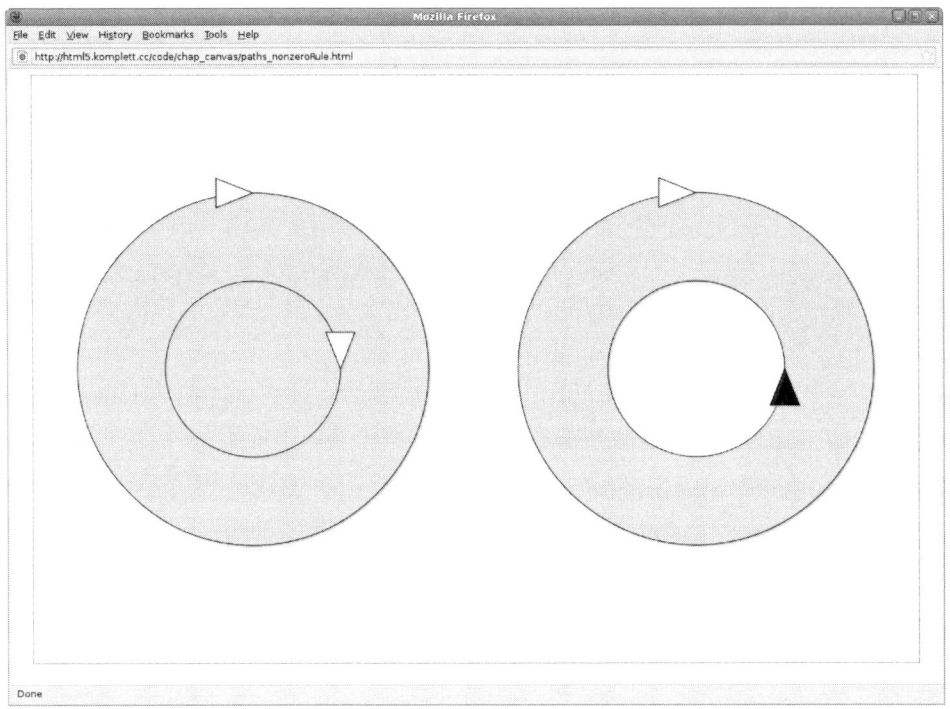

그림 5.16 경로 채우기에 0이 아닌 감음수 규칙이 적용된 예.

이 예제의 방향 있는 원들은 arc()를 설명할 때 소개한 보조 함수를 조금 수정한 함수로 그린 것이다. 수정된 함수에는 원의 방향을 뜻하는 **anticlockwise** 매개변수가 추가되었다. 이 매개변수의 유효한 값은 0과 1이다.

```
var circle = function(cx,cy,r,anticlockwise) {
  context.moveTo(cx+r,cy);
  context.arc(cx,cy,r,0,Math.PI*2.0,anticlockwise);
};
```

오른쪽의, 구멍 난 원은 다음과 같은 코드로 그린 것이다.

```
context.beginPath();
context.fillStyle = 'yellow';
circle(900,400,240,0);
circle(900,400,120,1);
context.fill();
```

```
context.stroke();
```

stroke()와 fill() 외에 경로 그리기 단계에서 사용할 수 있는 메서드는 다음 하나뿐이다.

```
context.clip().
```

이 clip() 메서드는 지금까지 정의된 경로가 가시적인 도형이 아니라 다른 모든 그리기 요소를 '도려내는' 절단 마스크(clipping mask)로 작용하게 만든다. 캔버스에는 이 절단 마스크 안에 있는 것만 그려지고, 그 외의 것은 그려지지 않는다. 마스크 절단 효과를 취소하고 싶다면, 캔버스 영역 전체를 덮는 또 다른 절단 마스크를 생성하면 된다. 이보다 더 우아한 방법도 있는데, 그 방법은 §5.13에서 save()와 restore()를 이야기할 때 소개하겠다.

그럼 텍스트를 그리는 방법으로 넘어가자. 명세서는 이 부분에 단 네 페이지만을 할당하고 있다. 캔버스가 텍스트를 제대로 지원하지 못하기 때문일까?

5.6 텍스트

언뜻 보면 캔버스의 텍스트 지원이 그리 대단하지 않은 것 같다. 사실 텍스트와 관련해서 캔버스는 그냥 단순한 문자열을 서식화하고 배치하는 정도의 기능만 제공한다. 긴 텍스트가 자동으로 줄이 바뀌게 한다거나, 문단의 스타일을 조정한다거나, 이미 캔버스에 그려진 텍스트를 선택하는 것 등은 불가능하다.

텍스트의 스타일(서식)에 관련해서는 세 개의 속성이 있고, 텍스트를 그리는 메서드는 두 개이다. 그리고 현재 스타일로 문자열을 그렸을 때 그 문자열이 차지할 너비를 미리 알려주는 메서드가 하나 있다. 별로 많아 보이지 않지만, 좀 더 자세히 살펴보면 명세서의 네 페이지가 충분히 심사숙고해서 결정된 세부사항에 기초한 것임을 확실히 알 수 있을 것이다.

5.6.1 글꼴

캔버스 명세서에서 font 속성에 관한 항목을 보면 그냥 context.font의 구문이 CSS의 font 속성과 같다고 되어 있다.

```
context.font = [ CSS font 속성 ]
```

덕분에 글꼴에 관한 모든 속성을 하나의 문자열로 손쉽게 지정할 수 있다. 표 5.2는 CSS font의 개별 속성들과 그 값들을 정리한 것이다.

표 5.2 CSS 'font' 속성의 구성요소.

속성	값
font-style	*normal, italic, oblique
font-variant	*normal, small-caps
font-weight	*normal, bold, bolder, lighter
	100, 200, 300, 400, 500, 600, 700, 800, 900
font-size	xx-small, x-small, small, *medium
	large, x-large, xx-large, larger, smaller
	em, ex, px, in, cm, mm, pt, pc, %
line-height	*normal, <number>, em, ex, px, in, cm, mm, pt, pc, %
font-family	구체적인 글꼴 이름, 또는 serif, sans-serif, cursive, fantasy, monospace 같은 일반 글꼴 부류 이름.

이 개별 속성들 중 font-size와 font-family는 필수이고 나머지는 모두 생략 가능하다. 생략한 경우에는 기본 값, 즉 표 5.2에서 *이 붙은 값이 쓰인다. 캔버스는 텍스트의 줄바꿈을 인식하지 않으므로 line-height는 무의미하며, 항상 무시된다. 정리하자면, font 속성에는 다음과 같은 구성요소들의 조합을 지정하면 된다.

```
context.font = [
  font-style font-variant font-weight font-size font-family
]
```

font-family에는 CSS 스타일시트의 글꼴 정의 규칙이 그대로 적용된다. 즉, 구체적인 글꼴 이름이나 일반 서체 부류 이름을 임의로 조합할 수 있다. 브라우저는 나열된 글꼴들 중 자신이 가장 먼저 인식하는 것을 적용한다.

소위 '웹폰트(webfont)'를 이용하면 브라우저나 플랫폼에 완전히 무관하게 특정 글꼴을 적용할 수 있다. 스타일시트에서 다음 예처럼 @font-face로 지정되어 있는 글꼴이라면 캔버스의 font-family에도 사용할 수 있다.

```
@font-face {
  font-family: Scriptina;
  src: url('fonts/scriptina.ttf');
}
```

그림 5.17은 CSS font의 유효한 설정 예 몇 가지를 캔버스에 적용한 결과이다. 예제에 쓰인 웹폰트 *Scriptina*은 무료로 내려받을 수 있는 글꼴들이 잘 정리되어 있는 http://www. fontex.org에서 구했다.

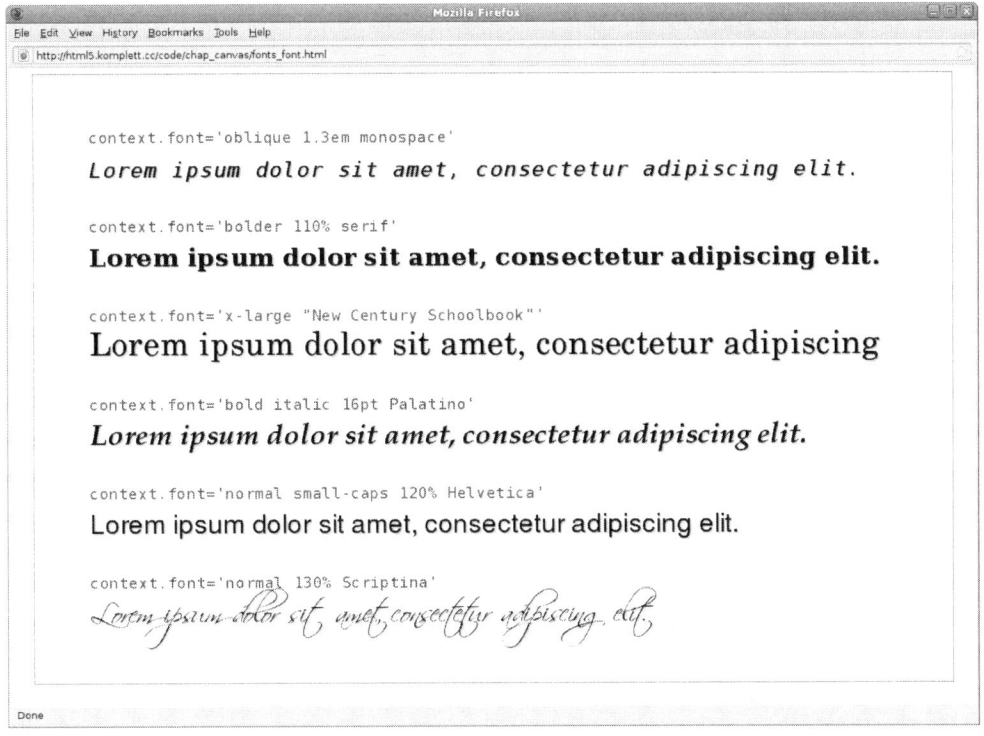

그림 5.17 'font' 속성을 이용한 글꼴 지정.

그러나 이 글을 쓰는 현재 @font-face를 아무 문제 없이 지원하는 브라우저는 없다. 예를 들어 Firefox의 경우, HTML 문서에서 *Scriptina*가 적어도 한 번 쓰인 경우에만 예제 제일 하단 *Scriptina* 문단이 표시된다. Firefox는 또한 small-caps의 구현도 부정확하다. 이 때문에 예제 밑에서 두 번째 문단이 아예 나타나지 않는다.

5.6.2 수평 고정점

textAlign 속성은 캔버스 텍스트의 고정점(anchor point)을 결정한다.

```
context.textAlign = [
  left | right | center | *start | end
]
```

키워드 left, right, center는 CSS 속성 textalign에 쓰이는 것과 동일한 의미이다. 그리고 start와 end는 CSS3 확장에 포함된 것으로, 구체적인 의미는 텍스트가 흐르는 방향에 따라 달라진다. 텍스트의 방향은 텍스트의 언어에 따라 다를 수 있는데, 예를 들어 아랍어나 히브리어 텍스트는 왼쪽에서 오른쪽이 아니라 오른쪽에서 왼쪽으로 표기된다.

그림 5.18에는 수평 고정점의 예가 나와 있다. 텍스트가 흐르는 방향이 ltr(왼쪽에서 오른쪽)일 때와 rtl(오른쪽에서 왼쪽)일 때 start와 end의 위치가 어떻게 변하는지 주목하기 바란다.

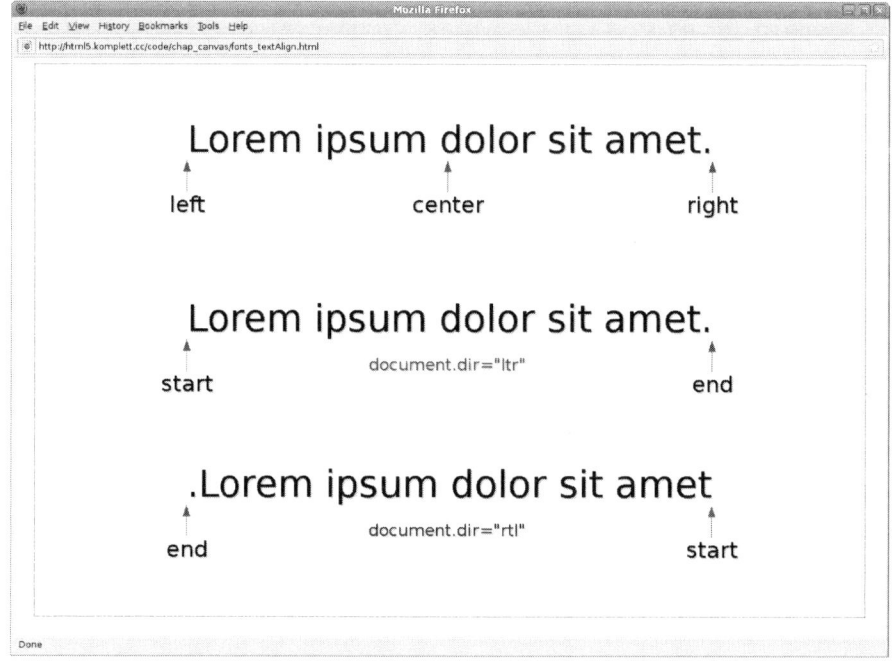

그림 5.18 'textAlign'으로 지정하는 수평 고정점들.

>
> 브라우저에서 문서의 방향을 전역 속성 `document.dir`로 변경할 수 있다.
>
> `document.dir = [ *ltr | rtl ]`

5.6.3 수직 고정점

텍스트에 관련된 셋째이자 마지막 속성인 **textBaseline**은 수직 고정점을 결정한다. 이름에서 짐작하겠지만, 이 속성은 모든 자형(字形, glyph)이 배치되는 기준선을 의미한다.

```
context.textBaseline = [
  top | middle | *alphabetic | bottom | hanging | ideographic
]
```

textBaseline에 설정할 수 있는 키워드들 중 *top*, *middle*, *alphabetic*, *bottom*은 각각 자형의 최상단, 중간, 통상적인 알파벳 기준선, 최하단을 뜻한다. *hanging*은 산스크리트어, 힌디어, 마라티어, 네팔어 또는 펀자브어, 벵골어 텍스트에 쓰이는 세 종류의 인도식 알파벳 데바나가리 문자, 구르무키 문자, 벵골 문자에 필요한 것이다. *ideographic*은 한국, 중국, 일본, 베트남어에 쓰이는 한자(漢字)를 위한 것이다. 그림 5.19에 **textBaseline**의 수직 고정점들이 나와 있다.

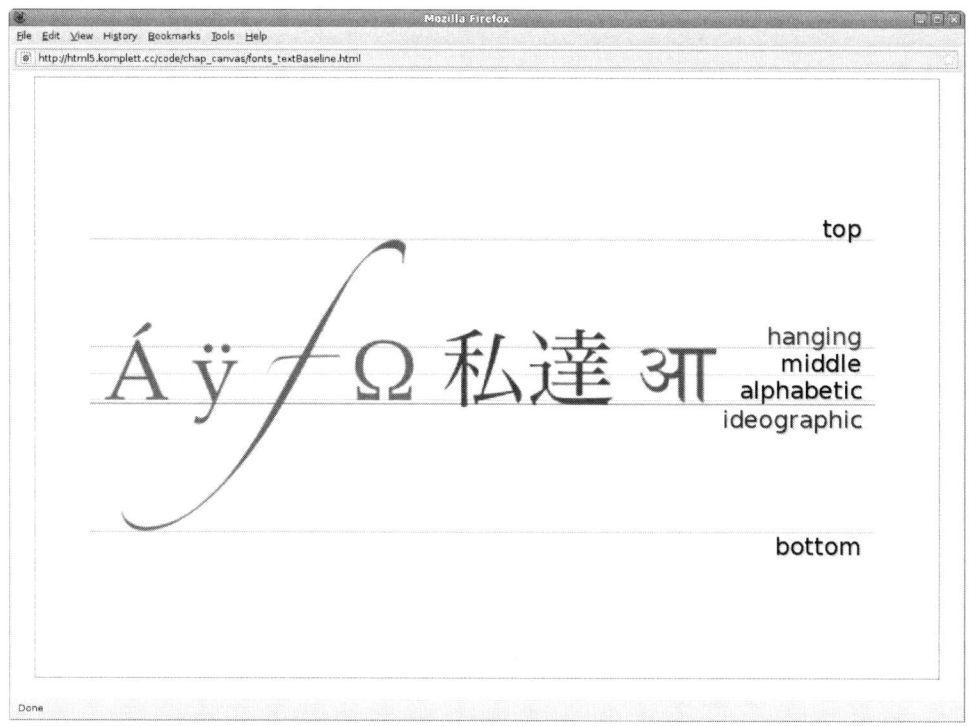

그림 5.19 'textBaseline'으로 지정하는 수직 고정점들.

5.6.4 텍스트 그리기와 크기 측정

글꼴과 고정점을 설정했다면, 다음으로 할 일은 텍스트를 캔버스에 그리는 것이다. 직사각형에서처럼, 글자 획의 내부를 채울 수도 있고 테두리만 표시할 수도 있다. 다음 두 메서드가 바로 그러한 일을 한다. 두 메서드 모두, 생략 가능한 넷째 매개변수 maxwidth를 통해서 텍스트 최대 너비도 지정할 수 있다.

```
context.fillText(text, x, y, maxwidth)
context.strokeText(text, x, y, maxwidth)
```

마지막으로, measureText() 메서드는 현재 스타일로 텍스트를 그렸을 때 텍스트가 차지할 너비를 알려준다. 그림 5.20의 예에서 우측 하단의 759라는 값은 다음과 같은 코드로 알아낸 것이다.

```
TextWidth = context.measureText(text).width
```

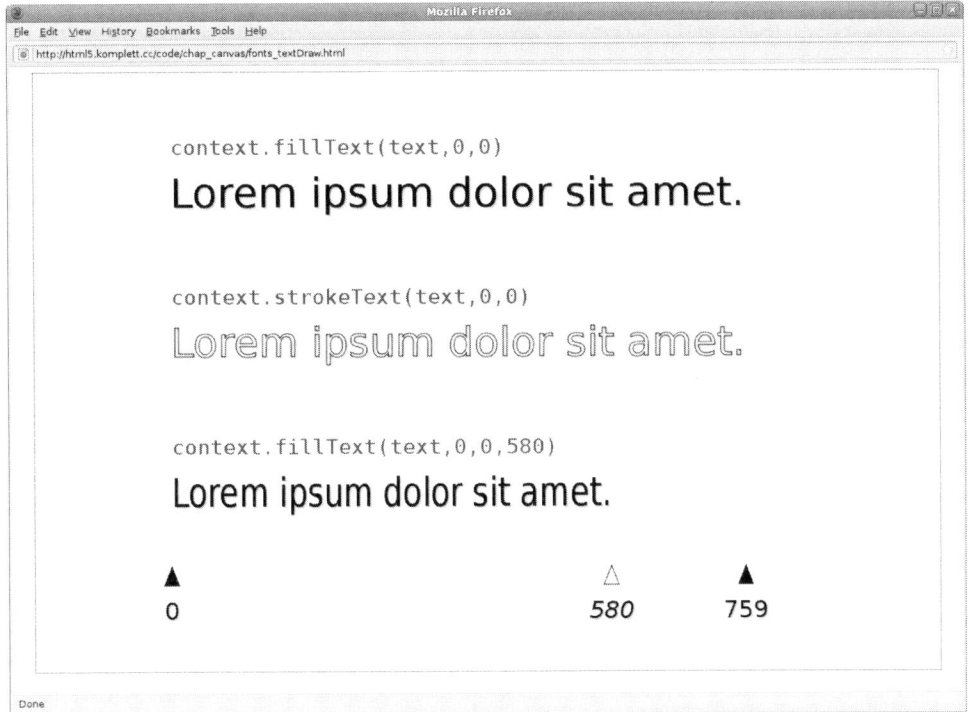

그림 5.20 `fillText()`, `strokeText()`, `measureText()`

현재, 텍스트를 차지하는 영역에 해당하는 **경계 상자**(bounding box)의 높이와 원점은 알아낼 수 없으나, 명세서의 이후 버전에는 그런 기능이 추가될 수도 있다. 또한 줄바꿈을 지원하는 텍스트 그리기 기능도 추가될 수 있다. 캔버스 명세서의 텍스트 부분 마지막 참고 사항(Note)은 그럴 가능성을 강하게 시사하고 있다. 그 참고 사항에 따르면, 이후 버전은 CSS로 서식화된 문서의 일부(이를테면 한 문단)를 캔버스에 도입하는 수단을 제공할 수 있다고 한다.

캔버스 API는 래스터(비트맵) 기반 이미지 형식을 위한 여러 수단들을 제공한다(이후 버전이 아니라 지금 버전에서). 기존 이미지나 동영상을 페이지에 내장하는 것은 물론, 캔버스 영역의 모든 픽셀을 스크립트에서 직접 쓰거나 읽을 수 있다. 후자에 대해서는 §5.8에서 좀 더 이야기하겠다.

5.7 이미지 내장

이미지 내장을 위해 캔버스가 제공하는 메서드는 `drawImage()`이다. 이 메서드는 받아들이는 매개변수의 개수에 따라 세 종류로 나뉜다. 인수 세 개 버전, 다섯 개 버전, 아홉 개 버전이 있다.

```
context.drawImage(image, dx, dy)
context.drawImage(image, dx, dy, dw, dh)
context.drawImage(image, sx, sy, sw, sh, dx, dy, dw, dh)
```

세 경우 모두, 첫 매개변수는 `image` 요소나 `canvas` 요소, `video` 요소에 해당하는 객체이어야 하는데, 그 객체는 HTML 문서에 원래 정의되어 있던 것일 수도 있고 JavaScript에서 동적으로 생성한 것일 수도 있다. 그런데 애니메이션 이미지나 동영상이 실제로 애니메이션되지는 않음을 주의할 것. 표시되는 것은 애니메이션의 첫 프레임 또는 동영상 포스터 프레임(있는 경우)이다.

`drawImage()` 메서드의 나머지 매개변수들은 표시되는 이미지의 위치와 크기, 원본 이미지 중 대상 캔버스에 표시할 영역의 위치와 크기를 결정한다. 그림 5.21에 이 매개변수들이 도식화되어 있다. 접두사 s는 source(원본), d는 destination(대상 또는 목표 지점)을 뜻한다.

그럼 간단한 예제 세 개를 통해서 `drawImage()` 메서드의 세 버전을 비교해 보자. 세 예제 모두 1200×800픽셀 크기의 사진 이미지를 원본으로 사용한다(그림 5.22). 이 원본 이미지 객체는 다음과 같이 JavaScript에서 동적으로 생성한다.

```
var image = new Image();
image.src = 'images/yosemite.jpg';
```

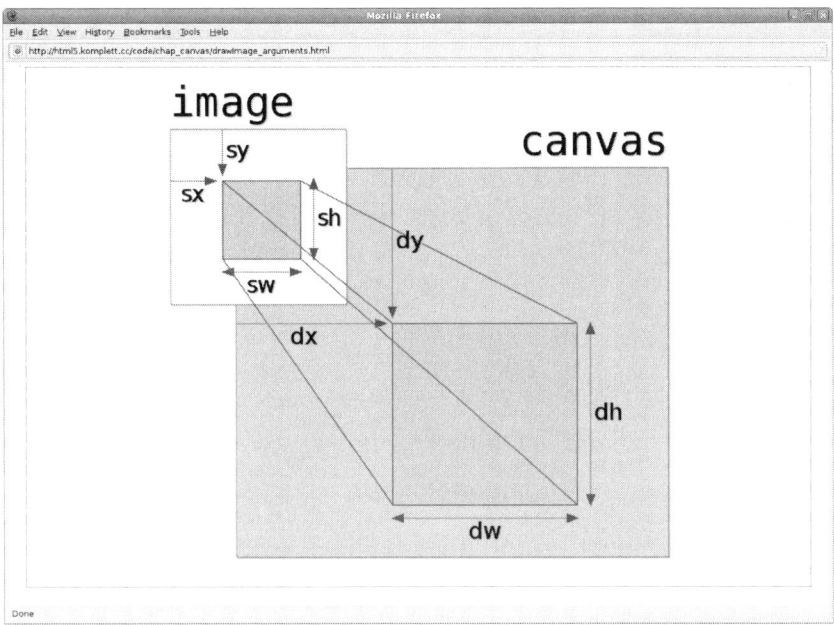

그림 5.21 'drawImage()' 메서드의 위치, 크기 관련 매개변수들.

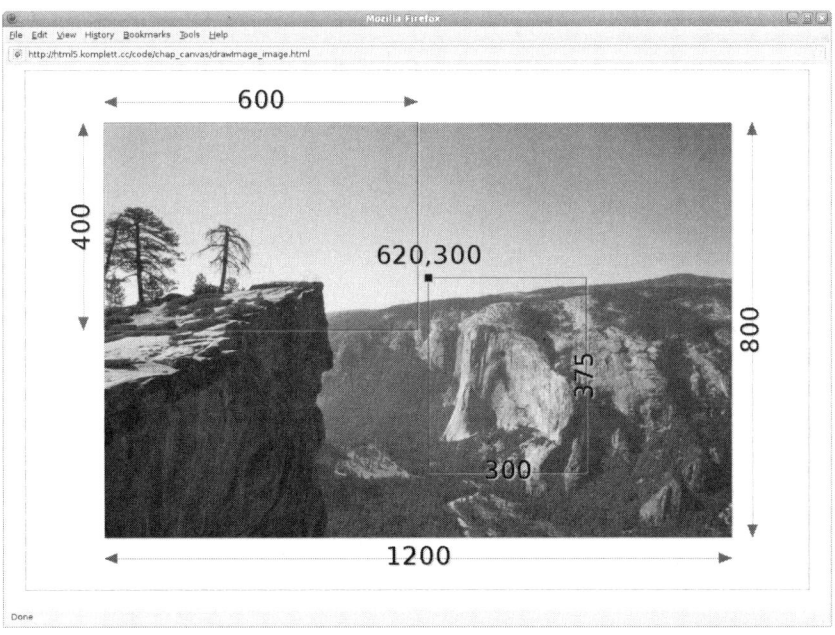

그림 5.22 'drawImage()' 예제들에 공통으로 쓰이는 원본 이미지.

이 인상적인 사진은 미국 요세미티 국립공원 엘 카피탄(El Capitan) 암벽과 태프트 포인트
(Taft Point)를 함께 잡은 것이다. 이미지 요소의 **onload** 사건 처리부에서 이 사진 이미지를
600×400픽셀 크기의 대상 캔버스에 그리는데, 이때 쓰이는 인수 조합은 예제마다 다르다.
가장 간단한 첫 예제에서는 그냥 대상 캔버스에서 이미지가 그려질 영역의 왼쪽 상단 모서
리 위치(**dx**와 **dy**)만 지정한다. 0, 0을 지정했으므로 이미지가 캔버스 왼쪽 상단에 딱 붙게
된다.

```
image.onload = function() {
  context.drawImage(image,0,0);
};
```

대상 영역의 너비와 높이는 원본 이미지의 것들을 그대로 사용한다. 그런데 원본 이미지
가 대상 캔버스보다 더 크기 때문에, 화면에는 사진의 왼쪽 상단 4분의 1, 즉 태프트 포인트
부분만 표시된다(그림 5.23).

그림 5.23 미국 요세미티 국립공원의 태프트 포인트.

이미지 전체를 캔버스에 표시하려면 dw, dh 매개변수에 적절한 너비와 높이를 지정해야 한다. 둘째 예제가 바로 그러한 방법을 사용하는데, 너비와 높이를 600과 400으로 지정한다. 그러면 브라우저가 이미지를 600×400픽셀 크기로 적절히 비례시킨다. 결과는 그림 5.24에서 볼 수 있다.

```
image.onload = function() {
  context.drawImage(image,0,0,600,400);
};
```

그림 5.24 미국 요세미티 국립공원의 태프트 포인트와 엘 카피탄.

앞의 두 drawImage() 버전으로 얻을 수 있는 결과는 사실 CSS로도 쉽게 얻을 수 있다. 그러나 셋째 버전은 좀 다르다. 이 버전은 원본 이미지의 임의의 한 영역(sx, sy, sw, sh)을 대상 캔버스의 임의의 한 영역(dx, dy, dw, dh)에 복사하는 기능을 제공한다. 이를 이용하면, 예를 들어 여러 이미지 조각들을 모아 붙여서 '모자이크' 작품을 만드는 것이 가능하다. 다음은 이 버전을 이용하는 셋째 예제이다.

```
image.onload = function() {
  context.drawImage(image,0,0);
  context.drawImage(
    image, 620,300,300,375,390,10,200,250
  );
};
```

결과가 그림 5.25에 나와 있다.

그림 5.25 미국 요세미티 국립공원 그림엽서.

첫 drawImage() 호출은 원본의 왼쪽 상단의 태프트 포인트를 캔버스 전체에 표시한다. 둘째 호출은 엘 카피탄 암벽 부분을 마치 우표인양 캔버스 오른쪽 상단 모서리에 덧그린다. 그림자 있는 텍스트까지 추가하니 그림엽서라고 부를만한 모습이 되었다.*

---

* [역주] 본문에 텍스트 표시 부분의 코드는 나와 있지 않은데, 그냥 fillText(() 등을 적절히 사용한 것일 뿐이다. 궁금한 독자는 http://html5.komplett.cc/code/chap_canvas/drawImage_examples.html#9a의 소스 코드를 보기 바란다.

엘 카피탄이 주된 사진이고 태프트 포인트를 오른쪽 상단에 우표처럼 사용하고 싶다면
drawImage() 호출들을 조금 바꾸면 된다. 다음은 사용자가 마우스를 클릭하면 그런 식으로
그림을 변경하는 코드이다.

```
canvas.onclick = function() {
  context.drawImage(
    image,600,250,600,400,0,0,600,400
  );
  context.drawImage(
    image,0,0,500,625,390,10,200,250
  );
};
```

그림 5.26에 결과가 나와 있다.

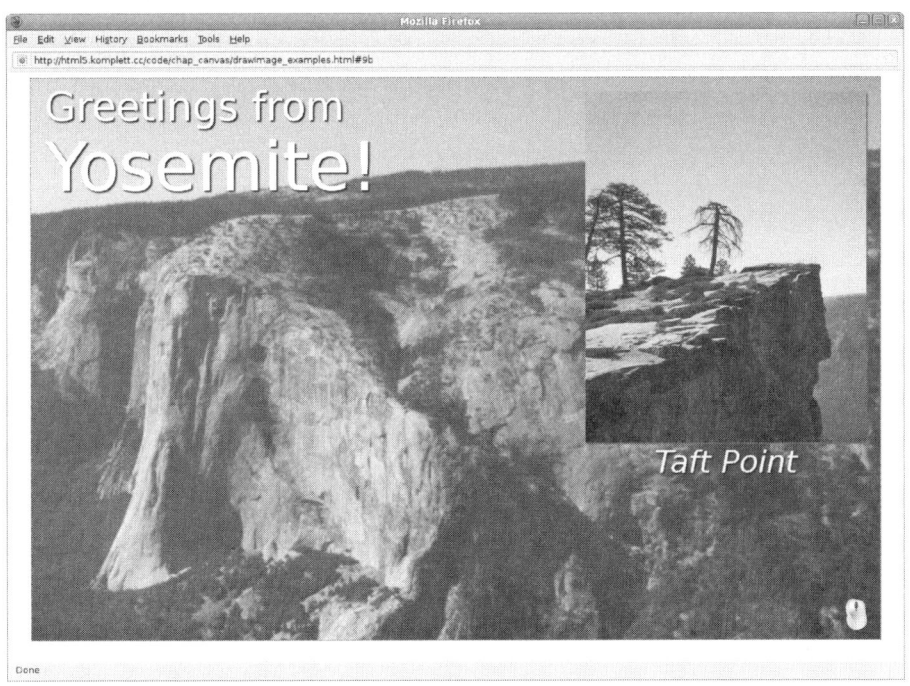

그림 5.26 미국 요세미티 국립공원 그림엽서(또 다른 배치 방식).

이상으로 이미지를 원본으로 하는 drawImage() 메서드의 용법들을 살펴보았다. video

요소를 원본으로 하는 drawImage()의 용법은 §5.14.2에서 설명하기로 하고, 지금은 캔버스 영역 안의 픽셀 값들을 직접 읽고 쓰는 방법을 살펴보자.

5.8 픽셀 조작

픽셀 값들을 읽거나 변경하는 메서드로는 getImageData(), putImageData(), create ImageData()가 있다. 그런데 세 메서드 모두 이름에 ImageData가 있다. 따라서 이것이 무엇인지부터 알아보는 것이 좋겠다.

5.8.1 'ImageData' 객체 다루기

ImageData는 이미지 자료를 대표하는 객체이다. 이 객체의 사용법을 설명하기 위해서는 이미지 자료를 얻을 캔버스가 필요하다. 이를 위해, 다음과 같이 2×2픽셀 크기의 캔버스에 네 가지 색(navy, teal, lime, yellow)의 1×1픽셀 직사각형 네 개를 그려 보자.

```
context.fillStyle = 'navy';
context.fillRect(0,0,1,1);
context.fillStyle = 'teal';
context.fillRect(1,0,1,1);
context.fillStyle = 'lime';
context.fillRect(0,1,1,1);
context.fillStyle = 'yellow';
context.fillRect(1,1,1,1);
```

캔버스의 getImageData(sx, sy, sw, sh) 메서드는 주어진 인수들(영역 왼쪽 상단 모서리 x, y 좌표와 너비, 높이)에 해당하는 직사각형 영역의 이미지 자료를 대표하는 ImageData 객체를 돌려준다. 다음은 앞에서 만든 캔버스 전체에 해당하는 영역의 이미지 자료를 얻는 예이다(그림 5.27 참고).

```
ImageData = context.getImageData(
  0,0,canvas.width,canvas.height
);
```

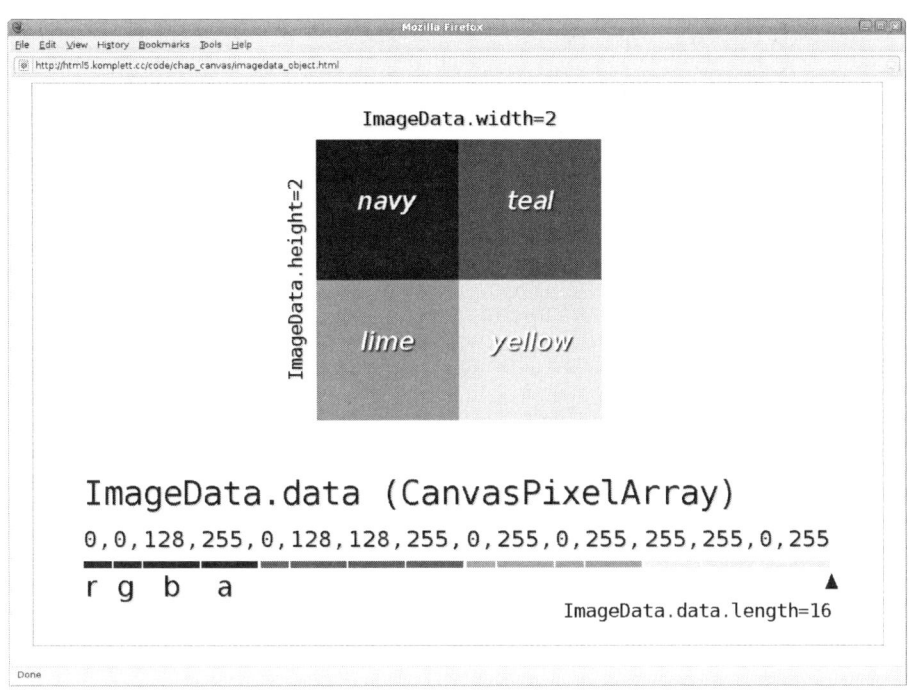

그림 5.27 ˙ImageData˙ 객체.

이 ImageData 객체에는 이미지 영역의 너비와 높이를 뜻하는 ImageData.width와 ImageData.height 속성이 있다. 그리고 ImageData.data라는 속성이 있는데, 이 속성은 실제 픽셀 값들을 담은 CanvasPixelArray 객체를 가리킨다. 이 객체는 해당 영역의 픽셀들의 색상 값들이 순서대로(왼쪽 최상단 픽셀에서 시작해서 왼쪽에서 오른쪽으로, 위에서 아래로, 그리고 각 픽셀마다 적, 녹, 청, 알파 값 순으로) 나열되어 있는 1차원 배열이다. 이 배열의 크기(원소 개수)는 ImageData.data.length 속성에 들어 있다.

간단한 for 루프를 통해 CanvasPixelArray의 개별 값을 훑으면서 각 픽셀마다 alert()으로 색상 값을 표시해 보자. 픽셀 당 값이 네 개이므로, 0부터 시작하는 색인 i를 루프 반복마다 4씩 증가해야 한다. 각 픽셀마다 적, 녹, 청, 알파 성분들(RGBA)이 차례로 저장되어 있으므로, 배열의 i번째 원소는 현재 픽셀의 빨간색 성분, i+1은 녹색 성분, i+2는 파란색 성분, i+3은 알파 성분이 된다.

```
for (var i=0; i<ImageData.data.length; i+=4) {
  var r = ImageData.data[i];
  var g = ImageData.data[i+1];
  var b = ImageData.data[i+2];
  var a = ImageData.data[i+3];
  alert(r+" "+g+" "+b+" "+a);
}
```

특정 픽셀의 색상을 바꾸는 것도 간단하다. 그냥 CanvasPixelArray의 해당 원소에 **직접**
다른 값을 배정하면 된다. 다음은 Math.random()을 이용해서 얻은 0에서 255까지의 난수를
각 픽셀의 적, 녹, 청 성분에 배정하는 예이다. 알파 성분은 변경하지 않는다.

```
for (var i=0; i<ImageData.data.length; i+=4) {
  ImageData.data[i] = parseInt(Math.random()*255);
  ImageData.data[i+1] = parseInt(Math.random()*255);
  ImageData.data[i+2] = parseInt(Math.random()*255);
}
```

그런데 이 코드를 수행해도 캔버스의 모습이 바뀌지는 않는다. 변경은 단지 CanvasPixel
Array 안에서만 일어난 것일 뿐이다. 이를 실제로 캔버스에 표시하려면 putImageData()
메서드를 호출해야 한다. putImageData()는 최대 일곱 개의 인수를 받을 수 있다.

```
context.putImageData(
  ImageData, dx, dy, [ dirtyX, dirtY, dirtyWidth, dirtyHeight ]
)
```

처음 셋은 필수이다. 첫 매개변수 ImageData는 캔버스에 그릴 이미지 자료가 담긴 ImageData
객체이고, 그다음 dx와 dy는 그 이미지 자료를 표시할 영역의 원점이다. 그 영역의 너비와
높이에는 ImageData 객체의 width, height 속성이 쓰이므로 따로 지정할 필요가 없다. 생략
가능한 dirty... 매개변수들은 CanvasPixelArray의 특정 영역만 캔버스에 그릴 때 사용한
다. 그림 5.28에 4픽셀짜리 캔버스의 변경 전 모습과 변경 후 모습, 그리고 CanvasPixelArray
의 변경 전, 변경 후 내용이 표시되어 있다.

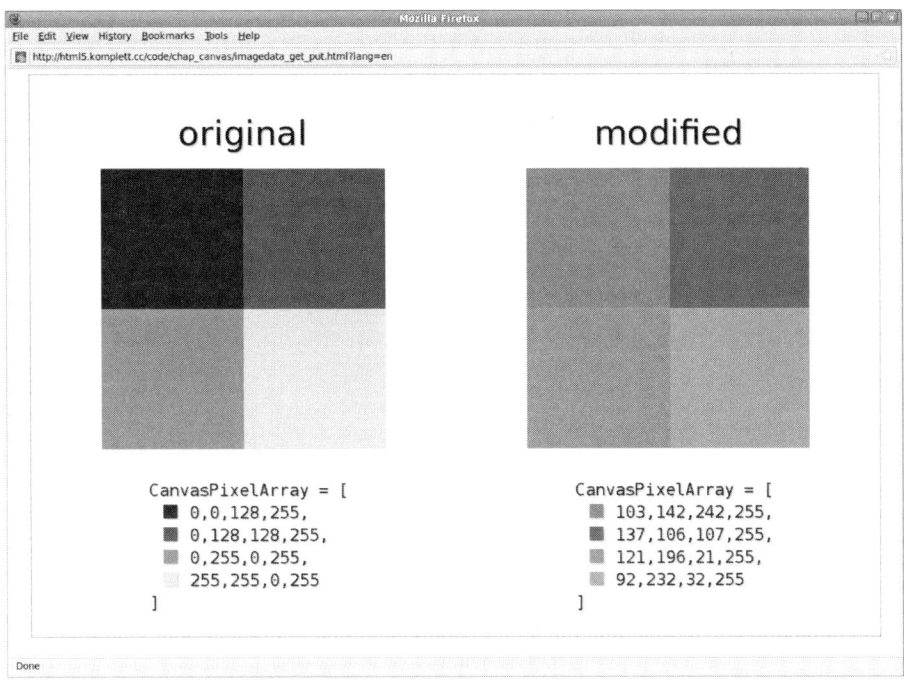

그림 5.28 `CanvasPixelArray`의 색상 값 변경.

ImageData 객체를 캔버스에서 따오는 대신 createImageData()로 직접 생성하는 것도 가능하다. 이 메서드에는 생성할 이미지 자료의 너비와 높이를 받는 버전과 기존 ImageData 객체를 받는 버전이 있는데, 후자는 그 객체의 너비와 높이를 사용해서 새 ImageData 객체를 생성한다. 두 경우 모두 CanvasPixelArray의 모든 픽셀은 투명 검은색, 즉 rgba(0,0,0,0) 으로 설정된다.

```
context.createImageData(sw, sh)
context.createImageData(imagedata)
```

다음은 ImageData 객체를 createImageData()로 직접 생성해서 그림 5.28의 예에서처럼 무작위 색상을 설정한 후 putImageData()로 캔버스에 그리는 예이다.

```
var imagedata = context.createImageData(2,2);
for (var i=0; i<ImageData.data.length; i+=4) {
  imagedata.data[i] = parseInt(Math.random()*255);
```

```
    imagedata.data[i+1] = parseInt(Math.random()*255);
    imagedata.data[i+2] = parseInt(Math.random()*255);
}
context.putImageData(imagedata,0,0);
```

ImageData에 관련된 메서드들과 속성들은 그리 많지 않지만, 그 활용도는 무궁무진하다. 특히, getImageData()와 putImageData(), createImageData()와 약간의 수학 지식을 동원하면 이미지 후처리 효과를 위한 색상 필터를 직접 만들어 낼 수 있다. 다음 절에서 실제로 그런 필터를 만들어 보겠다.

5.8.2 'getImageData()', 'createImageData()', 'putImageData()'를 이용한 색상 조작

이번 절의 모든 예제는 이전에 나왔던 미국 요세미티 국립공원 사진을 원본으로 사용한다. 캔버스의 onload 사건 처리부는 drawImage() 메서드를 이용해서 이 원본 사진을 캔버스에 그린다. 그런 다음에는 getImageData()를 통해서 원본의 CanvasPixelArray를 얻고, for 루프에서 각 픽셀의 RGBA 성분들을 일정한 수학 공식으로 변조한 결과를 그 CanvasPixelArray에 저장한다. 그런 다음에는 putImageData()로 이미지 자료를 캔버스에 다시 그린다.

목록 5.1은 그림 5.29에 나온 모든 필터 예제에 쓰이는 JavaScript 코드의 기본 틀이다. grayLuminosity() 함수는 여러 필터 함수들 중 하나이다. 그럼 이 틀에 사용할 수 있는 여러 필터 함수들을 살펴보자.

목록 5.1 색상 조작을 위한 JavaScript 코드 기본 틀.

```
var image = new Image();
image.src = 'images/yosemite.jpg';
image.onload = function() {
  context.drawImage(image,0,0,360,240);
  var modified = context.createImageData(360,240);
  var imagedata = context.getImageData(0,0,360,240);
  for (var i=0; i<imagedata.data.length; i+=4) {
    var rgba = grayLuminosity(
      imagedata.data[i+0],
```

```
      imagedata.data[i+1],
      imagedata.data[i+2],
      imagedata.data[i+3]
    );
    modified.data[i+0] = rgba[0];
    modified.data[i+1] = rgba[1];
    modified.data[i+2] = rgba[2];
    modified.data[i+3] = rgba[3];
  }
  context.putImageData(modified,0,0);
};
```

그림 5.29 `getImageData()`와 `putImageData()`를 이용한 색상 조작.

참 고

그림 5.9 오른쪽 하단의 서버 아이콘은 이 예제를 지역 파일이 아니라 http:// 프로토콜을 통해 접근한 서버의 파일로 실행하고 있음을 뜻한다. Firefox에서는 반드시 서버를 거쳐야 하는데, 왜 그런지는 § 5.15.3 "보안 측면"에서 이야기하겠다.

우선 원색 이미지를 회색조 이미지로 변환하는 필터 함수 세 가지를 소개한다. 이들은 공개 이미지 편집 프로그램인 GIMP의 문서화 중 'Desaturate' 장(http://docs.gimp.org/en/gimp-tool-desaturate.html)에 나온 세 공식을 이용한 것으로, 각각 색의 **명도**(lightness)와 **휘도**(luminosity), 그리고 평균 명도를 이용해서 회색조 값을 계산한다.

```
var grayLightness = function(r,g,b,a) {
  var val = parseInt(
    (Math.max(r,g,b)+Math.min(r,g,b))*0.5
  );
  return [val,val,val,a];
};

var grayLuminosity = function(r,g,b,a) {
  var val = parseInt(
    (r*0.21)+(g*0.71)+(b*0.07)
  );
  return [val,val,val,a];
};

var grayAverage = function(r,g,b,a) {
  var val = parseInt(
    (r+g+b)/3.0
  );
  return [val,val,val,a];
};
```

grayLuminosity()의 결과가 그림 5.29에 나와 있다. 이 함수를 비롯한 필터 함수들은 각 픽셀의 RGB 성분을 적절히 계산해서 변경하는데, 여기서 중요한 것은 최종적인 RGBA 성분들이 반드시 정수(integer)이어야 한다는 것이다. 그래서 이 함수들은 JavaScript의 parseInt()를 이용해 계산 결과를 정수로 만든다.

다음으로, 세피아 색조를 만드는 sepiaTone() 함수는 Zach Smith의 글 *How do I ... convert images to grayscale and sepia tone using C#?*(단축 URL http://bit.ly/a2nxI6)에 나온 알고리즘을 이용한 것이다.

```
var sepiaTone = function(r,g,b,a) {
  var rS = (r*0.393)+(g*0.769)+(b*0.189);
  var gS = (r*0.349)+(g*0.686)+(b*0.168);
  var bS = (r*0.272)+(g*0.534)+(b*0.131);
  return [
    (rS>255) ? 255 : parseInt(rS),
    (gS>255) ? 255 : parseInt(gS),
    (bS>255) ? 255 : parseInt(bS),
     a
  ];
};
```

계산 과정에서 각 성분의 값이 255를 넘을 수 있다. 그런 경우 성분의 값을 255로 제한한다.

다음으로, invertColor()는 색을 '뒤집는다'. 그냥 RGB 성분 각각을 255에서 뺀 값으로 대체하는 것일 뿐이다.

```
var invertColor = function(r,g,b,a) {
  return [
    (255-r),
    (255-g),
    (255-b),
     a
  ];
};
```

swapChannels() 필터 함수는 한 픽셀의 색상 성분들을 서로 교환한다. 다른 말로 하면 성분들의 순서를 바꾸는 것이라고 할 수 있다. 이를 위해 이 함수는 새 순서를 결정하는 배열(order)을 넷째 매개변수로 받는다. 이 배열에서 0은 빨간색 성분, 1은 녹색 성분, 2는 청색 성분, 3은 알파 성분이다. 함수는 rgba에 원래 성분들을 담아 두고, order에 기초해서 그 성분들을 새로운 순서로 바꾸어서 돌려준다. 그림 5.29의 예는 order=[2, 0, 1, 3]을 지정해서 RGBA를 BRGA로 변환한 것이다.

```
var swapChannels = function(r,g,b,a,order) {
  var rgba = [r,g,b,a];
  return [
    rgba[order[0]],
    rgba[order[1]],
    rgba[order[2]],
    rgba[order[3]]
  ];
};
```

마지막 필터 함수인 monoColor()는 각 픽셀의 RGB 성분들을 넷째 인수로 주어진 RGB 성분들로 설정하고, 알파 성분은 픽셀의 회색조 값으로 설정한다. 그림 5.29의 예는 color= [0, 0, 255]를 지정해서 청색조 이미지를 만든 것이다.

```
var monoColor = function(r,g,b,a,color) {
  return [
    color[0],
    color[1],
    color[2],
    255-(parseInt((r+g+b)/3.0))
  ];
};
```

이상의 필터들은 이웃 픽셀들은 고려하지 않고 개별 픽셀의 색상만 변경한다는 점에서 다소 단순하다고 할 수 있다. 이웃 픽셀들까지 고려한다면 이미지 경계를 날카롭게 또는 흐리게 하거나 외곽선을 추출하는 등의 좀 더 복잡한 효과를 내는 필터를 만들 수 있다.

참 고

그런 고급 필터를 자세히 설명하는 것은 이 책의 범위를 넘는 일이다. 좀 더 알고 싶은 독자라면 Jacob Seidelin의 *Pixastic Image Processing Library*(http://www.pixastic.com/lib)를 살펴보기 바란다. 여기에는 MPL(Mozilla Public License) 하에서 자유로이 사용할 수 있는 30개 이상의 JavaScript 필터들이 있다.

필터는 여기까지 하기로 하고, Pixar Studio의 두 고수 Thomas Porter 및 Tom Duff와 관련된 기능으로 넘어가자. 그들은 1984년에 알파 혼합(alpha blending) 기법에 관한 논문으로 센세이션을 일으켰다. 그들이 설명한 디지털 합성 기법들은 그들에게 *Academy of Motion Picture Arts and Sciences* 수상의 영광을 안겨주었을 뿐만 아니라, 오늘날의 캔버스 명세에도 포함되었다.

5.9 합성

캔버스에서 할 수 있는 이미지 합성(composition) 연산은 많고도 다양하나, 웹을 검색해봐도 합성을 멋지게 사용한 예는 그리 많지 않다. 웹에 있는 예제들은 대부분 그냥 합성 관련 메서드를 설명하기 위한 것들인데, 사실 이번 절의 예제들도 그렇다. 그림 5.30은 globalCompositeOperation 속성에 설정할 수 있는 값(키워드)들과 그에 해당하는 Porter-Duff 연산(*A*,*B*와 이탤릭으로 표시된 것), 그리고 합성 결과를 나타낸 것이다.

이 그림들은 우선 배경 역할을 하는 청색 계열의 직사각형을 하나 그리고, globalCompositeOperation에 원하는 합성 연산에 해당하는 값을 설정하고, 마지막으로 적색 계열의 원을 하나 추가해서 얻은 것이다. 첫 합성 연산에는 source-over가 쓰였는데, 이것이 globalCompositeOperation의 기본 값이다. 코드는 다음과 같다.

```
context.beginPath();
context.fillStyle = 'cornflowerblue';
context.fillRect(0,0,50,50);
context.globalCompositeOperation = 'source-over';
context.arc(50,50,30,0,2*Math.PI,0);
context.fillStyle = 'crimson';
context.fill();
```

그림 5.30에 결과가 나와 있다.

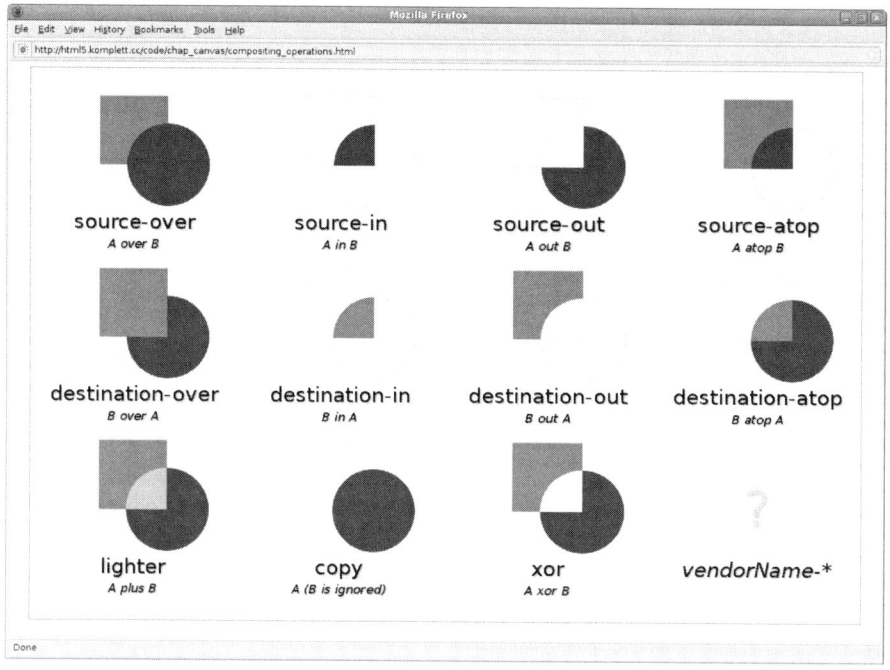

그림 5.30 'globalCompositeOperation' 속성에 사용할 수 있는 값들.

여기서 원이 원본(*source, A*)이고 직사각형이 대상(*destination, B*)이다. 여러 합성 연산들을 Porter-Duff의 용어로 설명해 보겠다. 그것이 합성의 원리를 더 직관적이고 명확하게 나타내 주기 때문이다.

source-over는 *A* over *B*, 즉 *A*를 *B*에 '덮어서(over)' 그리는 것이다. 한편 source-in은 *A* 중 *B* '안에(in)' 있는 것만 그리고, 반대로 source-out은 *A* 중 *B* '바깥에(out)' 있는 것만 그린다. source-atop은 *B* '위에(atop)' 있는 *A* 부분과 *B* 전체를 그린다. 그림 5.30의 둘째 줄에 있는 destination- 들은 방금 설명한 연산들과 같되 원본과 대상의 역할이 뒤바뀐 것이다.

셋째 줄의 lighter는 원본과 대상이 겹치는 부분에서 둘의 색상을 더한다. 결과적으로 색이 더 밝아진다. copy는 *B*를 제거하고 *A*만 그리고, xor는 *A*와 *B*의 교집합을 제거한다. 마지막의 물음표는 getContext()에서처럼 브라우저 제조사만의 합성 연산이 추가될 수 있음을 나타낸 것이다.

안타깝게도 이러한 합성 연산들을 완전히 구현한 브라우저는 아직 없기 때문에, 가능한 합성 연산을 모두 보여주는 예제를 만들기가 곤란하다. 대신 여기에서는 두 가지 합성 연산만 택해서 활용 예를 제시하겠다. 선택된 연산은 destination-in과 lighter이다.

이미지와 텍스트에 destination-in을 적용하면 그림 5.31과 같은 '도려내기(cutout)' 효과를 얻을 수 있다. 우선 drawImage()로 배경 이미지를 그리고, 합성 연산을 설정하고, 최대 너비가 1080픽셀인 텍스트를 삽입한다. 그 텍스트의 서식은 크기(font-size)가 600px, 수평 고정점은 중앙(center), 수직 고정점은 최상단(top)이다. 그리고 선의 끝과 접합부가 둥근 60픽셀 짜리 테두리가 있다.

```
context.drawImage(image,0,0,1200,600);
context.globalCompositeOperation = 'destination-in';
context.strokeText('HTML5',600,50,1080);
```

그림 5.31 이미지와 텍스트를 'destination-in'으로 합성한 예.

하단의 옅은 회색 텍스트는 기본 합성 방법인 source-over로 기록한 것이라서 아무 효과도 내지 않는다. 앞에서 언급한 브라우저 구현의 부족 때문에, 현재로서는 여러 개의 텍스트로 도려내기 효과를 내는 것이 불가능하다.

둘째 예제는 이전의 이미지 픽셀 색상 조작 예제를 lighter 합성을 이용해서 확장한 것이다. 그림 5.32에서 보듯이, 이 예제는 요세미티 사진에 16가지 표준 이름 색상의 직사각형을 lighter 방법으로 합성한다. 결과적으로 §5.8.2에 나온 monoColor() 함수와 비슷한 결과가 나오지만, 이 방법이 CPU를 더 적게 소비한다. 다음은 사진을 파란색(blue)으로 변조하는 코드인데, 다른 색의 경우도 색 이름과 위치, 크기 수치만 다를 뿐이다.

```
context.drawImage(img,0,0,210,140);
context.globalCompositeOperation = 'lighter';
context.fillStyle = 'blue';
context.fillRect(0,0,210,140);
```

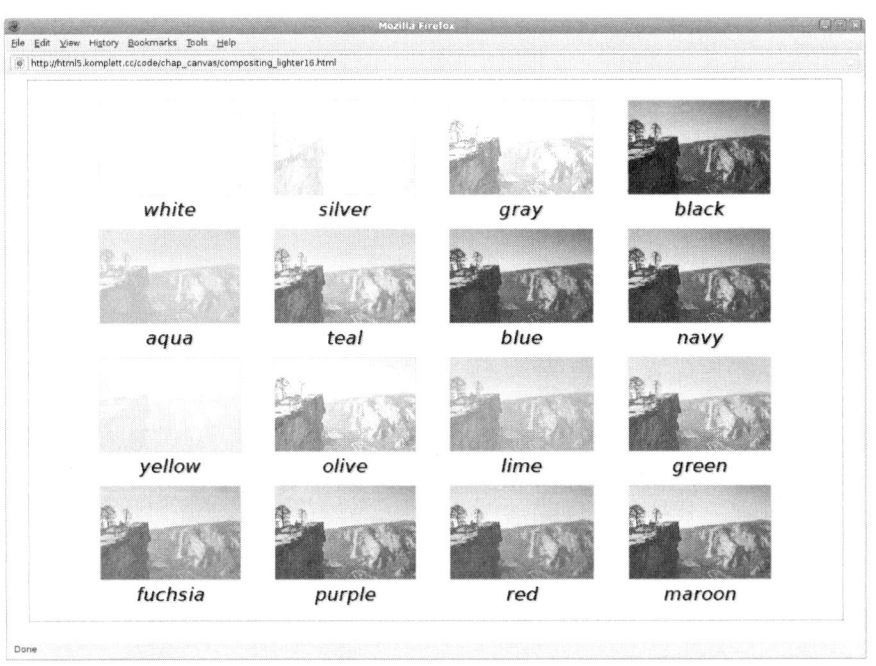

그림 5.32 원본 사진 이미지에 열여섯 가지 기본 색상으로 'lighter' 합성 연산을 적용한 결과.

destination-out 연산은 §5.11의 거울 효과 예제(그림 5.37)에서 다시 이야기하기로 하고, 먼저 캔버스의 사용자 정의 패턴부터 살펴보자.

5.10 패턴

도형 내부나 선을 특정한 '무늬'로 채우고 싶다면 사용자 정의 패턴을 사용하면 된다. 패턴을 사용하려면 우선 그리기 문맥 메서드 **createPattern()**으로 패턴을 생성해야 한다. 이 메서드의 첫 매개변수는 무늬의 원본을 지정하는 것인데, drawImage() 메서드에서처럼 image 요소나 canvas 요소, video 요소를 사용할 수 있다. 둘째 매개변수 repetition은 무늬의 되풀이 방식을 결정한다.

```
context.createPattern(image, repetition)
```

repetition에 사용할 수 있는 값은 CSS의 background-color 속성에서처럼 repeat(수직, 수평으로 되풀이), repeat-x(수평으로만 되풀이), repeat-y(수직으로만 되풀이), no-repeat (되풀이 안 함)이다. 이전 예제에 사용했던 열여섯 가지 기본 색상을 두 개씩 조합해서 체크무늬에 적용한 예가 그림 5.33에 나와 있다.

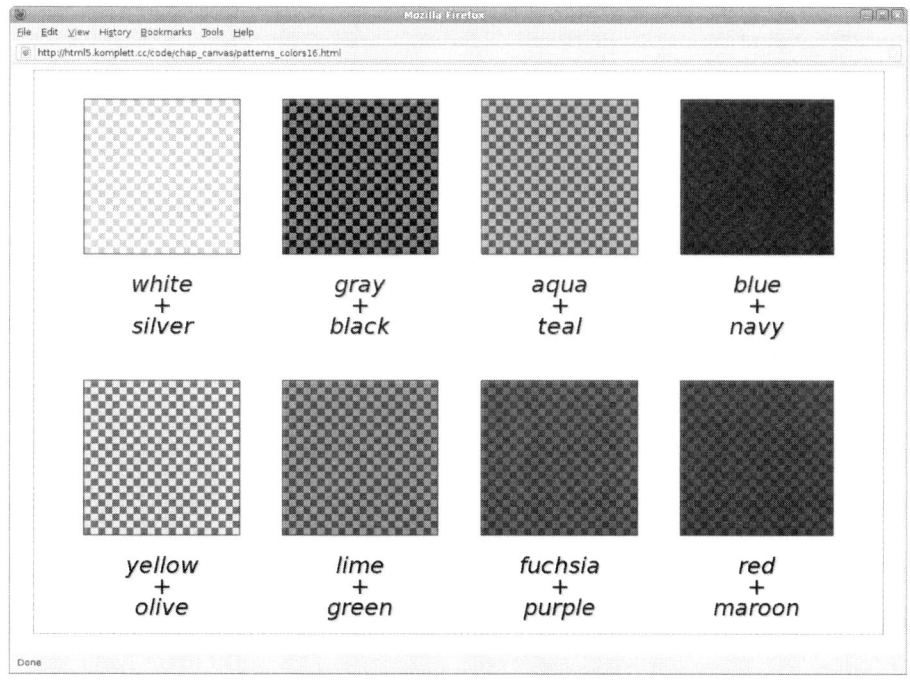

그림 5.33 여덟 가지 색상 조합과 체크무늬.

이 예제에 쓰인 패턴은 20×20픽셀 크기의 메모리 내부(in-memory) 캔버스에 10×10픽셀 정사각형 네 개를 두 가지 색으로 그려서 만든 것이다. 다음은 lime 색과 green 색으로 된 체크무늬를 담은 캔버스를 만드는 예이다.

```
var cvs = document.createElement("CANVAS");
cvs.width = 20;
cvs.height = 20;
var ctx = cvs.getContext('2d');
ctx.fillStyle = 'lime';
ctx.fillRect(0,0,10,10);
ctx.fillRect(10,10,10,10);
ctx.fillStyle = 'green';
ctx.fillRect(10,0,10,10);
ctx.fillRect(0,10,10,10);
```

이렇게 만든 캔버스 cvs를 원본으로 지정하고 되풀이 방식은 repeat로 지정해서 create Pattern()으로 패턴 객체를 만들고, 그것을 fillStyle 속성에 설정한 후 직사각형을 그리면 직사각형이 주어진 무늬로 채워진다.

```
context.fillStyle = context.createPattern(cvs,'repeat');
context.fillRect(0,0,220,220);
```

패턴은 좌표계 원점에서부터 적용된다. 앞의 예제에서 fillRect()를 오른쪽으로 10픽셀 이동한 곳에 적용했다면, 즉 첫 인수가 0이 아니라 10이었다면, 직사각형 왼쪽 상단 모서리의 첫 색상은 lime이 아니라 green이 되었을 것이다.

사용자 정의 canvas 말고 이미지 요소를 패턴의 원본으로 사용할 수도 있다. 그림 5.34는 이미지 요소를 createPattern()의 첫 인수로 사용해서 패턴들을 만들고 그것으로 페이지 배경과 제목 텍스트를 채운 예이다. 배경과 텍스트의 패턴에 쓰인 이미지는 *pattern_107.png* 와 *pattern_125.png*로, *Squidfingers* 패턴 라이브러리(http://www.squidfingers.com/patterns)에서 얻은 것이다. 그곳에서 160 여개의 멋진 무늬 이미지들을 내려받을 수 있다. 그리고 화면 여기저기에 이어 붙인 이미지는 앞에서 나왔던 요세미티 사진이다.

그림 5.34 이미지를 원본으로 한 패턴.

배경은 이런 식으로 채웠다.

```
var bg = new Image();
bg.src = 'icons/pattern_125.png';
bg.onload = function() {
  context.globalAlpha = 0.5;
  context.fillStyle = context.createPattern(bg,'repeat');
  context.fillRect(0,0,canvas.width,canvas.height);
};
```

처음 두 줄은 새 Image 객체를 생성하고 src 속성에 icons 폴더에 있는 pattern_125. png를 지정한다. drawImage() 메서드에서처럼, 이 부분에서 중요한 것은 이미지가 실제로 적재된 후에야 그것을 패턴의 원본으로 사용해야 한다는 것이다. 이를 위해, 패턴 생성을 bg.onload() 함수에서 실행한다. 이 함수는 이미지를 원본으로 패턴을 생성한 후 그것으로 캔버스 전체를 채우는데, 그 전에 캔버스 전체의 불투명도를 50%로 설정한다는 점도 주목하기 바란다. 제목 텍스트 *Yosemite!*는 역시 마찬가지 방식으로 무늬를 채운다. 단, 원본으로 *pattern_107.png*를 사용한다.

화면 여기저기에 겹쳐져 있는 사진 조각들은 요세미티 사진(*yosemite.jpg*) 전체를 패턴으로 만들어서 여러 직사각형들에 적용한 결과이다. 각 직사각형의 위치(x, y)와 크기(width, height)를 담은 extents 배열을 정의해 두고 for 루프로 그 배열을 훑으면서 각 직사각형을 그린다. fillRect()를 호출하면 패턴의 해당 부분이 직사각형 내부에 채워진다. strokeRect()는 테두리를 그리는 역할을 한다.

```
var extents = [
  { x:20,y:50,width:120,height:550 }, // ... 나머지 7개의 위치·크기들 ...
];
var image = new Image();
image.src = 'images/yosemite.jpg';
image.onload = function() {
  context.fillStyle = context.createPattern(
    image,'no-repeat'
  );
  for (var i=0; i<extents.length; i++) {
    var d = extents[i]; // short-cut
    context.fillRect(d.x,d.y,d.width,d.height);
    context.strokeRect(d.x,d.y,d.width,d.height);
  }
};
```

그림 5.34의 예제에는 세 종류의 이미지가 쓰였는데, 셋 다 완전히 적재된 후에 쓰이게 해야 한다. 이를 위해서는 세 이미지의 onload 함수들을 중첩해야 한다. 그러면 하면 캔버스 그리기 도중의 작업 순서를 확실하게 통제할 수 있다. 다음은 그러한 중첩의 한 가지 예이다.

```
// 모든 이미지를 생성한다.
bg.onload = function() {
  // 배경을 그린다.
  image.onload = function() {
    // 사진 조각들을 추가한다.
    pat.onload = function() {
      // 제목 텍스트에 무늬를 채운다.
    };
```

```
    };
  };
```

이렇게 중첩된 코드가 복잡하게 느껴진다면, 다른 유일한 대안은 HTML 코드에서 각 이미지를 img 요소로 정의하되 visibility:hidden 스타일로 이미지를 숨기고, window.onload()에서 getElementById()나 getElementsByTagName()으로 각 이미지를 참조하는 것이다.

마지막으로, video 요소 역시 createPattern()의 원본으로 사용할 수 있다. drawImage()에서처럼, 이 경우 해당 동영상의 첫 프레임 이미지 또는 포스터 이미지(있는 경우)가 패턴으로 쓰인다. 패턴은 이것으로 마무리하고, 다음으로는 캔버스의 또 다른 기능인 **변환**을 살펴보자.

5.11 변환

여기서 말하는 캔버스 변환 기능은 좌표계를 직접 조작하는 것을 말한다. 캔버스의 특정 위치에 직사각형을 그릴 때에는 브라우저가 직사각형을 그 위치로 이동해서 캔버스에 그리는 것이 아니다. 실제로는, 직사각형은 그대로 두고 캔버스의 좌표계 전체를 직사각형이 해당 위치에 오도록 움직인 후에 그 자리에서 직사각형을 그린다. 비례(확대·축소)나 회전 등도 마찬가지로 좌표계의 적절한 변환을 통해서 일어난다. 그림 5.35에 세 가지 기본 변환에 해당하는 메서드 scale()(비례), rotate()(회전), translate()(이동)의 작동 방식이 나와 있다.

```
context.scale(x, y)
context.rotate(angle)
context.translate(x, y)
```

비례를 위한 scale()의 두 인수는 x축 방향 비례 계수(비율)와 y축 방향 비례 계수이다. 회전을 위한 rotate()는 회전각을 인수로 받는데, 단위는 라디안이고 기준 방향은 시계방향이다. 이동을 위한 translate()는 x축 방향 이동량(오프셋)과 y축 방향 이동량을 받는데, 둘 다 단위는 픽셀이다. 이 메서드들을 결합해서 사용하는 경우 개별 변환이 역순으로 적용됨을 주의하기 바란다. JavaScript의 경우 코드를 밑에서 위로 작성한다고 생각하면 될 것이다.

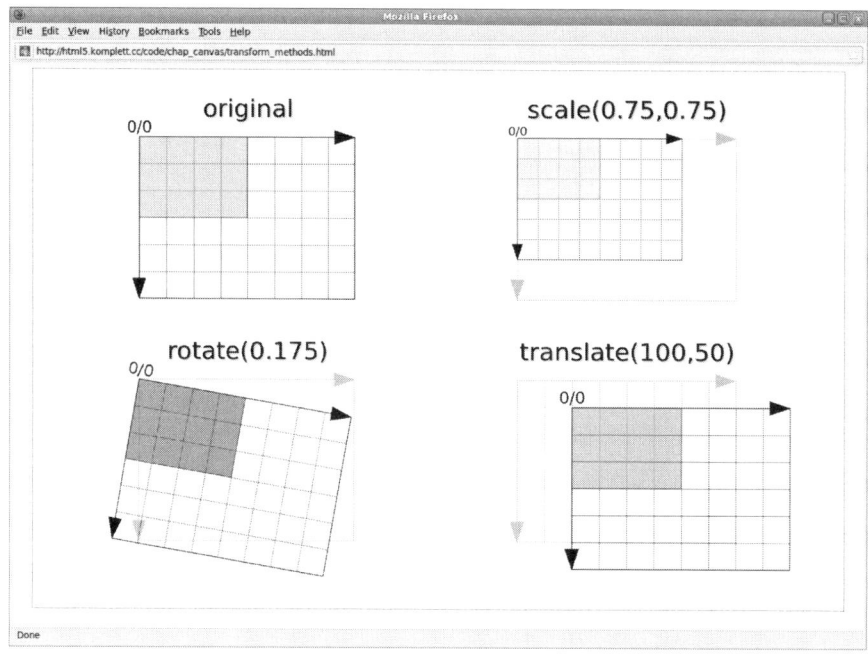

그림 5.35 기본 변환 메서드 'scale()', 'rotate()', 'translate()'

예를 들어 어떤 도형을 먼저 비례시킨 후 회전한다면 코드의 순서가 다음과 같아야 한다.

```
context.rotate(0.175);
context.scale(0.75,0.75);
context.fillRect(0,0,200,150);
```

또 다른 예로, 먼저 회전한 후 이동한다면 코드를 다음과 같은 순서로 작성해야 한다.

```
context.translate(100,50);
context.rotate(0.175);
context.fillRect(0,0,200,150);
```

회전에서 주의할 점은 회전의 중심이 항상 원점 (0, 0)이라는 것이다. 일반적인 용법에서
는 대체로 rotate()가 가장 마지막에 실행된다. 그림 5.36은 세 변환 메서드 모두를 사용하
는 예제로, 요세미티를 마치 스키 점프를 하면서 바라본듯한 광경을 창출한 것이다.*

---

* [역주] 저자 홈페이지에 있는 버전에는 실제로 스키 점프 선수의 사진이 추가되었다.

그림 5.36 회전, 비례, 이동.

그림 5.36의 예제를 위한 아주 짧은 JavaScript 코드가 목록 5.2에 나와 있다.

목록 5.2 그림 5.36의 변환 예제 소스 코드.

```
image.onload = function() {
  var rotate = 15;
  var scaleStart = 0.0;
  var scaleEnd = 4.0;
  var scaleInc = (scaleEnd-scaleStart)/(360/rotate);
  var s = scaleStart;
  for (var i=0; i<=360; i+=rotate) {
    s += scaleInc;
    context.translate(540,260);
    context.scale(s,s);
    context.rotate(i*-1*Math.PI/180);
    context.drawImage(image,0,0,120,80);
    context.setTransform(1,0,0,1,0,0);
```

```
    }
};
```

요세미티 사진 이미지의 적재가 끝나면 이 코드가 호출된다. 이 코드는 우선 회전각 rotate를 15°로 설정하고, 시작 비율 scaleStart와 종료 비율 scaleEnd를 각각 0.0과 4.0 으로 설정한다. 그리고 비율 증가치 scaleInc를, 사진이 한 바퀴 돌고 나면 비율이 정확히 종료 비율에 도달하도록 적절히 설정한다. for 루프에서는 반복마다 이미지를 반시계 방향 으로 15°씩 돌린다. 또한 가로, 세로 크기를 0.0에서 4.0배로 차츰 확대한다. 그리고 이미지 의 원점이 (540, 260)에 놓이도록 좌표계를 이동한다.

그런데 for 루프 본문 끝의 setTransform() 메서드는 무슨 역할을 하는 것일까?

기본 변환 메서드 scale(), rotate(), translate() 외에 캔버스는 좌표계 변경을 위한 메서드 두 개를 더 제공한다. 바로 transform()과 setTransform()으로, 이들은 **변환 행렬** (transformation matrix)을 직접 조작한다. 목록 5.2에는 setTransform()이 쓰였다.

```
context.transform(m11, m12, m21, m22, dx, dy);
context.setTransform(m11, m12, m21, m22, dx, dy);
```

둘 다 m11, m12, m21, m22, dx, dy라는 매개변수들을 받는다. 이들이 변환 행렬에서 가지는 의미가 표 5.3에 나와 있다.

표 5.3 캔버스 변환 행렬의 성분들.

성분	의미
m11	x축 비례계수
m12	수평 전단(shear, 한 방향으로 밀려나는 정도)
m21	수직 전단
m22	y축 비례계수
dx	x축 이동
dy	y축 이동

두 메서드의 주된 차이는, transform()이 인수들로 주어진 변환 행렬을 기존 변환 행렬에 곱하는 반면 setTransform()은 주어진 변환 행렬로 기존 변환 행렬을 덮어쓴다는 것이다.

세 기본 변환 메서드를 transform()이나 setTransform()으로 표현하는 것이 가능하다. 사실 세 기본 메서드는 해당 변환 행렬의 편리한 단축 표기일 뿐이다. 표 5.4에 세 가지 기본 변환과 뒤집기(flipX/Y), 기울이기(skewX/Y)를 위한 변환 행렬 성분들이 요약되어 있다. 기울이기 각도(angle 인수)는 회전과 마찬가지로 라디안 단위이다.

표 5.4 기본 변환과 기타 유용환 변환 메서드와 그에 해당하는 변환 행렬.

메서드	변환 행렬(m11, m12, m21, m22, dx, dy)
scale(x, y)	x,0,0,y,0,0
rotate(angle)	cos(angle),sin(angle), -sin(angle), cos(angle),0,0
translate(x, y)	1,0,0,1,x,y
flipX()	-1,0,0,1,0,0
flipY()	1, 0, 0, -1, 0, 0
skewX(angle)	1,0,tan(angle),1,0,0
skewY(angle)	1,tan(angle),0,1,0,0)

캔버스 변환에 관한 구체적인 예제들로 넘어가기 전에, getImageData()와 putImageData()는 이러한 변환에 영향을 받지 않는다는 명세서의 내용을 짚고 넘어가야겠다. getImageData(0,0,100,100)이라는 호출은 현재 좌표계가 어떻게 이동, 회전, 비례되었든 항상 캔버스 왼쪽 상단 모서리 100×100픽셀짜리 정사각형 영역을 돌려준다. putImageData(imagedata,0,0) 역시 마찬가지로, imagedata의 내용을 항상 캔버스 왼쪽 상단 모서리를 기준으로 해서 캔버스에 적용한다.

그럼 지금까지 말한 여러 변환 메서드를 모두 적용한 예제를 보자. 그림 5.37에 이 예제의 멋진 모습이 나와 있다. 요세미티 사진의 세 부분이 입체감 있게 배치되었으며, 아래쪽으로는 거울처럼 반사된 모습까지 나타나 있다.

그림 5.37 가상 3차원 및 거울 효과가 적용된 사진 콜라주.

우선 할 일은 원본 사진 중 태프트 포인트와 머시드 강(Merced River), 엘 카피탄을 담는 직사각형 영역 세 개를 만드는 것이다. 이들을 icons라는 배열에 저장해 둔다.

```
var icons = [
  clipIcon(image,0,100,600,600),
  clipIcon(image,620,615,180,180),
  clipIcon(image,550,310,400,4)];
```

clipIcon() 함수는 주어진 위치와 크기에 맞게 잘라낸 이미지 영역을 돌려준다. 이 함수는 우선 320×320픽셀 크기의 **메모리 내부 캔버스**를 하나 생성하고, 인수들로 지정된 이미지 영역을 drawImage()를 이용해서 그 캔버스 전체에 복사한다(이에 의해 이미지 영역이 축소 또는 확대된다). 또한 캔버스에 15픽셀 두께의 흰 테두리를 그린다.

```
var clipIcon = function(img,x,y,width,height) {
  var cvs = document.createElement("CANVAS");
```

```
    var ctx = cvs.getContext('2d');
    cvs.width = 320;
    cvs.height = 320;
    ctx.drawImage(img,x,y,width,height,0,0,320,320);
    ctx.strokeStyle = '#FFF';
    ctx.lineWidth = 15;
    ctx.strokeRect(0,0,320,320);
    return cvs;
};
```

다음으로 이 세 이미지 영역 각각을 거울에 반사한 모습을 만들어서 **effects** 배열에 저장한다.

```
var effects = [];
  for (var i=0; i<icons.length; i++) {
  effects[i] = createReflection(icons[i]);
}
```

반사 효과를 생성하는 실질적인 작업은 **createReflection()** 함수가 수행하는데, 이 함수는 Charles Ying의 블로그 *blog about art, music, and the art of technology*에 실린 iPhone의 커버플로우(CoverFlow) 효과에 관한 글의 코드를 수정한 것이다.

```
var createReflection = function(icon) {
  var cvs = document.createElement("CANVAS");
  var ctx = cvs.getContext('2d');
  cvs.width = icon.width;
  cvs.height = icon.height/2.0;

  // 이미지를 뒤집고,
  ctx.translate(0,icon.height);
  ctx.scale(1,-1);
  ctx.drawImage(icon,0,0);

  // 점차 흐릿하게 만든다.
  ctx.setTransform(1,0,0,1,0,0);
  ctx.globalCompositeOperation = "destination-out";
  var grad = ctx.createLinearGradient(
    0,0,0,icon.height/2.0
```

```
    );
    grad.addColorStop(0,'rgba(255,255,255,0.5)');
    grad.addColorStop(1,'rgba(255,255,255,1.0)');
    ctx.fillStyle = grad;
    ctx.fillRect(0,0,icon.width,icon.height/2.0);
    return cvs;
};
```

createReflection()은 우선 또 다른 메모리 내부 캔버스를 생성하고, icon 인수가 가리키는 이미지 영역의 아래쪽 절반을 상하로 뒤집는다(flip). 표 5.4에서 보았듯이 이러한 뒤집기 변환을 flipY()로 수행해도 되지만, 이번 예제에서처럼 scale()을 사용할 수도 있다. scale(1,-1)은 flipY()에 해당하고 scale(-1,1)은 flipX()에 해당한다. 점차 흐려지는 '페이드아웃' 효과는 반투명 흰색에서 불투명 흰색으로 변하는 그래디언트와 destination-out 연산을 조합해서 얻는다.

이렇게 해서 개별 이미지 영역과 반사 효과가 준비되었다. 이제 이들을 캔버스에 배치해 보자. 우선, 위에서 중간까지는 완전히 검다가 그 이후부터는 점차 흰색으로 변하는 그래디언트를 캔버스 전체에 깔아서 3차원 공간감을 준다.

```
var grad = context.createLinearGradient(
    0,0,0,canvas.height
);
grad.addColorStop(0.0,'#000');
grad.addColorStop(0.5,'#111');
grad.addColorStop(1.0,'#EEE');
context.fillStyle = grad;
context.fillRect(0,0,canvas.width,canvas.height);
```

가운데 사진, 즉 머시드 강 부분은 다음과 같이 간단하게 setTransform()을 이용해서 배치한다. 또한 반사 효과도 그린다.

```
context.setTransform(1,0,0,1,440,160);
context.drawImage(icons[1],0,0,320,320);
context.drawImage(effects[1],0,320,320,160);
```

오른쪽의 엘 카피탄 부분은, 3차원 효과를 위해 이미지 영역 너비를 10퍼센트 줄이고(비율 0.9) skewY()를 이용해서 아래쪽으로 조금 기울인 후 오른쪽으로 적당히 이동해서 그린다.

```
context.setTransform(1,0,0,1,820,160);
context.transform(1,Math.tan(0.175),0,1,0,0);
context.scale(0.9,1);
context.drawImage(icons[2],0,0,320,320);
context.drawImage(effects[2],0,320,320,160);
```

왼쪽의 태프트 포인트는 좀 더 복잡하다. 기울이기의 원점은 이미지 왼쪽 상단 모서리이므로, 기울이기를 적용하면 이미지 오른쪽 끝이 가운데 이미지보다 위로 올라가 버린다. 오른쪽 끝을 가운데 이미지와 맞추기 위해서는 이미지 영역 자체를 조금 아래로 이동해야 한다. 기울이기 각도가 10°일 때 이미지를 아래쪽으로 이동할 거리 dy는 피타고라스의 정리를 이용해서 구할 수 있다. 즉, 회전각(라디안 단위)의 탄젠트에 밑변 길이(즉 이미지 영역의 너비)를 곱한 Math.tan(0.175)*320이 바로 그 거리이다. 또한 이미지 너비를 0.9로 비례했기 때문에 벌어진 간격을 벌충하기 위해, 이미지 영역을 오른쪽으로 320*0.1만큼 이동한다.

```
context.setTransform(1,0,0,1,60,160);
context.transform(1,Math.tan(-0.175),0,1,0,0);
context.translate(320*0.1,Math.tan(0.175)*320);
context.scale(0.9,1);
context.drawImage(icons[0],0,0,320,320);
context.drawImage(effects[0],0,320,320,160);
```

이렇게 해서 지금까지 나온 캔버스 예제들 중 가장 어려운 예제가 완성되었다. 결과는 상당히 인상적이다. JPEG나 PNG로 저장해서 두고두고 감상해도 좋을 정도이다. 다른 브라우저들과 달리, Firefox에서는 캔버스를 외부 파일로 저장하기가 아주 쉽다. 그냥 캔버스를 오른쪽 클릭해서 '다른 이름으로 그림 저장'을 선택하면 된다. 오른쪽 클릭해서 '그림 보기'를 선택하면 그림만 따로 표시되는데, 주소 입력창을 보면 data:image/png;base64...로 시작하는 엄청나게 긴 URL을 발견할 수 있을 것이다. 이게 무엇일까? 다음 절에 답이 나온다.

5.12 'canvas.toDataURL()'을 이용한 Base64 부호화

Base64는 이진 자료를 ASCII 문자열로 부호화하는 방법의 하나이다. 캔버스에서는 캔버스의 내용(메모리 안에서는 비트맵 형태로만 존재하는)을 처리 가능한 data: URL로 변환할 때 Base64 부호화가 쓰인다. 이러한 변환을 수행하는 메서드는

```
canvas.toDataURL(type, args)
```

이다. 첫 매개변수 type은 출력 비트맵 이미지의 MIME 형식으로, image/png나 image/jpeg를 사용하면 된다. 전자가 기본값이다. 즉, type을 생략하거나 브라우저가 지원하지 않는 형식을 지정하면 image/png가 쓰인다. args는 임의의 개수의 추가 매개변수들을 뜻하는데, 예를 들어 출력 형식이 image/jpeg인 경우 0.0에서 1.0 사이의 이미지 품질 수치를 추가 매개변수로 지정할 수 있다.

toDataURL()은 출력 이미지의 바이트들을 Base64로 부호화한 문자열을 돌려준다. 그림 5.27에 나온 4색(navy, teal, lime, yellow) 2×2픽셀 캔버스의 경우 다음과 같은 문자열이 된다.

```
data:image/png;base64,iVBORw0KGgoAAAANSUhEUg
AAAAIAAAACCAYAAABytg0kAAAAF0lEQVQImQXBAQEAAA
CCIKb33ADLFql0PuYIemXXHEQAAAAASUVORK5CYII=
```

이미지가 크면 부호화된 문자열이 아주 길어진다. 예를 들어 거울 반사 효과가 있는 사진 콜라주를 부호화하면 무려 1,298,974자의 문자열이 되는데, 이는 이 책 325페이지 분량이다 (한 페이지가 영문 80자 50줄이라고 할 때).

그런데 이 toDataURL()은 어디에 쓰일까? 이진 이미지를 굳이 문자열로 변환할 필요가 있을까? 답은 간단하다. toDataURL()을 이용하면, 보통은 덧없이 사라질 메모리 내부 캔버스를 HTML 안에 영구적으로 잡아두어서 사용자나 응용 프로그램이 저장할 수 있다는 것이다.

toDataURL()의 첫 번째 용도는 캔버스 안의 그래픽을 HTMLImageElement에 복사하는 것이다. 이것이 가능한 이유는 이미지 요소의 src 특성에 data: 프로토콜의 URI를 지정할 수 있기 때문이다. 간단한 예제를 보자. 다음은 동적으로 생성된 캔버스를 빈 이미지 요소에 배정하는 코드이다.

```
<!DOCTYPE html>
<title>Copy canvas onto image</title>
<img src="" alt="copied canvas content, 200x200 pixels">
<script>
  var canvas = document.createElement("CANVAS");
  canvas.width = 200;
  canvas.height = 200;
  var context = canvas.getContext('2d');
  context.fillStyle = 'navy';
  context.fillRect(0,0,canvas.width,canvas.height);
  document.images[0].src = canvas.toDataURL();
</script>
```

굵은 글씨로 표기된 줄이 핵심인데, 캔버스를 이미지 요소에 복사하는 것이 얼마나 쉬운 지 알 수 있다. 이 예제의 JavaScript 코드는 우선 문서의 첫 이미지 요소(img)에 대한 참조를 얻고, 그것의 src 특성에 canvas.toDataURL()을 배정한다. 그러면 캔버스의 비트맵이 이 미지에 그대로 복사된다. 이 이미지 요소는 브라우저의 다른 이미지 요소와 마찬가지로 다 룰 수 있다(이를테면 PNG로 저장).

또 다른 용법을 보자. 다음 예제는 canvas 요소의 onclick 처리부에서 toDataURL()을 현재 창의 URL에 직접 배정한다. 이번에는 출력 형식이 PNG가 아니라 JPEG이다.

```
document.images[0].onclick = function() {
  window.location = canvas.toDataURL('image/jpeg');
};
```

이 방법의 단점은 URL이 아주 길어질 수 있다는 것(앞에서 325페이지 분량의 URL을 언급 했었다), 그리고 이런 형태의 이미지는 브라우저 캐시에 저장되지 않으므로, 매번 호출할 때마다 다시 생성되어야 한다는 것이다. toDataURL()의 또 다른 용도는 캔버스의 비트맵을 localstorage나 XMLHttpRequest를 통해서 클라이언트 쪽이나 서버 쪽 저장소에 저장하는 것이다. 한 가지 더 들자면, CSS의 background-image 규칙이나 list-style-image 규칙의 url() 값에 toDataURL()을 사용할 수도 있다.

5.13 'save()'와 'restore()'

이제 메서드 두 개만 더 설명하면 CanvasContext2D를 다 둘러본 셈이 된다. 남은 메서드는 바로 context.save()와 context.restore()이다. 이들이 없으면 어느 정도 복잡한 캔버스 그래픽을 관리하는 것이 거의 불가능하다. 이번 장 예제들의 실제 소스 코드를 들여다 보면 아마 수긍이 갈 것이다. context.save()와 context.restore()를 이해하려면 그리기 문맥이 수많은 '상태'들로 이루어져 있음을 이해해야 한다.

canvas.getContext('2d')로 그리기 문맥을 생성하면 그리기 문맥의 모든 속성이 해당 기본값으로 초기화된다. 이를 코드로 표현하면 다음과 같다. 이 속성들은 이후의 그리기 작업에 직접적으로 영향을 미친다.

```
context.globalAlpha = 1.0;
context.globalCompositeOperation = 'source-over';
context.strokeStyle = 'black';
context.fillStyle = 'black';
context.lineWidth = 1;
context.lineCap = 'butt';
context.lineJoin = 'miter';
context.miterLimit = 10;
context.shadowOffsetX = 0;
context.shadowOffsetY = 0;
context.shadowBlur = 0;
context.shadowColor = 'rgba(0,0,0,0)';
context.font = '10px sans-serif';
context.textAlign = 'start';
context.textBaseline = 'alphabetic';
```

또한, 초기 좌표계 변환 행렬이 단위 행렬(identiy matrix)로 초기화되고, 캔버스 전체를 덮는 절단 영역이 만들어진다.

```
context.setTransform(1, 0,0,1,0,0);
context.beginPath();
context.rect(0,0,canvas.width,canvas.height);
context.clip();
```

이후 문맥의 '상태'(속성이나 변환 행렬, 절단 마스크)를 변경하면, 변경된 상태는 이후 또 다른 변경이 일어날 때까지 계속 유지된다. 복잡한 그래픽의 경우 이런 모든 변경을 관리하는 것이 쉽지 않다. 이 때문에 context.save()와 context.restore()가 필요한 것이다.

context.save()는 문맥의 현재 속성 값들과 변환 행렬, 그리고 절단 마스크로 이루어진 '스냅샷'을 저장한다. 그리고 context.restore()는 그 스냅샷을 복원한다. 스냅샷들을 중첩해서 저장해 두는 것도 가능하다. 명세서는 이를 문맥의 **그리기 상태 스택**(stack)이라고 언급한다.

이러한 상태 저장 및 복원 기법은 변환이나 절단 마스크가 관여하는 변경에서 아주 유용하다. 그리고 그림자 효과를 내고자 할 때 네 가지 그림자 구성요소를 일일이 설정하고 기본값으로 다시 되돌리는 것보다는 context.save()와 context.restore()를 사용하는 것이 훨씬 쉽다. 다음 절에서 이야기할 애니메이션의 경우, context.save()와 context.restore()가 없다면 복잡한 애니메이션을 만드는 것이 사실상 불가능하다.

5.14 애니메이션

SVG나 SMIL 애니메이션과는 달리 캔버스 애니메이션은 전적으로 수작업으로 진행된다. 캔버스 애니메이션의 구성요소는 형태를 그리는 함수와 그 함수를 일정 주기로 호출하는 타이머이다. 타이머로는 JavaScript의 window.setInterval()을 사용하면 된다. 그 나머지는 캔버스 프로그래머의 상상력에 달려 있다.

5.14.1 여러 색깔 구들로 이루어진 애니메이션

그럼 간단한 예제를 살펴보자. 이 예제는 캔버스의 무작위 위치들에 여러 가지 색의 구(球, sphere)를 배치한다. 배치된 구들은 천천히 사라지고, 이후 새로운 구들이 나타나서 기존 구들을 덮는다. 애니메이션 갱신 속도는 성인의 정상 맥박수에 맞추어서 분 당 60회(즉, 초당 1프레임)로 설정한다. 추가로, 캔버스를 마우스로 클릭하면 애니메이션을 정지하거나 다시 시작하는 기능도 제공한다.

이 '다색 구 애니메이션'을 JavaScript로 구현하는 데에는 약 50줄의 코드로 충분하다. 목록 5.3에 소스 코드가 나와 있다. 그림 5.38은 애니메이션의 한 순간을 찍은 것이다.

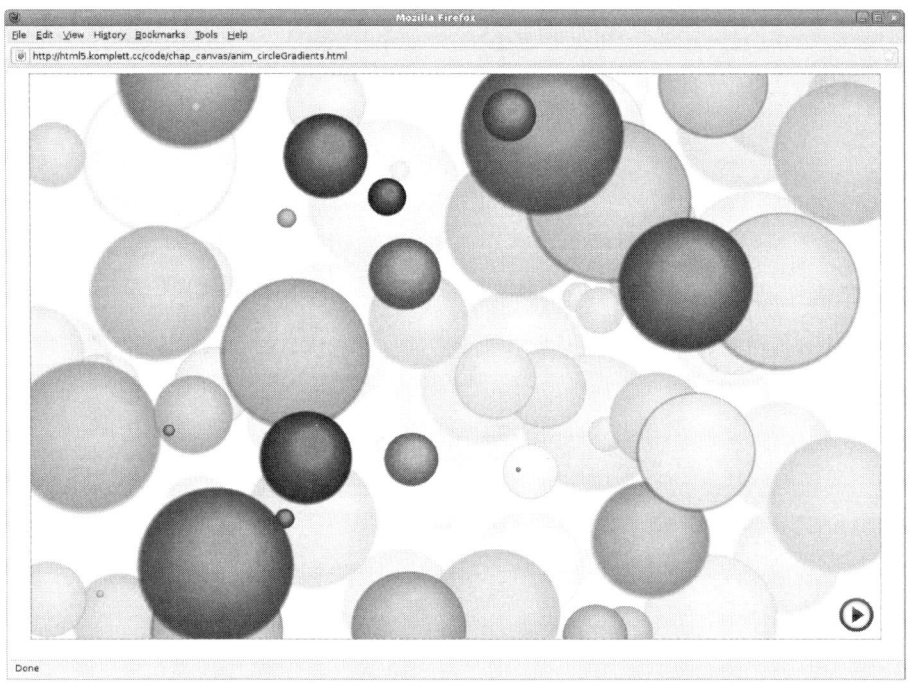

그림 5.38 여러 색깔의 구들이 나오는 애니메이션.

목록 5.3 다색 구 애니메이션의 JavaScript 코드.

```javascript
var canvas = document.querySelector("canvas");
var context = canvas.getContext('2d');
var r,cx,cy,radgrad;

var drawCircles = function() {
  // 기존 내용을 차츰 사라지게 한다.
  context.fillStyle = 'rgba(255,255,255,0.5)';
  context.fillRect(0, 0,canvas.width,canvas.height);

  // 새 구들을 그린다.
  for (var i=0; i<360; i+=15) {
    // random position and size
```

```
      cx = Math.random()*canvas.width;
      cy = Math.random()*canvas.height;
      r = Math.random()*canvas.width/10.0;

      // 방사상 그래디언트를 정의한다.
      radgrad = context.createRadialGradient(
        0+(r* 0.15),0-(r* 0.25),r/3.0,
        0,0,r
      );
      radgrad.addColorStop(0.0,'hsl('+i+',100%,75%)');
      radgrad.addColorStop(0.9,'hsl('+i+',100%,50%)');
      radgrad.addColorStop(1.0,'rgba(0,0,0,0)');

      // 원을 그린다.
      context.save();
      context.translate(cx,cy);
      context.beginPath();
      context.moveTo(0+r,0);
      context.arc(0,0,r,0,Math.PI*2.0,0);
      context.fillStyle = radgrad;
      context.fill();
      context.restore();
  }
};
drawCircles();  // 초기 구들을 그린다.

// 맥박수에 맞게 애니메이션을 갱신한다.
var pulse = 60;
var running = null;
canvas.onclick = function() {
  if (running) {
    window.clearInterval(running);
    running = null;
  }
  else {
    running = window.setInterval(
      "drawCircles()",60000/pulse
    );
  }
};
```

이 코드는 우선 canvas, context 등의 변수들을 설정한 후 drawCircles() 함수를 정의한다. 이 함수는 이전의 drawCircles() 호출에서 만들어진 내용을 차츰 사라지게 하기 위해 반투명 흰색 직사각형을 그린다. 그런 다음 for 루프로 새 구들을 그린다. 각 구의 중점과 반지름을 Math.random()을 이용해 무작위로 설정하되, 중점이 캔버스 영역을 벗어나지 않도록, 그리고 반지름은 캔버스 너비의 10분의 1을 넘지 않도록 한다. 구를 그릴 때 구의 중점을 직접 지정해서 그리는 것이 아니라 좌표계를 적절히 이동한 후 이동된 좌표계의 원점 (0, 0)에 구를 그린다는 점을 주목하기 바란다.

arc()로 그린 원이 구처럼 보이게 하기 위해 방사상 그래디언트를 적용한다. 이 그래디언트는 완전한 원형이고, 원의 중심에서 오른쪽 위로 치우친 지점에 빛이 집중된다. 그래디언트의 기본색은 for 루프의 색인 변수를 이용해서 결정한다. 색인 변수를 15씩 증가하는 이유가 궁금했을 텐데, 루프 반복마다 HSL 색상 공간에서 15도씩 회전한 지점의 색상을 선택하기 위한 것이다. 결과적으로 빨간색에서 녹색, 청색을 거쳐 다시 빨간색으로 돌아오는 식으로 색상들이 선택된다.

선택된 기본색으로 그래디언트의 구성 색상들을 설정한다. 첫 구성 색상은 빛이 집중되는 지점을 위한 것이고 둘째는 구 외곽의 좀 더 어두운 부분을 위한 것, 그리고 세 번째 addColorStop()은 구의 제일 바깥 테두리가 투명한 검은색으로 사라지게 만들기 위한 것이다. 이런 식으로 총 24개의 구를 그린다. 그림 5.39에 처음 두 구성 색상의 조합들이 나와 있다.

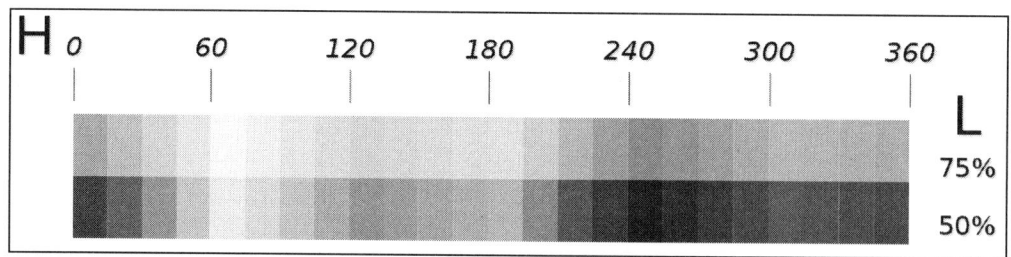

그림 5.39 다색 구 애니메이션에 쓰이는 HSL 색상들.

그래디언트를 만든 후에는 그것을 이용해서 원을 그린다. 여기서 그리기 문맥 메서드 호출들이 context.save()와 context.restore() 사이에 들어가 있음을 주목하기 바란다.

이 덕분에 translate()에 의한 좌표계 이동이 다음번 원 그리기에 적용되지 않는다. 이렇게 정의된 drawCircles()를 최초로 한 번 호출하고, 그런 다음 클릭 사건 처리부와 타이머를 설정한다.

애니메이션을 시작하고 중지하는 부분은 15줄 정도면 충분하다. 사용자가 캔버스를 처음 클릭하면 onclick 사건 청취자에 의해 window.setInterval()이 호출된다. 이에 의해 고유한 시간 간격 ID가 running 변수에 설정된다. window.setInterval()이 받는 시간 간격은 밀리초 단위이므로, pulse 변수에 기초해서 적절한 분당 맥박수로 변환한 값을 사용한다. 이제 타이머가 분당 60회로 drawCircles()를 호출하며, 이에 의해 애니메이션이 진행된다.

애니메이션이 일단 시작되었으면 running 변수에는 고유한 시간 간격 ID가 설정되어 있는 상태이다. 그 상태에서 다시 캔버스를 클릭하면 클릭 사건 처리부는 window.clearInterval (running)을 호출해서 타이머를 중지한다. 그런 다음 running을 다시 null로 설정한다. 그러면 다음번 클릭에서 클릭 사건 처리부는 애니메이션이 실행 중이 아님을 알아채고 애니메이션을 다시 시작한다.

5.14.2 'drawImage()'로 동영상 재생하기

§5.7에서 이야기했듯이, 동영상 요소, 즉 HTMLVideoElement 객체를 drawImage()의 이미지 원본으로 사용할 수 있다. 그러나 drawImage()가 동영상의 모든 프레임을 자동으로 재생해 주는 것은 아니다. drawImage()로 동영상을 재생하려면 동영상 재생 논리를 JavaScript로 직접 구현해야 하는데, 이번 절의 예제를 보면 알겠지만 그리 어렵지는 않다. 이번 절의 예제는 미국 요세미티 국립 공원 그림엽서 예제(그림 5.25)를 확장한 것으로, 엘 카피탄의 정적 이미지 우표 대신 동영상을 엽서 상단 오른쪽에 붙인다.이 동영상은 태프트 포인트 주변 360°의 광경을 둘러본 모습을 담은 것이다. 동영상을 재생하면서 일정 시간 간격마다 작은 스냅샷을 캔버스 하단에 추가한다(총 10개). 그림 5.40은 동영상을 끝까지 재생한 후의 모습이다.

그림 5.40 미국 요세미티 국립공원 동영상 엽서.

참 고

이 동영상은 YouTube 사용자 *pos315*가 쾌척한 원본을 *ffmpeg*를 이용해서 *WebM*으로 변환하고 320×240픽셀로 줄인 것이다. 원본은 http://www.youtube.com/watch?v=NmdHx_7b0h0 에서 볼 수 있다.

이전 예제에서는 정적 이미지 객체를 JavaScript에서 new Image()를 통해 캔버스로 도입했지만, 이번에는 HTML 문서에서 video 요소를 정의해서 동영상을 가져온다. 이때 preload 특성으로 동영상이 자동으로 적재되게 하고, oncanplay 특성에는 그림엽서를 배치하고 동영상 시작 및 정지를 처리하는 JavaScript 함수 호출문을 설정한다. 그리고 style 특성을 이용해서 원본 동영상이 보이지 않게 만든다. 원본 동영상은 화면에 표시할 이미지를 제공하는 용도로만 쓰인다. 마지막으로, video 요소를 지원하지 않는 브라우저를 위해 이 동영상의 내용을 설명하는 대안 문구도 제공한다.

```html
<video src="videos/yosemite_320x240.webm"
  preload="auto"
  oncanplay="init(event)"
  style="display:none;"
>
Panoramic view of Yosemite Valley from Taft Point
</video>
```

oncanplay 특성에 쓰인 JavaScript 함수 init()가 실제로 존재함을 보장하기 위해, 이 video 요소 앞에 script 요소를 배치한다. init() 함수는 그림엽서 배치와 동영상 재생 기능 초기화를 담당하는데, 전체적인 구조는 다음과 같다.

```javascript
var init = function(evt) {
  // ...video 요소의 참조를 저장해 둔다...
  // ...배경 이미지를 만든다...
  image.onload = function() {
    // ...배경 이미지를 그리고,
    // 제목을 추가하고,
    // 동영상 첫 프레임을 그린다...
    canvas.onclick = function() {
      // ...동영상 시작 및 중지 처리,
      // 재생 시 동영상 프레임을 복사,
      // 재생 도중 일정 간격으로 하단에 스냅샷 생성...
    };
  }
};
```

video 요소에 해당하는 객체의 참조는 evt.target에 들어 있다. 이를 video라는 변수에 저장해 둔다. 이전 예제들에서처럼 new Image()를 이용해서 새 배경 이미지 객체를 생성하고, 이미지 원본이 모두 적재되면 배경과 제목을 그린다. 여기까지의 과정은 굳이 더 설명할 필요가 없을 것이다. 그러나 동영상의 첫 프레임을 그리는 부분은 좀 더 구체적으로 살펴볼 필요가 있겠다.

```javascript
context.setTransform(1,0,0,1,860,20);
context.drawImage(video,0,0,320,240);
context.strokeRect(0,0,320,240);
```

우선 setTransform()을 이용해서 좌표계를 캔버스의 오른쪽 상단 모서리 쪽으로 이동한다. 그런 다음 drawImage()를 이용해서 동영상 첫 프레임을 그리고, 테두리도 그린다. 동영상 재생 도중에도 이런 방식으로 동영상의 프레임을 표시한다. 이는 HTMLVideoElement 객체를 drawImage()에 사용하면 항상 동영상의 '현재' 프레임이 그려진다는 점을 이용한 것이다.

동영상 재생의 중지와 시작, 배경에서 원본 동영상의 현재 프레임 복사, 그리고 작은 스냅샷 표시는 모두 canvas.onclick()에 설정된 익명 함수가 담당한다. 목록 5.4에 이 함수의 정의가 나와 있다.

목록 5.4 동영상 엽서의 동영상 프레임 갱신을 위한 코드.

```
var running = null;
canvas.onclick = function() {
  if (running) {
    video.pause();
    window.clearInterval(running);
    running = null;
  }
  else {
    var gap = video.duration/10;
    video.play();
    running = window.setInterval(function () {
      if (video.currentTime < video.duration) {
        // 동영상 갱신
        context.setTransform(1,0,0,1,860,20);
        context.drawImage(video,0,0,320,240);
        context.strokeRect(0,0,320,240);
        // 작은 스냅샷 추가
        var x1 = Math.floor(video.currentTime/gap)*107;
        var tx = Math.floor(video.currentTime/gap)*5;
        context.setTransform(1,0,0,1,10+tx,710);
        context.drawImage(video,x1,0,107,80);
        context.strokeRect(x1,0,107,80);
      }
      else {
        window.clearInterval(running);
```

```
            running = null;
        }
    },35);
    }
};
```

첫 애니메이션 예제에서처럼, `window.setInterval()`이 돌려준 고유 시간 간격 ID를 `running` 변수에 저장해 두고 이를 애니메이션 시작 및 중지를 제어하는 용도로 사용한다. 마우스 클릭 시 `running` 변수에 값이 설정되어 있는 상태이면 숨겨진 원본 동영상의 재생을 `video.pause()`로 중지하고 타이머도 중지한 후 `running`에 `null`을 설정한다. 값이 설정되어 있지 않다면(첫 클릭이거나, 중지 후 다시 클릭) `video.play()`로 동영상 재생을 (다시)시작하고 매 35초마다 콜백 함수를 호출하도록 타이머를 설정한다. 그 콜백 함수는 현재 동영상 프레임을 캔버스에 복사하고 일정 간격으로 작은 스냅샷을 캔버스 하단에 추가한다. 이러한 과정이 다음번 클릭 때까지 또는 동영상이 끝에 도달할 때까지 반복된다. 동영상이 끝까지 재생되었는지는 `video` 변수가 가리키는 동영상 객체의 두 속성 `video.currentTime`(현재 재생 시간)과 `video.duration`(전체 시간)으로 알아낼 수 있다. 현재 재생 시간이 동영상 전체 시간보다 크면 재생이 끝난 것이다.

동영상의 현재 프레임을 캔버스 오른쪽 상단에 복사하는 과정은 첫 프레임을 복사할 때와 동일하므로 다시 설명하지 않겠다. 작은 스냅샷을 추가하는 부분으로 넘어가자. 변수 `gap`은 두 스냅샷 사이의 시간 간격으로, 동영상 전체 시간과 추가할 스냅샷 전체 개수에 기초해서 계산한 것이다. 이 간격과 현재 시간을 이용해서 스냅샷 이미지 고정점의 **x1**과 좌표계를 오른쪽으로 조금 이동하는 데 사용하는 **tx**를 계산한다. 스냅샷 위치(**x1**과 **tx**로 결정되는)가 이전 프레임의 것과 같다면 이전 프레임의 스냅샷이 새 스냅샷으로 대체는 결과가 되며, 따라서 축소된 크기로 동영상이 재생되는 효과가 난다. 스냅샷 위치가 오른쪽으로 이동했다면 이전 프레임의 스냅샷은 정적인 이미지로 남고, 새 위치에서 작은 동영상 재생이 진행된다. 약 40초가 지나서 동영상이 끝나면 하단에는 10개의 작은 스냅샷 이미지들이 남겨진 상태이다. 여기서 캔버스를 다시 클릭하면 이상의 과정이 다시 시작된다.

이상으로 동영상 엽서에 대한 설명을 마치겠다. 이제 남은 주제 몇 가지만 이야기하고 이번 장을 마무리하기로 하자.

5.15 남은 주제 몇 가지

이번 절에서는 isPointInPath() 메서드를 간단히 소개하고, 캔버스의 접근성과 보안 측면을 살펴본다. 그런 다음 주요 브라우저들의 캔버스 지원 현황을 간략히 개괄하고 캔버스를 좀 더 공부하고자 하는 독자를 위한 링크 몇 개도 소개한 후 이번 장을 마무리 짓는다.

5.15.1 'isPointInPath(x, y)'

이름에서 짐작했겠지만, isPointInPath() 메서드는 주어진 점이 현재 경로의 내부에 있으면 *true*를, 아니면 *false*를 돌려준다. 다음은 이 메서드의 사용법을 보여주는 간단한 예제이다. alert()은 true를 표시한다.

```
context.beginPath();
context.rect(50,50,100,100);
alert(
  context.isPointInPath(75,75)
);
```

isPointInPath()의 실질적인 용도 하나는 사용자가 캔버스의 특정 영역을 클릭했는지를 판정하는 것이다. onclick 사건 처리부에서 캔버스 영역에 상대적인 마우스 위치로 이 메서드를 호출하면 되는데, 이때 상대적인 마우스 위치는 마우스 위치 clientX, clientY와 페이지 안에서의 canvas 요소의 위치 offsetLeft, offsetTop을 이용해서 구한다.

```
canvas.onclick = function(evt) {
  context.beginPath();
  context.rect(50,50,100,100);
  alert(
    context.isPointInPath(
      evt.clientX - canvas.offsetLeft,
      evt.clientY - canvas.offsetTop
    )
  );
};
```

안타깝게도 isPointInPath() 메서드는 경로 변환을 인식하지 못한다. beginPath() 호출 전에 좌표계를 200픽셀 오른쪽으로 이동했다고 해도, (75, 75)에 대해 메서드는 여전히 true를 돌려준다. 그러나 내부/외부 판정 시 0이 아닌 감음수 규칙은 적용된다. 이전 두 코드 예제에 나온 것처럼, 경로를 fill()이나 stroke()로 그리지 않아도 판정이 가능하다.

5.15.2 캔버스의 접근성?

이번 절 제목의 물음표는 의도적인 것이다. 캔버스는 접근성(accessibility)*이 아주 부족하다. 이는 한편으로는 캔버스 명세를 만들 때 접근성을 거의 고려하지 않았기 때문이고, 또 한편으로는 캔버스 자체가 DOM 없는 래스터 기반 형식이라 애초에 접근성과는 거리가 좀 멀기 때문이다.

HTML5 명세의 맥락에서, 접근성 있는 콘텐트를 실현하는 데에는 SVG와 해당 DOM이 아마 더 나은 선택일 것이다. 그러나 현실적으로는, 웹 기반 코드 편집기 *Skywriter*(https://mozillalabs.com/skywriter) 같은 대형 프로젝트들도 성능상의 문제로 SVG 대신 캔버스를 사용한다. 사실 이는 HTML5 명세서의 canvas 절 제일 처음에 나오는, 문서 작성자는 *canvas* 요소보다 더 적합한 요소가 있는 경우 문서에서 *canvas* 요소를 사용하지 말아야 한다라는 기본 규칙을 위반한 것이다.

작성자가 *canvas* 요소를 사용한다면, 비트맵 캔버스와 본질적으로 동일한 기능 또는 용도를 제공하는 콘텐트도 반드시 사용자에게 제공해야 한다라는 둘째 요구사항 역시 현실적으로 지켜지기가 힘들다. canvas 요소의 시작 태그와 종료 태그 사이의 내용이 그러한 콘텐트로 쓰일 수도 있겠지만, 보통은 캔버스를 지원하지 않는 브라우저를 위한 대안 콘텐트로 쓰일 뿐이다.

상호작용적인 캔버스 응용 프로그램들에 대해 캔버스 2차원 문맥 명세서(HTML Canvas 2D Context)는 대안 콘텐트 안에 초점 설정이 가능한 HTML 요소를 포함시킬 것을 권장한다. 이를테면 캔버스의 각 초점 가능 영역마다 그에 대응되는 input 요소를 두는 등이다. 그리고 캔버스의 그런 영역에 실제로 초점이 주어지면 그 영역에 대해 drawFocusRing() 메서드로 고리(ring)을 표시해서 현재 초점이 어디에 있는지를 사용자에게 보여주어야 한다. 그런데

---

* [역주] HTML에서 말하는 접근성은 주로 시·청각 장애인을 위한 기능으로 간주되지만, '사용자 체험(UX)' 면에서 비장애인 역시 접근성의 고려 대상이어야 한다는 주장도 있다.

이 부분에 대해 명세서가 제시하는 예제(캔버스의 초점 가능 영역들을 drawFocusRing()을 통해서 두 개의 대안용 체크 상자와 동기화하는)는 이런 방식이 얼마나 복잡해질 수 있는지를 보여줄 뿐이며, 그래서 이것이 최선의 해법인지가 의심스러워진다.

2009년 7월부터 *Canvas Accessibility Task Force*가 이런 만족스럽지 못한 상황을 타개하려고 노력해왔다. 그들은 초점과 커서 관리의 잠재적인 개선안들을 조사하고 있다. 현재 그들의 첫 제안들이 논의석상에 올라 치열하게 토론 중인데, 아마 어떤 형태로든 명세서에 포함될 것이라 전망된다.

그러나 그전까지는, 캔버스의 접근성이 그리 만족스럽지 않다는 점을 명심해야 할 것이다.

5.15.3 보안 측면

보안의 관점에서 볼 때, 스크립트를 통해서 이미지와 그 내용(픽셀들)에 접근하는 것은 캔버스에서 특히나 문제의 여지가 큰 부분이다. 명세서는 이를 **정보 누출**(information leakage)이라고 칭하고, 이 누출을 **기원 결백 플래그**(origin-clean flag)라는 것으로 방지하려고 한다.

기원 결백, 즉 출처가 깨끗하다는 개념은 두 단계로 현실화되는데, 주로는 스크립트 실행 도중 특정한 메서드 호출이나 속성 설정에 의해 기원 결백 플래그가 true에서 false로 변한다는 사실에 근거한다. 결백 플래그가 false인 상태에서 getImageData()나 todataURL()을 호출하면 스크립트는 SECURITY_ERR 예외와 함께 실행이 종료된다.

기원 결백 플래그를 '더럽히는' 주범은 drawImage()와 fillStyle, strokeStyle이다. 다른 도메인의 이미지나 동영상, 또는 애초에 기원이 깨끗하지 않은 canvas 요소를 이 메서드나 속성들에 사용하면 기원 결백 플래그가 false가 된다.

예를 들어 보자. image 변수가 http://www.whatwg.org/images/logo에 있는 WHATWG 로고 이미지를 참조하며, 스크립트가 WHATWG 서버가 아닌 곳에서 실행된다고 하면, 스크립트의 drawImage() 호출에 의해 기원 결백 플래그가 false가 된다.

```
context.drawImage(image,0,0);
```

그 로고 이미지로 패턴을 만들어서 fillStyle이나 strokeStyle에 설정해도 마찬가지로 기원 결백 플래그가 false가 된다.

```
var pat = context.createPattern(image);
context.fillStyle = pat;
context.strokeStyle = pat;
```

이 시점부터는 getImageData()나 toDataURL()을 호출하면 무조건 스크립트가 종료된다.

Firefox 브라우저는 이러한 메커니즘을 더욱 엄격하게 처리한다. file://을 통해 적재된 이미지는 무조건 **기원 결백**이 아니다. 이는 이번 장의 예제들에 직접적으로 영향을 미친다. 이번 장 예제들을 독자의 컴퓨터에 저장해 두고 Firefox에서 file://를 통해 예제를 적재하면, 캔버스 오른쪽 하단의 서버 아이콘이 있는 예제는 그래픽이 제대로 표시되지 않는다. 그런 예제들은 오직 웹 서버를 통해서 적재해야만 제대로 표시된다.

Apache 웹 서버를 설치하고 싶지는 않다면, 그러나 Python이 이미 설치되어 있다면, 코드 한 줄로 웹 서버를 장만할 수 있다. 다음 코드를 담은 Python 스크립트를 실행하면 그 스크립트가 있는 디렉터리의 내용을 제공하는 웹 서버가 실행된다. 브라우저에서 http://localhost:8000으로 접근하면 된다.

```
python -m SimpleHTTPServer
```

5.15.4 브라우저 지원

Firefox나 Safari, Chrome, Opera의 현재 버전은 캔버스 명세의 상당 부분을 지원한다. IE의 경우에는 IE9가 캔버스를 지원하는데, 하드웨어 가속 기능까지 제공한다. 예전에는 IE에서 캔버스를 시험해 보려면 Google의 Chrome Frame 플러그인(http://code.google.com/chrome/chromeframe)이나 JavaScript 심(shim)인 *explorercanvas*(http://code.google.com/p/explorercanvas) 같은 수단에 의존해야 했다.

캔버스를 지원하는 브라우저들마다 세부적인 구현 정도가 조금씩 다를 것임은 쉽게 짐작할 수 있을 것이다. 주요 브라우저들의 캔버스 구현 정도를 파악하기에 좋은 자료로 Philip Taylor의 *Canvas Testsuite*가 있다. 이곳은 약 800개의 검례들과 주요 브라우저들의 검사 결과표를 제공한다. 주소는 http://philip.html5.org/tests/canvas/suite/tests이다.

스크린샷들을 보면 알겠지만, 이번 장의 모든 예제는 Firefox를 기준으로 만들어진 것이다. 이 글을 쓰는 현재 `small-caps` 글꼴 표시 부분만 빼면 모든 예제가 Firefox에서 잘 돌아간다. Safari나 Opera, IE9, Chrome도 이번 장의 예제들을 꽤 잘 지원하는데, Safari와 Opera가 IE9와 Chrome보다 조금 더 낫다.

주요 브라우저의 새 릴리스가 나올 때마다 캔버스 구현이 더 개선될 것이므로, 이 책의 예제들이 여러 주요 브라우저에서 제대로 실행되는지 역시 계속 변할 것이다. 이 책의 웹 사이트의 장별 예제 목록을 보면 각 예제마다 주요 브라우저들의 실행 여부가 나와 있다. 이번 장의 예제들은 http://html5.komplett.cc/code/chap_canvas/index_en.html에 있으니 참고하기 바란다.

5.15.5 참고 링크

캔버스의 기능들을 둘러보기에 좋은 곳으로 *canvasdemos*(http://www.canvasdemos.com)가 있다. "Applications, games, tools and tutorials that use the HTML 5 <canvas> element"라는 사이트 제목 문구에서 짐작하듯이, 이곳은 HTML5의 `canvas` 요소를 사용하는 여러 응용 프로그램들과 게임, 도구들을 소개하고 튜토리얼들도 제공한다. 또한 Mozilla 개발자 센터의 방대한 캔버스 튜토리얼들(https://developer.mozilla.org/en/canvas_tutorial)과, 고급 응용 프로그램 예제들에 초점을 둔 Mozilla 공동체의 한 블로그에 올라온 캔버스 관련 글들(http://hacks.mozilla.org/category/canvas)도 살펴보면 좋을 것이다.

캔버스의 세부사항을 좀 더 공부하고 싶다면 캔버스 명세서가 가장 좋은 자료일 것이다. canvas 요소 자체의 명세서와 캔버스 2차원 그리기 문맥에 관한 명세서의 현재 버전이 다음 주소에 있다.

- http://www.w3.org/TR/html5/the-canvas-element.html
- http://www.w3.org/TR/2dcontext

구현 단계들을 제공하고 개별 섹션에 직접 의견을 달거나 오류를 보고할 수 있는 대화식 버전이 더 마음에 든다면, WHATWG의 http://www.whatwg.org/specs/web-apps/current-work/multipage/the-canvas-element.html로 가기 바란다.

요 약

캔버스의 세계를 탐험한 우리의 여행이 이제 종착역에 다다랐다. 빨갛고 노란 직사각형 두 개를 겹쳐 그리는 것에서 시작해서 동영상 엽서를 구현하기까지 먼 여정이었다. 색상을 다루는 법, 그림자 효과를 내는 법, 선분과 베지에 곡선, 원호, 직사각형 그리는 법, 그리고 절단 마스크를 사용하는 방법을 배웠다. 캔버스의 핵심 기능, 즉, 이미지를 다루는 기능과 픽셀들을 직접 다루는 기능을 패턴, 변환, 합성 연산과 결합해서 멋진 효과를 만들어 내기도 했다. 심지어 코드로 직접 제어하는 애니메이션을 만들기도 했다. 이번 장이 이 책에서 제일 길긴 하지만, 그래도 캔버스가 제공하는 엄청난 가능성을 아주 살짝만 맛본 것일 뿐이다. 웹에는 인상적인 예제들이 넘쳐난다. 직접 가서 경험해 보시길!

6
SVG와
MathML

HTML5 명세서는 벡터 그래픽 표준인 *SVG*와 수학 마크업 언어 *MathML*에 대해 단 두 문단만 할당하고 있다. 그러나 이 두 XML 파생 언어가 HTML 표준에 통합된 사건은 미래의 웹 응용 프로그램으로 가는 길에서 또 다른 이정표에 해당한다. MathML의 통합은 주로 과학 분야가 반길 일이지만, SVG는 모든 이에게 혜택이 된다. 표준화된 벡터 그래픽을 브라우저에 도입하는 일은 사실 오래전에 이루어졌어야 했다. SVG는 책 한 권을 너끈히 채울만한 주제이므로 이 책에서 자세히 이야기하기는 무리이다. MathML의 상세한 해설 역시 마찬가지이다. 그래서 이번 장에서는 SVG와 MathML을 HTML5 문서 안에 포함시키는 방법만 짚어보기로 한다.

당연한 말이겠지만, HTML5에서 SVG와 MathML을 사용하려면 브라우저가 해당 기능성을 구현하고 있어야 한다. 또한 브라우저의 파서가 **svg** 요소와 **math** 요소를 인식하고 그 요소의 값들을 레이아웃 엔진에 넘겨서 그래픽으로 표현할 수 있어야 한다. 이 책을 쓰는 현재 이 모든 요구사항을 만족하는 것은 Firefox 4뿐이다. 그림 6.1에 세 가지 MathML 수식들과 그에 해당하는 SVG 그래픽을 표시한 예가 나와 있다.

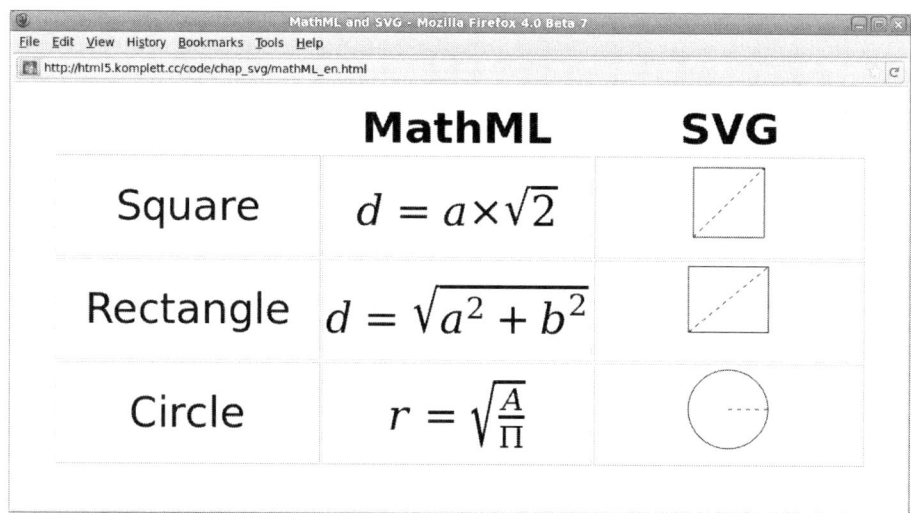

그림 6.1 MathML과 SVG의 사용 모습.

6.1 MathML

원(圓, circle)의 예를 통해서 MathML의 필수 마크업 요소들을 설명해 보겠다. 목록 6.1은 넓이가 A인 원의 반지름 r을 구하는 공식이다.

목록 6.1 넓이가 A인 원의 반지름을 구하는 수식을 MathML 마크업으로 표현한 예.

```
<math>
  <mrow>
    <mi>r</mi>
    <mo>=</mo>
    <msqrt>
      <mfrac>
```

```
      <mrow>
        <mi>A</mi>
      </mrow>
      <mrow>
        <mn>&Pi;</mn>
      </mrow>
    </mfrac>
  </msqrt>
</mrow>
</math>
```

HTML5 안에서 각 MathML 블록은 `<math>`로 시작하고 `</math>`로 끝난다. 그 사이에 수식을 정의하는 추가적인 MathML 요소들을 집어넣는다. 지금 예에는 여섯 가지 요소들이 쓰였는데, 이들의 의미가 표 6.1에 순서대로 나와 있다.

표 6.1 목록 6.1에 쓰인 MathML 요소와 그 의미.

요소	이름	용도
mrow	*row*(행)	수식들을 묶는 요소.
mi	*i*는 *identifier*(식별자)	변수, 함수 이름, 상수.
mo	*o*는 *operator*(연산자)	등호, 더하기, 빼기, 곱하기 기호 같은 연산자.
msqrt	*sqrt*는 *square root*(제곱근)	제곱근 수식.
mfrac	*frac*은 *fraction*(분수)	분수, 나누기.
mn	*n*은 *number*(숫자)	숫자

수식을 묶는(grouping) mrow 요소는 예제에 세 번 등장했는데, 전체 수식을 묶는 데 한번, 그리고 mfrac의 분수 표현에서 분자와 분모를 구분하는 데 두 번 쓰였다. 예제는 반지름 r과 면적 A를 mi 요소로 나타내고, 등호는 mo 요소, 제곱근 부분은 msqrt 요소로 나타낸다. 원주율 파이는 mn 요소와 MathML 개체 Π로 표현했다. Π는 2천 개 이상의 MathML 개체들 중 하나로, 유니코드 기호 Π(*GREEK CAPITAL LETTER PI*)로도 표현할 수 있다.

참 고

이름 붙은 MathML 개체를 유니코드 기호로 변환하는 표가 MathML 명세서의 http://www.w3.org/TR/REC-MathML/chap6/byalpha.html 페이지에 나와 있다.

그림 6.1의 첫 행에 나온 정사각형 대각선 공식에는 곱하기 기호를 위해 또 다른 객체 ×(유니코드 기호로는 ×, *MULTIPLICATION SIGN*)가 쓰였고, 둘째 행의 직사각형 대각선 공식에서 a, b의 제곱을 표현하는 데에는 `msup` 요소가 쓰였다. 이 요소의 이름에서 *sup*는 *superscript*(위첨자)를 뜻한다.

물론 이 세 가지 MathML 예제는 단지 빙산의 일각일 뿐이다. MathML의 세계를 탐험해 보고자 하는 독자에게 출발점으로 삼을만한 몇 가지를 소개하겠다. 우선, Mozilla 프로젝트 데모 사이트의 *MathML Basics* 예제들을 놓치지 말기 바란다. MathML로 복잡한 공식을 표현하는 것이 얼마든지 가능함을 알게 될 것이다. 그 사이트를 비롯한 다음과 같은 웹 사이트들에서 MathML를 좀 더 배울 수 있다.

- **MathML 명세서:** http://www.w3.org/TR/MathML
- **W3C Math Working Group:** http://www.w3.org/Math
- **Planet MathML:** http://www.w3.org/Math/planet
- **MathML Demos:** http://www.mozilla.org/projects/mathml/demo

6.2 SVG

그림 6.1에서 제일 오른쪽 열은 그 옆에 있는 MathML 수식의 구성요소들을 SVG로 표현한 것이다. 이번에도 원을 예로 들겠다. 목록 6.2는 그림 6.1에 나온 원을 표시하는 SVG 코드이다.

목록 6.2 원 그래픽을 위한 SVG 소스 코드.

```
<svg width="100" height="100">
  <circle cx="50" cy="50" r="45"
```

```
          fill="none" stroke="black" />
  <path d="M 50 50 h 45"
        stroke="black" stroke-dasharray="5,5"/>
</svg>
```

HTML5 문서 안에서 SVG 블록은 `<svg>` 태그로 시작해서 `</svg>` 태그로 끝난다. MathML 과는 달리 SVG에서는 시작 태그에서 그래픽 표시 영역의 너비와 높이를 `width` 특성과 `height` 특성으로 지정할 수 있다. 브라우저는 그만큼의 공간을 HTML 페이지 안에 마련한다. `circle` 요소는 원을 그리는 요소로, `cx` 특성과 `cy` 특성은 원의 중심이고 `r` 특성은 반지름이다. `fill` 특성과 `stroke` 특성은 원의 모습을 결정한다.

그다음의 `path` 요소는 경로를 표시하는 요소인데, 이 예에서는 원 안의 반지름을 나타내는 점선 선분을 그리는 역할을 한다. `d` 특성은 경로의 기하 형태를 결정한다. `canvas` 요소처럼 SVG에서도 직선 선분뿐만 아니라 복잡한 곡선을 지원하며, 열린 경로는 물론 폐곡선도 지원한다. `d` 특성에는 좌표나 크기를 뜻하는 수치와 그리기 명령 또는 경로의 종류를 뜻하는 영문자로 구성된 기하 명령을 지정한다. 예제의 `d="M 50 50 h 45"`는 50, 50으로 이동(**move**) 한 후 길이가 45인 수평선(**horizontal**)을 오른쪽으로 그리라는 뜻이다.

예제의 정사각형과 직사각형에서 또 다른 표기법의 예를 볼 수 있다. 대문자는 그다음 수치들이 절대 좌표임을 뜻하고 소문자는 상대적인 오프셋임을 뜻한다. 정사각형의 대각선 에는 `d="M 10 90 L 90 10"`이 쓰였는데, 이는 (10, 90)으로 이동해서 (90, 10)까지 직선 선분 을 그리라는 뜻이다. 반면 직사각형 대각선은 `d="M 5 80 l 90 -75"`인데, 이는 (5, 80)으로 이동한 후 거기서 오른쪽으로 90픽셀, 위로 75픽셀만큼 간 위치까지 직선 선분을 그리라는 뜻이다.

원의 반지름이나 정사각형, 직사각형의 대각선으로 쓰인 점선은 `stroke-dasharray` 특성 을 이용한 것이다. 이는 캔버스 명세에는 안타깝게도 빠져 있는 기능이다. 이 특성의 값은 주어진 선이 끝날 때까지 **실선 조각**과 **빈 여백**이 되풀이되는 방식을 결정한다. 임의의 개수 의 수치들을 쉼표로 구분해서 지정함으로써 좀 더 복잡한 패턴을 만들 수 있다.

마지막으로, 정사각형과 직사각형 자체는 `rect` 요소로 만든 것으로, 이 요소의 `x`, `y`, `width`, `height` 특성이 사각형의 위치와 크기를 결정한다. 이상으로 그림 6.1의 예제에 쓰인

SVG 요소들을 모두 소개했다. MathML과 마찬가지로 이들이 단지 빙산의 일각일 뿐임은 굳이 말할 필요가 없을 것이다. 아니, 일각의 일각이라고 하는 게 옳겠다. SVG는 평범한 기하 도형들을 위한 요소들 외에도 여러 가지 경로 그리기 수단들과 텍스트 배치, 변환 방법들, 자유로이 정의할 수 있는 좌표계, 필터, 그래디언트, 기호, 마스크, 패턴, 합성, 절단, 스크립팅, 스타일, 심지어 애니메이션 기능까지 제공한다.

SVG를 좀 더 공부하고자 하는 독자라면 SVG를 본격적으로 다루는 책에 투자할 필요가 있다. 웹에서는 다음 링크들을 출발점으로 삼으면 좋을 것이다.

- **SVG 명세서:** http://www.w3.org/TR/SVG11
- **An SVG Primer for Today's Browsers:** http://www.w3.org/Graphics/SVG/IG/resources/svgprimer.html
- **W3C SVG Working Group:** http://www.w3.org/Graphics/SVG
- **Learn SVG: The Web Graphics Standard:** http://www.learnsvg.com

요 약

IE9가 등장하면서 드디어 모든 주요 브라우저가 SVG를 고유하게 지원하게 되었다. 이는 벡터 그래픽 표준이 제정된지 10년만의 일이다. MathML에도 그런 경사가 생겼으면 한다. SVG처럼 MathML도 HTML5 명세에 포함되었으니만큼 언젠가는 그렇게 될 것이다. 새로운 웹 플랫폼의 필수 구성요소인 MathML과 SVG가 미래에는 좀 더 중요한 역할을 하게 될 것이 확실하다(특히 SVG가).

7

지리 위치 정보를 위한
Geolocation API

지리 위치 정보를 위한 Geolocation API(이하 지리 위치 API)는 HTML5 명세서의 핵심 요소에서 제거되었으며, W3C의 명명법에 따르면 아직 초기 단계(early stage)에 머물고 있다. 그러나 이 API는 특히 이동 기기용 브라우저들에서 이미 상당히 구현되어 있는데, 이동 기기 브라우저들이 이를 빠르게 구현한 이유 하나는 아마도 인터페이스가 짧고 추상적이라는 데 있을 것이다. 단 세 개의 JavaScript 함수가 지리 위치 정보 기능성 전부를 포괄한다. 명세서 자체는 브라우저가 위치를 어떻게 결정해야 하는지 명시하지 않으며, 단지 브라우저가 돌려주는 위치 정보의 형식만 명시할 뿐이다.

이번 장에서는 지리 자료의 본질적인 특징을 간단히 개괄한 후 여러 개의 간단한 예제들을 통해서 지리 위치 API의 새로운 함수들을 살펴본다. 이 예제들을 스마트폰에서 시험해 보면 즉시 **아하!** 효과를 경험할 수 있을 것이다.

7.1 지리 위치 정보의 기초

이번 절에서는 지리 위치 정보의 기초를 소개한다. 특히, 지리학적 자료와 온라인 지도 서비스들을 다룬다.

7.1.1 지리학적 자료에 관해

N47 16 06.6 E11 23 35.9 같은 형태의 좌표를 본 적이 있을 것이다. 이런 형태의 좌표는 도·분·초 단위의 위도와 경도로 지리학적 위치를 나타낸다. 앞의 예는 북위 47도 16분 6.6초, 동경 11도 23분 35.9초를 뜻한다. 이런 종류의 좌표를 지리 좌표(geographical coordinates)라고 부른다. 그런데 이런 좌표에는 계산하기가 아주 어렵다는 커다란 단점이 있다. 그리고 그런 어려움이 단지 일반인에게 익숙한 십진수를 사용하지 않는다는 점 때문만은 아니다. 이런 좌표는 타원체 모양의 지구 위의 한 위치를 지정하기 때문에, 거리를 계산할 때 지구 표면의 곡률을 고려해야 한다.

상황을 좀 더 단순화하기 위해, 실제 응용에서는 투영된 좌표계를 사용한다. 즉, 타원체 지구를 여러 개의 띠(strip)들로 분할하고, 그 띠를 이용해서 직선거리를 계산하는 것이다. 세계의 국가들 중에는 자신의 요구사항에 맞는 독자적인 좌표계를 사용하는 나라들도 많다. 예를 들어 오스트리아는 데카르트 직교 좌표계의 일종인 *Bundesmeldenetz*를 이용해서 수치를 표현한다. 흔히 쓰이는 모든 좌표계에는 수치 식별자인 *EPSG* 부호(*European Petroleum Survey Group*이 관리한다)가 부여되어 있다.

당연한 말이겠지만, 지리 위치 API가 기존의 모든 좌표계를 고려할 수는 없는 일이다. 그래서 이 API는 x, y 좌표를 투영하지 않고 지리 좌표계에서 지정하는데, 단위는 십진 도(degree)이다. API 표준은 널리 쓰이는 *World Geodetic System 1984*(*WGS84*)를 측지선 기준계(geodetic reference system)로 지정하고 있다. 이것은 간단히 말하면 바탕의 기준 타원체를 서술하는 것이다. 지리 위치 좌표의 y 성분은 이 타원체 표면으로부터의 미터 단위 높이에 해당한다. 이러한 체계를 이용하면 지구상에 붙어 있거나 약간 떠 있는 임의의 위치를 충분히 정확하게 서술할 수 있다.

7.1.2 온라인 지도 서비스

지리 자료를 브라우저 안에서 표현하는 방법은 여러 가지이다. 유연한 좌표계를 가진 SVG 도 이런 용도에 아주 적합하다. 또한 canvas를 이용해서 래스터(비트맵) 이미지로 그릴 수 도 있다. 그러나 가장 쉬운 방법은 기존의 JavaScript 라이브러리를 사용하는 것이다. 웹에서 구할 수 있는 여러 공개 라이브러리들 중에 Google 지도(Google Maps)와 OpenStreetMap을 좀 더 자세히 살펴보기로 하자. Microsoft의 지도 서비스 *Bing Maps*는 등록 절차를 거쳐야만 사용할 수 있으므로 여기서 논의하지 않겠다.

여기서 소개하는 두 라이브러리는 래스터 그래픽과 벡터 그래픽을 섞어서 사용한다. 라이 브러리들은 적재 시간을 빠르게 하기 위해 래스터 이미지를 여러 타일(tile)들로 분할해서 모든 확대·축소 수준에 대해 미리 계산해 둔다. 덕분에 이미지를 단계별로 구축할 수 있게 된다. 벡터 정보는 브라우저에 따라 SVG 또는 Microsoft 고유의 벡터 그래픽 형식 VML(IE 의 경우)로 표시한다.

7.1.2.1 Google 지도

인터넷에서 가장 널리 쓰이는 지도 서비스는 단연코 *Google* 지도이다. 수많은 회사가 Google 지도의 무료 서비스를 이용해서 회사 약도를 제공한다. 그런데 Google 지도로 할 수 있는 일이 지도 위에 위치 표식을 배치하는 것만은 아니다. http://maps.google.com/help/maps/ casestudies에서 볼 수 있듯이, *New York Times* 같은 대기업을 포함한 15만 개 이상의 웹 사이트들이 Google 지도를 다양한 용도로 사용한다.

Google 지도 라이브러리의 현재 버전 V3은 이전 버전과 아주 다르다. 이 버전부터는 API 키가 없어도 Google 지도 서비스를 사용할 수 있다(즉, Google에 등록할 필요가 없다). 그리 고 이 버전부터 라이브러리가 이동 기기용으로도 최적화되었다. 다른 Google 제품들처럼 이 라이브러리는 프로그램에서 사용하기가 아주 직관적이다. 예를 들어, 간단한 중부 유럽 도로 지도를 만드는 데에는 목록 7.1과 같은 몇 줄의 HTML과 JavaScript 코드로 충분하다.

목록 7.1 Google 지도로 만든 중부 유럽 도로 지도.

```
<html>
 <head>
 <script type="text/javascript"
  src="http://maps.google.com/maps/api/js?sensor=true">
 </script>
 <script type="text/javascript">
 window.onload = function() {
   var map =
     new google.maps.Map(document.getElementById("map"),
       { center: new google.maps.LatLng(47,11),
         zoom: 7,
         mapTypeId: google.maps.MapTypeId.ROADMAP
       }
   );
 }
 </script>
 <body>
  <div id="map" style="width:100%; height:100%"></div>
```

Google 지도의 JavaScript 라이브러리를 적재할 때 반드시 **sensors** 매개변수를 지정해야 한다. **true**를 지정하면 기기가 자신의 위치를 파악해서 응용 프로그램에 알려준다. 이는 GPS가 있는 스마트폰 같은 이동 기기에서 특히나 유용하다. 페이지 전체가 적재되면 **window.onload**의 익명 함수는 지도 객체, 즉 **google.maps.Map** 형식의 새 객체를 생성한다. 이때 생성자의 첫 인수로는 지도를 표시할 HTML 요소를 지정한다. 둘째 인수는 지도에 무엇을 어떻게 표시할 것인지를 결정한다. 지금 예에서는 지도의 중심을 북위 47도, 동경 11도로 맞추고 확대·축소 수준은 7로 한다(수준 0은 지구 전체를 한 눈에 보는 것에 해당한다). 그리고 지도 종류로는 도로 지도에 해당하는 **google.maps.MapTypeId.ROADMAP**을 지정한다.

참 고

지도 객체 생성자에 HTML 페이지의 한 요소를 지정해야 하므로, 지도 객체의 생성자는 오직 페이지가 적재된 후에만 호출해야 한다. 위의 예제에서 `window.onload`를 사용한 것은 그러한 이유에서이다.

7.1.2.2 OpenStreetMap과 OpenLayers

OpenStreetMap은 2004년에 전세계 지리 자료를 위한 상세하고 개방된 플랫폼이 되고자 하는 야심 찬 목표로 시작된 프로젝트이다. Wikipedia가 채용해서 성공한 개방적 방법을 따라, 이 프로젝트는 사용자들이 자기 주변의 지형지물을 손쉽게 기록하고 온라인으로 저장하게 했다. 지리 자료 편집의 어려움을 생각하면, 프로젝트의 현재 상태는 인상적이다. 수천 명의 사용자가 자신의 GPS 자료를 플랫폼 사이트(openstreetmap.org)에 올리거나 이미 올라와 있는 자료를 수정하고 의견을 제공했다. 또한 적당한 사용권을 가진 기존 지리 자료(이를테면 미국 *TIGER* 자료와 *Landsat 7* 위성 이미지 등)가 데이터베이스에 통합되기도 했다.

프로젝트와 관련해서 여러 가지 도구들이 만들어졌는데, 그 도구들을 이용하면 Open StreetMap 서버에서 지리 자료를 내려받을 수 있으며, 적절한 권한이 있다면 자료를 서버에 올려서 저장할 수도 있다. 개방형 인터페이스 덕분에 소프트웨어 개발자가 자신의 제품을 시스템과 통합하기도 쉽다.

　OpenStreetMap의 중요한 성공 요인 하나는 OpenLayers 프로젝트이다. JavaScript 라이브러리인 OpenLayers를 이용하면 웹 개발자가 지도를 자신의 웹 사이트에 손쉽게 통합할 수 있다. OpenLayers를 OpenStreetMap에만 사용할 수 있는 것은 아니다. Google이나 Microsoft, Yahoo, 기타 수많은 지리 서비스들(*WMS* 표준과 *WFS* 표준에 기초한)의 지도에도 접근할 수 있다. 그러나 OpenStreetMap과 함께 사용할 때 진정한 장점이 발휘된다.

　목록 7.2는 앞에 나온 중부 유럽 도로 지도 예제를 OpenStreetMap과 OpenLayers로 구현한 것이다.

목록 7.2 OpenStreetMap과 OpenLayers로 만든 중부 유럽 도로 지도.

```
<!DOCTYPE html>
```

```
<html>
<head>
<title>Geolocation - OpenLayers / OpenStreetMap</title>
<script src=
"http://www.openlayers.org/api/OpenLayers.js"></script>
<script src=
"http://www.openstreetmap.org/openlayers/OpenStreetMap.js">
</script>
<script>
 window.onload = function() {
   var map = new OpenLayers.Map("map");
   map.addLayer(new
     OpenLayers.Layer.OSM.Osmarender("Osmarender"));
   var lonLat = new OpenLayers.LonLat(11, 47).transform(
       new OpenLayers.Projection("EPSG:4326"),
       map.getProjectionObject()
   );
   map.setCenter (lonLat,7);
 }
</script>
<body>
 <div id="map" style="top: 0; left: 0; bottom: 0;
   right: 0; position: fixed;"></div>
</body>
</html>
```

이 예제는 openlayers.org의 JavaScript 라이브러리와 openstreetmap.org의 JavaScript 라이 브러리를 적재한다. Google 지도와 비슷하게, 지도 객체(OpenLayers.Map)를 생성할 때 지도를 표시할 HTML div 요소를 지정한다. 이전과 좀 다른 부분은 생성한 지도 객체에 Osmarender 형식의 '계층(layer)' 객체를 하나 추가한다는 것이다. 이것은 OpenStreetMap (OSM)의 표준 지도 뷰이다. 위도, 경도 좌표를 변환해 주어야 한다는 것도 OpenStreetMap이 Google 지도와 다른 점이다. §7.1.1에서 이야기했듯이, 지리 정보를 2차원 화면에 표시하려면 반드시 3차원 정보를 2차원으로 투영해야 한다. Google 지도의 경우 그냥 십진 도 단위의 위도·경도를 지정하면 나머지는 알아서 처리하지만, OpenLayers에서는 십진 도 단위 지리 자료를 먼저 해당 좌표계로 투영해야 한다. OpenLayers는 내부적으로 소위 **구면 메르카토르**(sphreical Mercator)라고 하는 투영법(*EPSG* 부호는 3785)을 이용해서 지도 표현을 생성한다(Google 지도나 야후! 지도, Microsoft Bing Maps도 마찬가지 투영법을 사용한다). 구면 메르카토르에서 좌표들은 십진 도 단위가 아니라 미터 단위이다. 따라서 십진 도 단위의 좌표를 사용하려면 `transform()`을 호출해서 적절히 변환해야 한다. 이때, 지도의 실제 좌표계(`map.getProjectionObject()`로 얻는다)와 변환할 좌표에 깔린 투영법의 *EPSG* 부호 (`EPSG:4326`)을 지정한다.

HTML 문서 시작에 DOCTYPE을 사용하는 경우(HTML5에서도 그렇게 하는 것이 맞다), 지도 를 표시할 HTML 요소의 position 스타일이 반드시 fixed나 absolute이어야 한다. 그렇지 않으면 OpenLayers는 아무것도 표시하지 않는다. 흥미롭게도, DOCTYPE을 빼면 이러한 제 한이 사라진다. 이에 대한 좀 더 자세한 정보는 OpenLayers 메일링 리스트에 올라온 글 (http://openlayers.org/pipermail/users/2009-July/012860.html)을 보기 바란다.

7.2 첫 실험: 브라우저 안의 지리 정보

목록 7.3의 JavaScript 코드만 있으면 독자가 사용하는 브라우저의 지리 정보 처리 능력이 어느 정도인지 알 수 있다.

목록 7.3 navigator.geolocation을 이용해서 위치를 출력하는 함수.

```
function $(id) { return document.getElementById(id); }
window.onload = function() {
  if (navigator.geolocation) {
    navigator.geolocation.getCurrentPosition(
        function(pos) {
          $("lat").innerHTML = pos.coords.latitude;
          $("lon").innerHTML = pos.coords.longitude;
          $("alt").innerHTML = pos.coords.altitude;
        },
        function() {},
        {enableHighAccuracy:true, maximumAge:600000}
```

```
  );
} else {
  $("status").innerHTML =
    'No Geolocation support for your Browser';
}
}
```

이 코드의 첫 줄은 $라는 보조 함수를 하나 정의하는데, 이 함수는 document.getElement ById()를 좀 더 짧게 표기하기 위한 것일 뿐이다(일종의 별칭). 이런 요령은 유명한 *jQuery* 라이브러리에서 배운 것으로, 특정 ID 값으로 요소를 선택해야 할 일이 많은 예제를 만들 때 아주 편리하다. 목록 7.1과 7.2의 예제들처럼 이번에도 window.onload를 이용해서 페이지가 다 적재된 후에만 HTML 요소를 참조하게 한다. 첫 if 문은 브라우저가 지리 위치 API를 지원 하는지 판정한다. 지원하지 않으면 적절한 메시지를 ID가 status인 요소에 출력하고, 지원한 다면 현재 위치를 알아내는 실제 함수 navigator.geolocation.getCurrentPosition()을 호출한다.

명세서에 따르면, 스크립트에서 이 함수를 호출했을 때 브라우저는 사용자에게 브라우저 가 현재 위치 정보를 파악해서 웹 서버에 알려주어도 되는지를 물어야 한다. 그림 7.1은 Mozilla Firefox의 해당 대화상자의 모습이다.

그림 7.1 Mozilla Firefox가 사용자에게 위치 정보 공유 여부를 묻는 모습.

이 함수는 순서대로 다음과 같은 세 개의 인수를 받는다.

- 위치를 성공적으로 파악했을 때 호출할 함수(이하 줄여서 **성공 콜백** 함수).
- 위치를 파악하지 못했을 때 호출할 함수(**오류 콜백**).
- 위치를 파악하는 방법을 결정하는 값.

명세서에 따르면 둘째, 셋째 인수는 생략할 수 있다. 반면 **성공 콜백**은 반드시 지정해야한다. JavaScript 코드의 진행을 방해하지 않기 위해 getCurrentPosition()은 배경에서비동기적으로 위치를 파악한다. 그리고 위치를 성공적으로 파악했거나 오류가 발생한 경우에만 해당 콜백 함수를 한 번만 호출한다.

이 아주 짧은 예제에서는 두 콜백 함수 모두 **익명 함수**를 사용한다. 오류 콜백에는 아무일도 하지 않는 익명 함수를 지정했다. 셋째 인수에 포함된 enableHighAccuracy: true는 위치를 최대한 정확하게 계산하라는 뜻이다. 안드로이드(Android) 기기의 경우 이렇게하면 내부 GPS 감지기가 활성화된다(이에 대해서는 §7.3에서 좀 더 이야기하겠다). 그리고maximumAge는 이전에 파악한 위치를 재활용할 최대 시간 간격으로, 단위는 밀리초이다. 이시간보다 더 많은 시간이 흘렀다면 위치를 다시 파악한다. 이번 예제에서는 600000을 지정했는데, 이는 10분에 해당한다.

위치를 성공적으로 알아냈다면, 위치 정보를 담은 Position 형식의 객체가 성공 콜백함수의 pos 매개변수로 전달된다. 이 객체에는 좌표 자료(pos.coords)뿐만 아니라 위치를파악한 시간에 대한 정보(pos.timestamp)도 들어 있는데, 이 타임스탬프 값은 1970년 이후부터 그 시점까지 흐른 밀리초들의 개수이다. 그림 7.2에 Firefox가 파악한 이 객체의 속성들과 그 값들이 나와 있다.

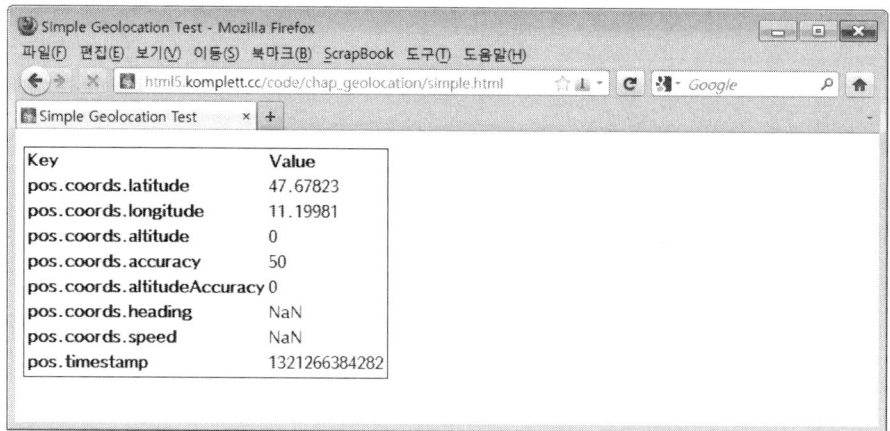

그림 7.2 Mozilla Firefox의 지리 위치 정보 출력.

pos.coords는 위도, 경도, 고도에 해당하는 latitude와 longitude, altitude 외에 위치의 정확도에 관한 정보(accuracy, altitudeAccuracy)도 제공하고, 기기에 따라서는 속력(speed)과 방향(heading)에 관한 정보도 제공한다. Google Chrome은 명세서에서 필수로 지정된 특성들만을 제공하지만, Firefox(버전 3.6 이상)는 그 외에도 많은 추가 정보를(심지어 세부 주소까지) 제공한다. 목록 7.4는 JSON.stringify(pos)의 결과에서 추출한 것이다.

목록 7.4 Firefox 3.6의 JSON.stringify(pos) 결과.

```
{"coords":
..// ...
  "address":
    {"streetNumber":"6","street":"Postgasse",
     "premises":null,"city":"Murnau am Staffelsee",
     "county":"Garmisch-Partenkirchen","region":"Bavaria",
     "country":"Germany","countryCode":"DE",
     "postalCode":"82418","contractID":"",
     "classDescription":"wifi geo position address object",
     // ...
    },
  // ...
}
```

브라우저가 상당히 많은 양의 정보를 제공함을 알 수 있다. 다음 절에서 이 모든 정보가 어디에서 오는지 이야기하겠다.

7.3 위치 파악의 기술적 배경

해외여행 도중 브라우저로 웹 사이트 http://www.google.com을 열면 놀랍게도 현재 자신이 있는 국가의 Google 도메인으로 자동으로 이동된다. 지리 위치 기능을 지원하지 않는 브라우저에서도 이런 일이 일어나는데, 요령은 간단하다. Google은 그냥 IP 주소를 통해서 사용자의 위치를 추측하는 것이다.

지리 위치 API를 지원하는 브라우저는 다른 기술들을 이용해서 사용자의 위치를 훨씬 더 정확하게 파악한다. 현재 쓰이는 위치 파악 방법들 몇 가지를 들자면 다음과 같다.

1. 유선으로 인터넷에 연결된 PC에서는 IP 주소로 위치를 파악한다. 짐작하겠지만, 이는 상당히 부정확한 방식이다.
2. 무선 LAN으로 연결된 기기에서는 위치를 좀 더 정확하게 파악할 수 있다. Google은 전세계의 공개, 비공개 WLAN들에서 자료를 수집했다.
3. 이동 전화 칩이 내장된 기기(이를테면 스마트폰)는 이동통신망을 이용해서 위치 계산을 시도한다.
4. 기기에 GPS 감지기가 있으면 위치를 더욱 정확하게 파악할 수 있다. GPS는 위성 기반 위치 결정 시스템으로, 값싼 칩이라고 해도 좋은 조건(건물 외부, 장애 없는 지평선 등)에서는 미터 범위의 정확도로 위치를 파악할 수 있다.

오프라인에서도 통하는 방법은 GPS 감지기를 이용하는 것뿐이다. 그 외의 방법들은 인터넷에 연결된 상태에서 서버 위치 서비스를 통해 구현된다. 그런 서비스를 제공하는 업체로는 Google(Firefox와 Chrome, Opera가 사용하는 Google Location Service)과 또 다른 미국 기업 *Skyhook Wireless*(Opera 초기 버전들과 Safari가 사용)가 있다.

그런데 이런 서비스 업체들은 무선망이나 이동통신망의 위치 정보를 어떻게 얻는 것일까? Google은 전용 차량으로 거리를 돌아다니면서 *Google* 스트리트 뷰(Google Street View) 서비스를 위한 사진을 찍는 과정에서 공개, 비공개(사설) WLAN들의 정보도 함께 수집했다. 2010년 봄에 밝혀진 바에 따르면, 이 차량들은 WLAN의 MAC 주소와 SSID는 물론 사용자 자료까지 수집했다고 한다. 비난 여론에 휩싸인 Google은 결국 여러 번 공개 사과를 해야 했다.

그러나 그것이 전부는 아니다. 브라우저가 이동망이나 WLAN 라우터에 접속했다면, 그 자료가 서비스의 모든 호출과 함께 전송된다. Google의 경우 이는 주로 **안드로이드**를 운영 체제로 하는 이동통신 기기에 관련된 것이고, Skyhook은 주로 iPhone 사용자로부터 이익을 얻는다. 이 두 서비스 제공업체는 앞에서 말한 여러 방법들을 조합해서 엄청난 양의 지리 자료를 축적하고, **크라우드소싱**(crowdsourcing)을 통해서 그 자료를 계속 갱신한다(심지어 자료 공급자로서의 사용자가 아무것도 모르는 상태에서도).

팁

Firefox에는 *Geolocater*라는 아주 유용한 확장 기능이 있다. 이는 특히 응용 프로그램을 개발할 때 도움이 된다. 이 확장 기능은 지리 위치 API 호출 시 Firefox가 돌려줄 위치 정보를 사용자가 직접 입력할 수 있게 한다. Google의 온라인 서비스에 의존하지 않고 풀다운 메뉴를 통해서 위치를 선택할 수 있다. 이 유용한 확장 기능을 사용해보고 싶다면 https://addons.mozilla.org/en-US/firefox/addon/l4046에서 내려받아 설치하면 된다.

7.4 OpenStreetMap 지도에 현재 위치 표시하기

이번 예제는 OpenStreetMap 지도 위에 기기의 현재 위치를 알려주는 표식을 배치한다. OpenStreetMap의 지도는 여러 가지 계층(layer)들과 이동 제어 수단을 제공한다. 그림 7.3은 OpenStreetMap의 *Mapnik* 계층으로, 정중앙에 현재 위치 표식도 붙어 있다.

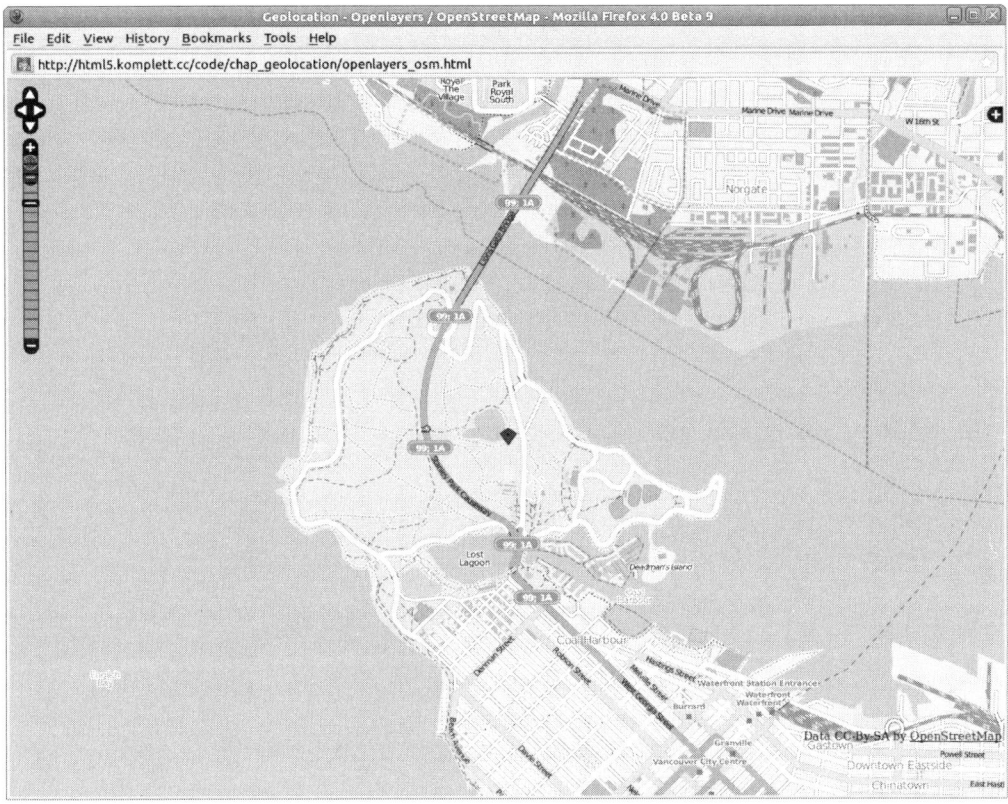

그림 7.3 OpenLayers와 OpenStreetMap을 이용한 현재 위치 표시.

§7.1.2의 예제에서처럼, 이 예제도 OpenStreetMap 프로젝트의 자료를 OpenLayers 라이브러리를 통해서 표현한다. 예제는 필요한 두 JavaScript 라이브러리를 적재한 후 지도를 초기화하고 지도에 두 개의 제어 수단을 추가한다.

```
// 지도와 이동 수단을 추가한다.
var map = new OpenLayers.Map ("map");
map.addControl(new OpenLayers.Control.Navigation());
map.addControl(new OpenLayers.Control.PanZoomBar());
```

지도를 지칭하는 변수 **map**을 통해서 지도에 화살표 네 개로 된 이동 수단과 확대·축소를 위한 수단을 추가한 후에는 계층 선택을 위한 수단(**Control.LayerSwitcher**)과 여러 계층들을 지도에 추가한다. 이 **map.addLayers()** 메서드 호출에서는 즉석에서 생성한 여러 지도 객체들의 배열을 인수로 사용한다.

```
// 계층 선택 수단과 여러 지도 계층들을 추가한다.
map.addControl(new OpenLayers.Control.LayerSwitcher());
map.addLayers([
  new OpenLayers.Layer.OSM.Mapnik("Mapnik"),
  new OpenLayers.Layer.OSM.Osmarender("Osmarender"),
  new OpenLayers.Layer.OSM.CycleMap("CycleMap")
]);
```

마지막으로, 지도에 위치 표식(marker)을 위한 계층을 추가한다.

```
var markers = new OpenLayers.Layer.Markers("Markers");
map.addLayer(markers);
```

위치 파악 성공시 호출되는 콜백 함수는 다음과 같은 모습이다.

```
        function(pos) {
          var ll = new OpenLayers.LonLat(
            pos.coords.longitude,
            pos.coords.latitude).transform(
              new OpenLayers.Projection("EPSG:4326"),
              map.getProjectionObject()
            );
          map.setCenter (ll,zoom);
          markers.addMarker(
            new OpenLayers.Marker(
            ll,new OpenLayers.Icon(
'http://www.openstreetmap.org/openlayers/img/marker.png')
            )
          );
        },
```

§7.1.2에서 말했듯이, OpenStreetMap에서는 지리좌표계의 좌표를 **구면 메르카토르** 좌표 계로 변환해야 한다. 현재 위치의 좌표를 변환한 후에는 표식 ll을 그 위치에 배치한다. 표식의 아이콘 이미지는 OpenStreetMap 사이트에서 직접 적재된다.

지리 위치 API에는 움직이는 물체에 특히나 적합한 메서드가 하나 있는데, 바로 **navigator. geolocation.watchPosition()**이다. 다음 절에서는 Google 지도 API를 이용해서 위치 변화를 시각적으로 나타내는 예제를 살펴본다.

7.5 Google 지도를 이용한 위치 추적

이번 예제는 이동 기기에서 사용하는 경우에만 의미가 있다. 물론 시연의 목적에서 인위적으로 기기의 위치를 변경할 수도 있겠지만, 실제로 기기를 들고 움직이면서 기기가 GPS로 위치를 정확하게 파악하게 만들 때 진정한 성취감을 느낄 가능성이 크다. 이번 실험의 핵심 요소는 도로를 달리는 차 안에서 안드로이드 스마트폰으로 HTML 페이지를 계속 주시하는 것이다.

그림 7.4는 이 예제의 실행 모습으로, Google 지도가 알려준 최근 다섯 위치가 지도 위에 표시되어 있다. 사용자의 위치가 화면에 표시된 지도 영역을 벗어나면 다음 지점이 중심이 되도록 지도가 이동한다.

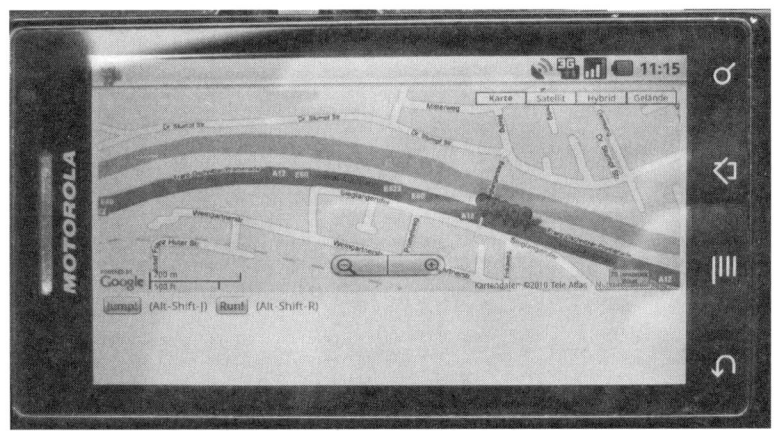

그림 7.4 안드로이드 이동 전화에서 Google 지도 API를 활용하는 모습.

이번 예제에서도 **window.onload**에서 지리 위치 API를 호출한다. 구체적인 호출문은 다음과 같다.

```
var watchID = navigator.geolocation.watchPosition(
  moveMe, posError, {enableHighAccuracy: true}
);
```

실질적인 작업은 함수 moveMe()가 수행한다.

```
function moveMe(position) {
  latlng = new google.maps.LatLng(
    position.coords.latitude,
    position.coords.longitude);
  bounds = map.getBounds();
  map.setZoom(16);
  if (!bounds.contains(latlng)) {
    map.setCenter(latlng);
  }
  if (marker.length >= maxMarkers) {
    m = marker.shift();
    if (m) {
      m.setMap();
    }
  }
  marker.push(new google.maps.Marker({
    position: latlng, map: map,
    title: position.coords.accuracy+"m lat: "
      +position.coords.latitude+" lon: "+
      position.coords.longitude
  }));
}
```

이 함수는 우선 Google 지도 API의 LatLng 객체를 생성해서 latlng 변수에 배정한다. 객체 생성 시 현재 좌표를 지정한다. 현재 위치가 지도 표시 영역의 바깥이면(!bounds.contains (latlng)) 현재 위치가 지도의 중심이 되도록 설정한다. 표식들을 담은 배열 marker와 표식 최대 개수(구체적으로는 5)를 뜻하는 변수 maxMarkers는 스크립트 시작 부분에 정의된 전역 변수들이다. 만일 marker의 원소가 5개를 넘으면 shift를 이용해서 배열 첫 원소를 뽑아내고, 아무 인수 없이 setMap() 메서드를 호출해서 지도에서 그 원소를 제거한다. 마지막으로, 현재 위치에 해당하는 새 표식 객체(google.maps.Marker 형식)를 생성해서 표식 배열에 추가한다.

7.6 예제: Geonotes

이 예제는 전에 새 스마트폰을 들고 여행을 다닐 때 떠오른 착안에 기초한 것이다. 이 예제 응용 프로그램은 일종의 전자 여행 일지로, 일지의 각 항목마다 지리 좌표가 자동으로 추가 된다. 또한 모든 항목을 하나의 지도에 표시하는 기능도 제공한다. 필자가 사는 유럽에서는 데이터 로밍 요금이 비싸다. 요금을 줄이기 위해 필자는 HTML5에 관련된 또 다른 기술인 웹 저장소(Web Storage)를 예제에 통합해야 했다. **웹 저장소 *API*를** 이용하면 일지 항목들을 기기 자체의 영속적인 저장소에 저장할 수 있다. 이는 응용 프로그램이 통상적인 데이터 통신 없이도 작동할 수 있다는 뜻이다. 웹 저장소 API에 대해서는 제8장에서 좀 더 자세히 설명하겠다.

7.6.1 작동 방식

이 응용 프로그램은 구조가 아주 간단하다(그림 7.5). 사용자는 왼쪽 상단의 텍스트 상자에 일지 항목의 내용('메시지')을 입력한다. 이 텍스트 상자에는 새 메시지를 입력하라는 문구가 표시되는데, 이는 HTML5의 새로운 `placeholder` 특성을 이용한 것이다. 오른쪽 상단의 Google 지도 영역에는 메시지를 입력했을 때의 위치들이 표시된다. 그 아래는 일지 항목들의 목록으로, 메시지는 물론 그 위치와 입력 시간, 현재 위치와의 거리도 표시된다. 또한 항목을 삭제하거나 해당 위치를 지도에 표시하는 버튼들도 제공한다. 'Map' 버튼으로 표시한 개별 항목 지도에서는 표식 주변에 원이 표시되는데, 이 원은 해당 위치의 정확도를 뜻한다.

　일반적으로 응용 프로그램을 개발할 때에는 고정된 자리에서 작업을 할 것이므로, §7.3에 서 소개한 Firefox 확장 기능 *Geolocater*가 도움이 된다. 이 확장 기능을 이용하면 다양한 장소들을 현재 위치로 선택할 수 있기 때문에 집에서도 얼마든지 응용 프로그램을 시험해 볼 수 있다. 물론 GPS 장치가 내장된 스마트폰을 이용해서 응용 프로그램을 시험해 보는 것이 이상적이다. 안드로이드 기반 휴대전화들과 *iPhone* 모두 이 응용 프로그램에 필요한 요구사항들을 만족한다.

　이 응용 프로그램을 당장 시험해 보고 싶은 독자를 위해 시연용 자료도 준비했다. 'Import Demo Data' 버튼을 클릭하면 필자가 응용 프로그램을 개발하면서 기록한 실제 항목들의 일부가 자동으로 추가된다.

그림 7.5 여러 지리 정보를 포함한 자동 여행 일지.

7.6.2 주요 코드

예제 응용 프로그램의 HTML 코드에는 여러 개의 div 요소가 있는데, 이들은 일지 항목
(id='items')과 지도(id='map')를 담는다. 이전에 언급했듯이, textarea 요소는 새로운
placeholder 특성을 이용해서 사용자의 행동을 친절하게 유도한다. 그 아래에는 적절한
onclick 사건 처리부가 설정된 버튼 세 개가 있다.

```
<body>
  <h1>Geonotes</h1>
  <div class='text_input'>
    <textarea style='float:left;margin-right:30px;'
```

```
      placeholder='Your message here ...'
      cols="50" rows="15" id="note"></textarea>
    <div class='map' id='map'></div>
    <div style='clear:both;' id='status'></div>
    <button style='float:left;color:green;' id='save'
      onclick='saveItem()'>Save</button>
    <button onclick='drawAllItems()'>Draw all items on
      map</button>
    <button onclick='importDemoData()'>Import Demo Data
    </button>
  </div>
  <div class='items' id='items'></div>
```

JavaScript 코드는 이 몇 줄의 HTML보다 훨씬 흥미롭다. JavaScript 코드는 우선 보조 함수 하나와 전역 변수 세 개를 정의한다.

```
function $(id) { return document.getElementById(id); }
 var map;
 var my_pos;
 var diaryItem = { id: 0, pos: 0, ts: 0, msg: '' }
```

$ 함수는 §7.2에서 이미 등장한 것이다. 이 함수 덕분에 코드를 입력하기가 훨씬 쉽고, 코드를 읽기도 쉽다. map 변수는 HTML 페이지 안에서 Google 지도를 표시할 영역(div 요소)을 지칭하는 역할을 한다. my_pos는 스크립트가 실행될 당시의 현재 위치를 담으며, 거리 계산에도 쓰인다. diaryItem은 하나의 일지 항목을 대표한다. 코드에서 보듯이, 하나의 일지 항목은 고유한 식별자(id)와 현재 위치(pos), 타임스탬프(ts), 그리고 텍스트 필드에 입력된 메시지(msg)로 구성된다.

페이지가 완전히 적재되면 현재 위치를 파악하고 기존 항목들을 표시한다.

```
window.onload = function() {
  if (navigator.geolocation) {
    navigator.geolocation.getCurrentPosition(
      function(pos) {
        my_pos = pos;
        showItems();
      },
```

```
      posError,
      { enableHighAccuracy: true, maximumAge: 60000 }
    );
  }
  showItems();
  if (localStorage.length > 0) {
    drawAllItems();
  }
}
```

getCurrentPosition() 메서드 호출의 셋째 인수를 보면 enableHighAccuracy: true가 있는데, 이에 의해 브라우저는 정밀도가 높은 방법으로 위치를 파악한다. 그리고 maximumAge: 60000은 지금보다 1분 이내에 얻은 이전 결과가 있으면 그것을 재사용하게 만든다. 위치 파악에 성공하면 콜백 함수는 파악된 위치를 앞에서 정의했던 전역 변수 my_pos에 배정하고 showItems() 함수를 호출한다. 오류의 경우에는 posError() 함수가 호출되는데, 이 함수는 해당 오류 메시지를 메시지 대화상자로 출력한다. localStorage의 항목 개수가 0보다 크면 drawAllItems()를 호출하는데, 이 함수는 기존 항목들을 Google 지도에 표시한다.

showItems 함수는 모든 항목의 메시지를 조합해서 적절한 HTML 코드를 만든 후 ID가 items인 HTML 요소에 배정한다.

```
function showItems() {
  var s = '<h2>'+localStorage.length+' Items for '
    +location.hostname+'</h2>';
  s+= '<ul>';
  var i_array = getAllItems();
  for (k in i_array) {
    var item = i_array[k];
    var iDate = new Date(item.ts);
    s+= '<li>';
    s+= '<p class="msg">'+item.msg+'</p>';
    s+= '<div class="footer">';
    s+= '<p class="i_date">'+iDate.toLocaleString();
      +'</p>';
  ...
  $('items').innerHTML = s+'</ul>';
```

i_array 변수는 getAllItems() 함수를 호출한 결과를 담는데, 이 getAllItems() 함수는 localStorage를 읽어서 만든 일지 항목 객체들을 만들고 시간순으로 정렬한 배열을 돌려준다.

```
function getAllItems() {
  var i_array = [];
  for (var i=0;i<localStorage.length;i++) {
    try {
      var item = JSON.parse(
        localStorage.getItem(localStorage.key(i))
      );
      i_array.push(item);
    } catch (err) {
      continue;    // 유효한 JSON 자료가 아닌 경우. 그냥 건너뛴다.
    }
  }
  i_array.sort(function(a, b) {
    return b.ts - a.ts
  });
  return i_array;
}
```

for 루프에서는 localStorage.getItem()으로 영속적인 지역 저장소에서 한 항목을 가져오고, 그것을 JSON.parse 함수를 이용해서 JavaScript 객체로 변환한다. 이러한 변환이 필요한 것은, 일지 항목들을 JSON.stringify를 이용해서 JSON 형식으로 변환해 저장해 두었기 때문이다(이 부분의 코드는 잠시 후에 나온다). 지역 저장소에 JSON 형식이 아닌 항목이 있어서 스크립트 실행이 중지되는 일을 피하기 위해, JavaScript 객체 변환 부분을 try/catch 블록으로 감쌌다. 변환된 객체를 i_array.push()를 이용해서 i_array 배열의 끝에 추가한다. 루프를 벗어난 후에는 배열 항목들을 시간순으로 정렬한다. sort 함수를 호출할 때, 주어진 두 항목의 정렬 순서를 결정하는 익명 함수를 지정했다는 점에 주목하기 바란다. 이 익명 함수는 ts 속성을 이용해서 순서를 결정한다. ts에는 new Date().getTime()으로 얻은, 1970년 1월 1일부터 흐른 밀리초들의 개수가 들어 있다. 만일 이 익명 함수가 음의 값을 돌려주면 a가 b 다음으로 가고, 양의 값을 돌려주면 a가 b보다 앞으로 간다.

다음으로, 새 여행 일지 항목을 생성하고 저장하는 부분을 보자. 이를 수행하는 것은

saveItem() 함수이다. 이 함수는 우선 지역 변수 d에 diaryItem 객체를 배정한다.

```
function saveItem() {
  var d = diaryItem;
  d.msg = $('note').value;
  if (d.msg == '') {
    alert("Empty message");
    return;
  }
  d.ts = new Date().getTime();
  d.id = "geonotes_"+d.ts;
  if (navigator.geolocation) {
    $('status').innerHTML = '<span style="color:red">'
        +'getting current position / item unsaved</span>';
    navigator.geolocation.getCurrentPosition(
      function(pos) {
        d.pos = pos.coords;
        localStorage.setItem(d.id, JSON.stringify(d));
        $('status').innerHTML =
          '<span style="color:green">item saved. Position'
          +' is: '+pos.coords.latitude
          +','+pos.coords.longitude+'</span>';
        showItems();
      },
      posError,
      { enableHighAccuracy: true, maximumAge: 60000 }
    );
  } else {
    // alert("Browser does not support Geolocation");
    localStorage.setItem(d.id, JSON.stringify(d));
    $('status').innerHTML =
      "Browser does not support Geolocation/item saved.";
  }
  showItems();
}
```

만일 텍스트 필드가 비어 있으면(d.msg = '') 그 사실을 알리는 메시지 상자를 띄운 후 함수를 종료한다(return). 비어 있지 않으면 현재 시간에 해당하는 타임스탬프를 d.ts 속성에 배정하고, 문자열 geonotes_와 그 타임스탬프로 구성된 고유 ID를 d.id에 배정한다.

여러 응용 프로그램이 한 서버의 `localStorage`에 접근하는 경우라면 이러한 문자열 접두
사가 자료를 구분하는 데 도움이 된다. 현재 위치를 성공적으로 파악했다면 `diaryItem` 객체
의 `pos` 속성에는 해당 좌표와 적절한 메타 정보가 들어 있을 것이다. 이제 일지 항목 객체
전체를 `JSON.stringify()`를 이용해서 JSON 형식의 문자열로 변환해 `localStorage`에 저
장한다.

브라우저가 지리 위치 API를 지원하지 않아도 응용 프로그램은 일지 항목 메시지를 저장
한다. 대신 브라우저가 지리 위치 API를 지원하지 않음을 적절히 사용자에게 알려준다. 마지
막으로는 `showItems()`를 호출해서 메시지들의 목록이 갱신되게 한다.

7.7 브라우저 지원

이전에 언급했듯이, 위치 정보 기능은 웹 응용 프로그램에 수많은 새로운 가능성을 제공한
다. 특히 이동 기기에서 그렇다. 이 책을 쓰는 현재 가장 중요한 이동 기기 플랫폼은 Apple사
의 기기들(*iPhone, iPad, iPod*)과 안드로이드 휴대 전화들이다. 안드로이드 기기에 기본으로
실려 있는 Google 브라우저와 Apple 기기들의 표준 브라우저인 Safari 모두 지리 위치 API
를 지원한다.

데스크톱용 브라우저들도 지리 위치 API를 꽤 잘 지원한다. Safari와 Google Chrome은
버전 5부터 필수 함수들을 지원하며, Firefox는 버전 3.5부터 지리 위치 정보 기능을 제공해
왔다. Opera는 버전 10.60부터 가능하다. Microsoft만이 아직도 지리 위치 정보를 제공하지
않고 있는데, 안타깝게도 Microsoft의 이동 기기 플랫폼인 Windows Phone 7 역시 마찬가지
이다.

요 약

이번 장에서는 새로운 지리 위치 정보 기능을 살펴보았다. 이들은 특히 이동 기기들에서
새로운 멋진 가능성을 제공한다. 스마트폰이 빠르게 확산되고 있는 만큼 위치 기반 서비스
를 받을 수 있는 사람들도 더욱 많아질 것이다. 위치 기반 서비스가 가능하면 사용자는 이동

하는 중에도 정보를 수집할 수 있다. 이를테면 가까운 현금인출기를 찾는다거나 최적의 대중교통 환승 방법을 찾는 등이 가능해진다. 현재 이런 과제들은 고유한 앱, 즉 각 이동 기기 운영체제마다 따로 개발한(그리고 끊임없이 갱신해야 하는) 응용 프로그램으로 수행하는 경우가 많다. 그러나 이제는 주요 이동 기기 브라우저들이 지리 위치 API를 잘 지원하는 만큼, 이후에는 브라우저 기반 웹 응용 프로그램이 그런 고유 앱을 대신하게 될 것이다.

8

웹 저장소와 오프라인 웹 응용 프로그램

웹 응용 프로그램의 복잡도가 클수록, 웹 응용 프로그램이 사용하는 네트워크 대역폭도 증가한다. 자료 전송 회선의 용량이 계속 커지긴 하지만, 그래도 자료 전송량을 줄여서 네트워크 사용을 최적화하는 방법을 찾는 것은 중요한 문제이다. 지금까지, 어떠한 정보를 클라이언트 쪽에 저장하는 표준화된 방법으로는 쿠키가 유일했다. 그러나 브라우저로 어떤 웹 사이트를 방문할 때마다 브라우저가 그 웹 사이트에 속한 쿠키 전체를 클라이언트에서 서버로 전송해야 하기 때문에 쿠키를 아주 크게 만들면 안 된다. 게다가 웹 서버들은 HTTP 요청 필드들의 최대 크기를 제한한다. 예를 들어 Apache 웹 서버의 기본 설정에서는 8KB가 상한이다.

이에 대해 WHATWG가 제안한 해법들은 크게 두 가지 부류로 나뉜다. 이번 장에서 두 부류 모두 이야기할 것이다. 하나는 '*Storage*' 인터페이스를 통해서 세션 정보를 위한 영속적 저장소(persistent storage)나 특정 세션에 국한되는 않은 저장소를 활용하는 것이고, 또 하나는 브라우저가 정보를 지역 파일들에 직접 저장함으로써 네트워크 연결 없이도 정보에 접근할 수 있게 하는 것이다(물론 브라우저 전역 설정의 제약 하에서). 두 접근방식 모두 아주 직접적이고 간단하면서도 견고하다.

8.1 웹 저장소

월드와이드웹에서, 불충분한 쿠키의 한계를 넘는 구조화된 클라이언트 쪽 저장소에 대한 요구는 오래전부터 있었다. Adobe는 Flash Player 버전 6에서 자료를 지역에 저장하는 수단을 도입했다. 이 저장소의 공식 명칭은 LSO(Local Shared Object)이나, 종종 Flash 쿠키라고도 한다. 기본 설정에서 LSO의 최대 크기는 100KB이지만, 사용자의 허락이 있다면 10MB까지도 가능하다. LSO의 문제는 Flash에서만 사용할 수 있다는 점, 따라서 브라우저의 보안 모형 바깥에 존재한다는 점이다. 사용자가 브라우저의 모든 쿠키를 삭제해도 웹 사이트는 Flash 쿠키를 통해서 여전히 사용자를 추적할 수 있다. Wikipedia에 따르면 웹의 상위 사이트들 중 반 이상이 Flash 쿠키를 이용해서 사용자 습성을 분석한다고 한다.

WHATWG가 이 문제를 두고 어떻게 고민했는지가 **웹 저장소** 명세서에 나와 있다. 웹 저장소가 HTML5 명세의 핵심에서 제거되긴 했지만, 여전히 HTML5와 아주 밀접하게 관련되어 있다. 현재 웹 저장소에 대한 W3C의 명세서는 아직 **편집자 초안(Editor's Draft)** 상태이나, 꽤 오래전부터 주요 브라우저들이 이를 안정적으로 지원하고 있으므로(§8.3 참고) 이후에 어떤 급격한 변화가 생길 가능성은 적다.

참 고

W3C의 웹 저장소 명세서 현재 버전은 http://dev.w3.org/html5/webstorage에 있다. WHATWG 버전은 http://www.whatwg.org/specs/web-apps/current-work/complete/webstorage.html이다.

8.1.1 'Storage' 인터페이스

Storage 인터페이스는 영속적 저장소의 공통 속성들과 접근 메서드들을 정의한다. 이 인터페이스를 따르는 sessionStorage 객체와 localStorage 객체에 공통으로 존재하는 속성들과 메서드들이 표 8.1에 나와 있다.

표 8.1 'Storage' 인터페이스의 메서드와 속성.

속성/메서드	반환값	설명
length	부호 없는 정수	이 객체에 연관된 키/값 쌍의 개수(읽기 전용).
key(n)	*DOMString*	n번째 키의 이름.
getItem(key)	*DOMString*	key에 해당하는 항목의 값(아래의 **data**)을 돌려준다.
setItem(key,data)	*void*	key에 해당하는 항목에 data(*DOMString* 형식)를 저장한다.
removeItem(key)	*void*	key에 해당하는 항목을 삭제한다.
clear()	*void*	이 개체의 모든 키/값 쌍을 삭제한다.

쿠키와 비슷하게, Storage 인터페이스는 키/값 쌍을 관리한다. 여기서 키는 DOMString 형식의 값이다. W3C DOM 명세에 따르면, *DOMString*은 UTF-16으로 부호화된 문자열이다. 따라서 독일어의 움라우트(ü, ö ä) 같은 특수 문자도 키에 사용할 수 있다. 그러나 일반적으로는 US-ASCII 문자 집합의 영문자, 숫자만 사용하는 것이 바람직하다. 심지어 빈 문자열도 유효한 키이지만, 일부러 그런 키를 사용하지는 말기 바란다. 하나의 저장소에서 각 키는 고유하다. 이미 존재하는 키로 setItem을 호출하면 새 값이 기존 값을 덮어쓴다.

setItem()과 getItem() 외에도 **웹 저장소** *API*는 또 다른 접근 수단을 제공하는데, 이쪽이 더 읽기 쉬운 경우가 많다. 예를 들어 *localStorage*에 키가 currentTemp이고 값이 18인 항목을 저장한다면 다음과 같은 코드로 충분하다.

```
localStorage.currentTemp = 18;
```

값을 읽을 때에도 동일한 표기법을 사용할 수 있다.

```
alert(localStorage.currentTemp);
```

키 이름을 알지 못하는 경우에는 다음 예처럼 key 메서드를 사용하면 된다.

```
for (var i=0;i<localStorage.length;i++) {
  var item =
    localStorage.getItem(localStorage.key(i));
    alert("Found item "+item);
  }
```

명세서에 따르면 항목의 값은 어떤 형식도 가능하나, 현재 브라우저들은 모든 값을 문자열로 저장한다. 따라서 배열이나 객체 같은 복합 자료 형식을 저장하려면 먼저 문자열로 변환해야 한다. *JSON* 라이브러리를 이용하면 이러한 변환을 매끄럽게 처리할 수 있다.

```
JSON.stringify(itemsObject)
```

브라우저가 웹 사이트를 위해 어느 정도의 디스크 용량을 할당해야 하는지에 대해 명세서는 단지 힌트만 제공할 뿐이다. 명세서에 따르면, 권장 저장 공간 상한은 기원(origin)당 5MB이다(§8.1.3 참고). 현재 브라우저 구현들은 이 권장 상한을 따르고 있다.

8.1.2 'sessionStorage'

쿠키의 한 가지 문제점은 쿠키가 웹 사이트에 직접 연관되어 있으며 브라우저 창과는 독립적이라는 것이다. 이것이 왜 문제가 되는지를 잘 보여주는 시나리오가 있다. 어떤 인터넷 쇼핑몰에서 장바구니 내용을 브라우저의 쿠키에 저장한다고 하자. 쇼핑 도중 사용자가 둘째 브라우저 창을 열고 그 창에서 다른 계정으로 쇼핑을 진행하면, 원래 창에 있던 장바구니의 내용도 변하게 된다.

쿠키를 여러 창들에 따로 적용하는 것이 불가능하지 않지만, *sessionStorage*는 원래부터 그 유효성이 현재 창에만 국한된다. 이는 여러 경우에서 바람직한 특성이다. 그림 8.1에 쿠키와 sessionStorage의 차이점을 보여주는 간단한 예제의 모습이 나와 있다.

그림 8.1 쿠키와 'sessionStorage'의 차이를 보여주는 두 개의 창.

다음은 그림 8.1의 예제를 위한 JavaScript 코드의 핵심부이다.

```
window.onload = function() {
  var currDate = new Date();
  sessionStorage.setItem("currenttime",
    currDate.toLocaleString());
  document.cookie =
    "currenttime="+currDate.toLocaleString();
  updateHTML();
}
function updateHTML() {
  document.getElementById("currenttime").innerHTML =
    sessionStorage.getItem("currenttime");
  document.getElementById("currtimeCookie").innerHTML
    = getCookie("currenttime");
}
```

웹 페이지가 다 적재되면 window.onload의 함수는 현재 날짜와 시간을 sessionStorage와 쿠키에 저장한다. updateHTML 함수는 그 값들을 웹 페이지의 두 HTML 요소들에 삽입한다. 이 웹 페이지를 브라우저의 두 창에서 열면, 두 번째로 열린 창이 쿠키 변수 currenttime

의 값을 덮어쓴다. 그런 후 첫 창에서 updateHTML 함수가 호출되면 sessionStorage와 쿠키의 내용이 다른 상태가 된다.

명세서에 따르면 sessionStorage는 브라우저의 최상위 브라우징 문맥(browsing context)에 배정된다. 이 문맥은 간단히 말하자면 열린 브라우저 창 또는 브라우저 창 안의 열린 탭에 해당한다. 반면, 예를 들어 HTML 문서 안의 iframe은 최상위 문맥이 아니라 최상위 문맥 안에 '내포된' 브라우징 문맥이다. 브라우저는 또한 각 웹 사이트마다 개별적인 sessionStorage를 마련하며, 한 사이트가 다른 사이트의 sessionStorage를 읽을 수는 없다. 이 문맥에 더 이상 접근할 수 없게 되면(브라우저 창이나 탭이 닫혀서) 브라우저는 해당 자료를 영구적으로 삭제한다.

8.1.3 'localStorage'

sessionStorage와는 달리 *localStorage*는 웹 사이트 기원만 참조하고 브라우저의 문맥은 참조하지 않는다. 기원(origin)은 페이지 URL에 있는 소문자 프로토콜 이름(이를테면 *http*)과 서버 이름(역시 소문자), 포트 번호로 구성된다. 포트 번호가 명시적으로 지정되어 있지 않으면 프로토콜의 기본 포트 번호(HTTP의 경우 80)가 쓰인다. 예를 들어 http://www.google.com/about이라는 URL의 기원은 http, www.google.com, 80이라는 세 가지 값으로 구성된다.

기원을 이런 식으로 구성하므로, 일반적으로 한 웹 사이트의 모든 페이지는 기원이 같아진다. 따라서 Google의 무료 서비스 sites.google.com처럼 모든 사용자가 같은 호스트·도메인을 사용하는 임대형 서비스들에서는 보안 문제가 발생할 수 있다. sites.google.com의 경우 서로 다른 모든 홈페이지가 http://sites.google.com/site라는 하나의 디렉터리에 있기 때문에, 결과적으로 한 사용자가 다른 사용자의 localStorage에 접근할 수 있게 된다. 그래서 명세서는 그런 환경에서는 localStorage를 사용하지 말라고 권한다.

8.1.4 'storage' 사건

저장소의 자료가 변할 때마다 storage 사건이 발생한다. 그러면 해당 콜백 함수에 변경된 항목의 키와 변경 이전의 값, 변경을 유발한 스크립트의 URL, 그리고 변경이 일어난 저장소 객체에 대한 참조가 전달된다.

현재 브라우저들의 `storage` 사건 구현 수준은 다소 '실험적'이라고밖에 말할 수 없는 상황이다. 예를 들어 Firefox 3.6에서는 사건이 발생하긴 하지만 앞에서 말한 값들이 제대로 사건 처리부에 전달되지 않는다. Firefox 4 베타 3의 경우에는 사건 처리부 함수가 아예 호출되지 않는다. IE8의 경우 사건 처리부 등록에 쓰이는 표준 `window.addEventListener` 메서드로는 `storage`의 사건 처리부를 등록할 수 없고, 대신 `window.onstorage`를 사용해야 한다. 또한 변경 사건에 대한 정보를 전역 `window.event` 객체에서 읽어야 한다. IE9 베타 3은 두 방법 모두 사건 처리부가 제대로 호출되지 않는다. Safari 5조차도 `storage` 사건에 대해 정확한 자료를 전달하지 못한다. 이 글을 쓰는 현재 Opera 버전 10.60과 Google Chrome 버전 6만이 `storage` 사건에 대해 정확한 자료를 제공한다.

8.1.5 디버깅

웹 응용 프로그램을 개발할 때, 영속적 저장소의 현재 내용을 볼 수 있으면 개발에 큰 도움이 된다. 개별 항목을 `getItem()`으로 가져와서 `alert()` 창으로 표시하는 것도 한 방법이나, 그냥 여러 개의 항목들을 간단한 표 형태로 표시할 수 있으면 좋겠다 싶은 경우도 많다. 이런 디버깅 보조 기능의 제공 수준 역시 브라우저마다 다르다.

Firefox는 저장소 내용을 표시해주는 특별한 그래픽 인터페이스를 제공하지 않는다. 다행히, 공개된 부가 기능을 이용하면 원하는 바를 얻을 수 있다. 특히 몇 년 전부터 웹 개발자들 사이에서 유명한 Firefox 확장 기능인 Firebug는 `localStorage`와 `sessionStorage`의 표시에도 탁월하다. 저장소 내용을 보려면 그냥 콘솔에 `localStorage`나 `sessionStorage`라는 단어를 입력하기만 하면 된다. 그러면 해당 JavaScript 객체의 현재 내용이 나타난다(그림 8.2). Firebug 없이 Firefox의 내부 정보를 이용해서 저장소 내용을 보는 것도 가능하다. Firefox은 내부적으로 저장소 내용을 SQLite 데이터베이스(버전 3)에 저장하는데, 이 데이터베이스를 명령줄 도구 *sqlite3*으로 들여다 볼 수 있다. 또한 Firefox 확장 기능 중에 SQLite Manager 라는 GUI 방식의 SQLite 관리 도구도 있다. 저장소 내용이 담긴 SQLite 데이터페이스 파일은 Firefox 사용자 프로파일 디렉터리의 `webappsstore.sqlite`이다.

그림 8.2 Firefox 확장 기능 Firebug로 'sessionStorage'의 내용을 보는 모습.

참 고

앞에서 언급한 Firefox 확장 기능들을 다음 주소에서 내려받을 수 있다.

- **Firebug:** http://getfirebug.com
- **sqlite-manager:** http://code.google.com/p/sqlite-manager

Apple의 Safari는 통합된 디버깅 도구를 제공하는데, 먼저 Advanced Preferences에서 활성화시켜야 사용할 수 있다. 일단 활성화시키고 나면 Develop라는 새 메뉴가 생긴다. 이 메뉴로 콘솔을 띄운 후 Firebug에서처럼 저장소 내용을 볼 수 있다.

Google Chrome과 Opera 역시 통합된 디버깅 도구를 제공한다. 이를 이용해서 웹 페이지의 모든 요소에 아주 편리하게 접근할 수 있다. 두 브라우저의 디버깅 도구 모두 `localStorage`와 `sessionStorage`, 쿠키의 내용을 명확하고 상세하게 표시해준다(그림 8.3). 또한 사용자가 직접 항목을 추가하거나 기존 항목을 변경, 삭제할 수 있다.

그림 8.3 Opera 개발자 도구.

Internet Explorer 9도 개발자 도구를 제공한다. DOM 트리와 CSS 속성, 스크립트 디버거, 네트워크 프로파일링 외에 Firebug나 Safari, Chrome, Opera와 비슷한 방식으로 작동하는 브라우저 콘솔이 있다.

참 고

최근 브라우저 버전들의 개발자 도구는 아주 훌륭하다. 쿠키와 sessionStorage, localStorage 를 자세히 조사하는 데 유용함은 물론, 웹 개발의 다른 여러 측면에도 크게 도움이 된다.

8.2 오프라인 웹 응용 프로그램

네트워크에 연결되지 않은 상태에서도 응용 프로그램이 제대로 작동하게 하기 위해서는 HTML 파일들과 JavaScript 파일들, 그리고 매체 파일들을 클라이언트 컴퓨터에 안정적으로 저장해 두어야 한다. 모든 브라우저가 나름대로의 내용 저장(캐시) 기능을 가지고 있긴 하지만, 그러한 내용에 접근하기 위한 '표준화된' 방법은 없었다. HTML5 명세서는 이 문제를

*Offline Web applications*라는 제목의 절에서 본격적으로 다룬다. HTML5가 제시하는 해법은, 간단한 설정 파일을 통해서 제어할 수 있는 독립적인 오프라인 저장소를 사용하는 것이다. 웹 응용 프로그램 개발자는 오프라인 저장소에 저장될 내용을 확장자가 `.appcache`인 소위 캐시 매니페스트(cache manifest) 파일로 제어한다. HTML 문서에서는 `html` 태그의 `manifest` 특성을 통해서 원하는 매니페스트 파일을 지정한다.

```
<!DOCTYPE html>
 <html manifest="menu.appcache">
  <head>
```

캐시 매니페스트 파일의 구성은 다음과 같이 아주 간단하다.

```
CACHE MANIFEST
menu.html
menu.js
menu_data.js
```

이 예에서 보듯이, 캐시 매니페스트 파일에는 복잡한 XML 구조가 필요 없다. Windows의 `.ini` 파일보다도 더 간단하게, 그냥 보통의 텍스트 파일에 캐싱할(오프라인 저장소에 저장할) 파일 이름들을 나열한 것일 뿐이다. 가장 단순한 경우에서는, 이 `.appcache` 파일에 나열된 항목들이 모두 캐싱된다. 저장소는 이 매니페스트 파일이 변했을 때에만 갱신된다. 또한 `html` 태그의 `manifest` 특성을 통해서 이 매니페스트 파일을 참조하는 모든 파일도 자동으로 캐싱된다. 그러나 명세서는 캐싱할 파일들을 매니페스트 파일에서 명시적으로 지정할 것을 권하고 있다. 그럼 캐시 매니페스트 파일을 좀 더 자세히 살펴보자.

8.2.1 캐시 매니페스트 파일

확장자가 `.appcache`인 캐시 매니페스트 파일은 보통의 텍스트 파일이되, 문자 인코딩 방식은 반드시 *UTF-8*이어야 한다. 또한 첫 줄은 반드시 **CACHE MANIFEST**이어야 한다. 그리고 웹 서버가 이 파일을 출력할 때에는 MIME 형식을 반드시 *text/cache-manifest*로 해야 한다.

　`.appcache` 파일에 사용할 수 있는 특별한 키워드는 총 세 개이다. 이들은 각각 개별적인 섹션을 시작한다. 간단한 예를 보자.

```
CACHE MANIFEST
menu.html
menu.js

# 로그인하려면 네트워크 연결이 필요함.
NETWORK:
login.php

FALLBACK:
/ /menu.html

CACHE:
style/innbar.css
```

다른 여러 설정, 구성 스크립트에서처럼, #로 시작하는 줄은 주석(comment)이다. `NETWORK:`은 새 섹션의 시작을 알린다. 이 섹션은 소위 **화이트리스트**로, 구체적으로 말하면 반드시 네트워크에서 가져와야 하는 항목들의 목록이다. 위의 예에서는 `login.php`를 지정했는데, 이는 지금 예제의 경우 로그인을 위해서는 반드시 네트워크를 통해서 웹 서버와 통신을 해야 하기 때문이다.

`FALLBACK:`으로 시작하는 섹션은 브라우저가 오프라인 상태일 때 **오프라인 저장소**(캐시)에서 원하는 항목을 찾지 못했을 경우 대신 사용할 항목을 지정하기 위한 것이다. 위의 예에서 '원하는 항목'은 `/`이고 대신 사용할 항목은 `menu.html`이다. `/`는 웹 사이트의 최하위 수준에 해당하므로, 결과적으로 이 대체 규칙은 웹 사이트의 모든 파일에 적용된다. 결과적으로, 오프라인 캐시에 어떤 자원이 없으면 대신 `menu.html`이 쓰인다.

마지막으로, `CACHE:`는 캐싱할 항목들의 섹션을 다시 여는 역할을 한다. 위의 예의 경우 스타일시트 파일 `style/innbar.css` 역시 매니페스트 파일 제일 위에 나온 항목들과 함께 캐싱된다. 이 파일을 매니페스트 파일 상단에 두었다면 **CACHE:** 섹션이 필요 없었을 것이다.

명세서에는 다음과 같은 흥미롭고 특별한 캐시 매니페스트의 예가 나와 있다.

```
CACHE MANIFEST
FALLBACK:
/ /offline.html
NETWORK:
*
```

이런 캐시 매니페스트를 이용하면 웹 서버에 있는 HTML 페이지들의 완전한 **오프라인 캐시**라고 할만한 것을 만들 수 있다. 캐시 메니페스트를 참조하는 모든 HTML 파일은 최초 적재 시 지역 저장소에 저장되며, 매니페스트가 변했을 때에만 서버로부터 다시 전송된다. 위의 예에서 FALLBACK 섹션은 캐시에 없는 모든 HTML 페이지 요청을 /offline.html로 재지정한다. 이 경우 와일드카드 *가 지정된 NETWORK 섹션은 필수이다. 이것이 없으면 브라우저가 온라인 상태라고 해도 페이지가 정확하게 표시되지 않는다.

8.2.2 오프라인 상태와 사건들

오프라인 웹 응용 프로그램을 위한 API는 오프라인 저장소의 상태를 점검하는 수단과 필요하다면 저장소 내용을 직접 변경할 수 있는 수단을 제공한다. 오프라인 저장소 상태는 window.applicationCache 객체의 읽기 전용 속성인 status의 값으로 알아낼 수 있다. 표 8.2는 이 속성의 수치 값과 그 의미이다.

표 8.2 응용 프로그램 캐시 상태 상수와 그 의미

값	이름	의미
0	UNCACHED	페이지가 캐시에 있지 않음. 이는 페이지가 오프라인 저장소에 저장될 대상이 아니기 때문일 수도 있고, 아직 서버에서 적재되지 않았기 때문일 수도 있다.
1	IDLE	브라우저가 오프라인 저장소의 최신 버전을 내려받았음.
2	CHECKING	브라우저가 캐시 매니페스트의 변경 여부를 확인하고 있음.
3	DOWNLOADING	캐시 매니페스트가 변경되었음을 확인한 후 새로운 캐시 내용을 내려받고 있음.
4	UPDATEREADY	브라우저가 새 내용을 모두 내려받았으나, 아직 새 캐시를 사용하고 있지는 않음.
5	OBSOLETE	캐시 매니페스트 파일을 적재하지 못했으면 해당 캐시는 '폐기' 대상으로 간주됨. 이 경우 브라우저는 반드시 캐시를 삭제해야 함.

브라우저 개발자 도구의 콘솔에서 window.applicationCache.status를 입력하면 현재 상태 값을 알 수 있다. 브라우저는 그림 8.2에서처럼 해당 수치 값을 표시할 것이다.

응용 프로그램 캐시의 작동 방식을 스크립트에서 제어할 수 있도록, 브라우저는 상황에 따라 특정한 사건들을 발생한다. JavaScript에서는 다음과 같은 방식으로 그런 사건들에 반응할 수 있다.

```
window.applicationCache.addEventListener("progress",
    function(e) {
      alert("New file downloaded");
    }, false);
```

이 예에 나온 **progress** 사건은 웹 서버로부터 파일이 새로 적재될 때마다 발생한다. 위의 예는 파일이 새로 적재되면 **alert** 창을 띄워서 그 사실을 알린다. 표 8.3에 이 사건을 비롯한 다른 여러 오프라인 저장소 관련 사건들이 정리되어 있다.

표 8.3 오프라인 저장소 관련 사건들.

이름	설명
checking	브라우저가 캐시 매니페스트의 새 버전이 있는지 점검할 때 발생한다.
noupdate	서버에 새 캐시 매니페스트가 없음이 확인되면 발생한다.
downloading	브라우저가 캐시에 저장할 파일들의 한 버전을 내려받을 때 발생하며, 또한 파일들을 처음으로 내려받을 때에도 발생한다.
progress	내려받은 각 파일마다 발생한다.
cached	캐시의 모든 항목을 내려받았을 때 발생한다.
updateready	캐시의 모든 항목을 다시 내려받았을 때(캐시 매니페스트가 변경되어서) 발생한다.
obsolete	캐시 파일을 적재할 수 없을 때 발생한다.
error	캐시의 항목들을 내려받는 도중 오류가 있었을 때 발생한다. 오류의 원인은 다양한데, 예를 들어 캐시 매니페스트에 잘못된 항목이 있으면 오류가 난다.

error 사건은 오류를 추적할 때 아주 유용하다. 캐시 매니페스트에 나열된 파일을 발견할 수 없으면 브라우저는 이 사건을 발생시키면서 모든 스크립트 실행을 종료한다. 디버깅 도중에 설마 파일이 없어서 이런 일이 생겼을 거라고는 미처 생각하지 못할 수 있다. 오프라인 웹 응용 프로그램의 디버깅에 대해서는 §8.2.3에서 좀 더 이야기하겠다.

응용 프로그램 캐시 API는 이 외에도 **update()**와 **swapCache()**라는 메서드를 제공한다. 이 메서드들로는 페이지를 다시 적재하지 않고도 캐시를 갱신할 수 있다. 다음은 클릭하면 캐시가 갱신되는 버튼을 만드는 예이다.

```
<button onclick="window.applicationCache.update();">
  update applicationCache</button>
```

캐시 갱신에 의한 **updateready** 사건은 다음과 같이 처리한다. 브라우저는 갱신된 버전을 모두 성공적으로 내려받으면 즉시 지정된 콜백 함수를 호출한다. 콜백 함수는 **swapCache()** 를 호출해서 기존 캐시를 갱신된 버전으로 덮어쓴다.

```
window.applicationCache.addEventListener("updateready",
    function(e) {
      window.applicationCache.swapCache();
      alert("New Cache in action");
    }, false);
```

update() 메서드는 먼저 캐시 매니페스트 파일을 점검한다. 그 파일이 변하지 않았다면, 캐시 안의 개별 파일의 변경 여부와는 무관하게 어떠한 갱신도 일어나지 않는다. 버튼을 클릭하지 않고 페이지 자체를 다시 적재한 경우에도 이상에서 말한 것과 동일한 과정이 일어난다.

캐시의 수동 또는 자동 제어가 바람직한 상황들이 있다. 예를 들어 공공장소에서 모니터로 현재 뉴스를 보여주는 경우처럼 사용자의 개입 없이 응용 프로그램이 실행되어야 하는 경우, **setInterval()**을 이용해서 배경에서 주기적으로 호출되는 함수를 통해 캐시를 갱신하면 될 것이다. 그러면 네트워크에 연결이 되어 있든 아니든 HTML 페이지들을 안정적으로 표시할 수 있다.

명세서에는 브라우저가 온라인인지 오프라인인지를 알려주는 속성이 나와 있는데, 바로 **window.navigator.onLine**이다. 브라우저가 네트워크에 연결되어 있지 않으면, 또는 네트워크 접속이 실패할 것이 확실하면, 이 속성의 값은 *false*이다. 그 외의 모든 경우 이 속성은 *true*이다.

참 고

window.navigator.onLine의 값이 *true*라고 해도 반드시 브라우저가 인터넷에 접속할 수 있다는 뜻은 아니다. 공공 인터넷이 아니라 사설 통신망에 연결된 상태 역시 **온라인**에 해당한다.

주요 브라우저들은 오프라인 모드로 변경하는 기능을 제공한다. 예를 들어 Mozilla Firefox에서는 '파일' 메뉴에서 '오프라인으로 작업'을 선택하면 된다. 브라우저가 온라인 모드에서 오프라인 모드로 바뀌면 offline이라는 사건이 발생하고, 그 반대의 경우에는 online 사건이 발생한다.

```
window.addEventListener("online", function() {
 alert("You are now online");
}, false);
window.addEventListener("offline", function() {
 alert("You are now OFFLINE");
}, false);
```

위의 예는 브라우저의 온라인/오프라인 상태가 변하는 즉시 **alert** 창을 띄운다. 오프라인을 지원하는 웹 응용 프로그램이라면 서버에서 새 자료를 가져오거나 지역에 저장된 자료를 서버에 복사하는 등의 처리에 이 사건들을 활용하면 될 것이다.

8.2.3 디버깅

웹 개발자라면 아마 소스 코드를 열심히 고치고 브라우저에서 웹 페이지를 다시 적재했는데 결과가 변하지 않는 현상을 겪은 적이 있을 것이다. 웹 페이지의 내용이 서버에서 브라우저로 가는 도중에는 페이지 내용이 임시로 보관되는 장소들이 여럿 있는데, 많은 경우 이는 속도 향상, 대역폭 절감 등의 긍정적인 결과를 내지만, 웹 개발자에게는 밤을 새워 고생하게 만드는 요인이 되기도 한다.

안타깝게도, **오프라인 웹 응용 프로그램**에서는 이 문제가 더욱 복잡해진다. 오프라인 웹 응용 프로그램에는 캐시가 더 추가되며, 이는 웹 페이지 구성요소가 갱신되거나 갱신되지 않을 여지가 있는 장소가 더 늘어난다는 뜻이다. 이 문제를 잘 해결한다면 오프라인 웹 응용 프로그램을 개발하는 웹 개발자의 수많은 시간이 절약될 수 있을 것이다. 그런데 이를 제대로 해결하기 위해서는 구조적인 접근방식이 필요하다.

우선 필요한 것은, 웹 서버가 실제로 최신 버전의 캐시 매니페스트 파일을 출력하는지 확인하는 일이다. 한 가지 방법은 서버 접근 기록 파일을 살펴보는 것인데, 예를 들어 다음은 Apache 웹 서버의 접근 기록 파일이다.

```
::1 - - [26/Jul/2010:14:50:46 +0200] "GET
/code/chap_storage/menu.appcache HTTP/1.1" 200 491
"-" "Mozilla/5.0 (X11; U; Linux x86_64; en-US)
AppleWebKit/534.3 (KHTML, like Gecko) Chrome/6.0.472.0
Safari/534.3"
::1 - - [26/Jul/2010:14:50:46 +0200] "GET
/code/chap_storage/menu.appcache HTTP/1.1" 304 253
"-" "Mozilla/5.0 (X11; U; Linux x86_64; en-US)
AppleWebKit/534.3 (KHTML, like Gecko) Chrome/6.0.472.0
Safari/534.3"
```

200이라는 HTTP 상태 코드는 파일이 완전히 처리되었음을 뜻하지만, 304는 파일이 변하지 않았으며 다시 처리되지 않았음을 뜻한다.

다음으로 점검할 것은 브라우저 쪽 상태이다. 이를 위한 도구는 브라우저마다 다른데, Firefox와 Google Chrome의 것이 특히나 편리하다.

Google Chrome의 경우 개발자 도구 콘솔에서 *applicationCache* 객체의 현재 상태를 추적할 수 있다. 그림 8.4가 그러한 예로, 페이지가 처음 적재되었을 때 브라우저가 오프라인 저장소를 생성하는 과정이 나타나 있다. 그 과정에서 여러 파일들이 다운로드되고 각 파일마다 progress 사건(§8.2.2 참고)이 발생했음을 확인할 수 있다. noupdate 사건은 페이지를 다시 적재했을 때 생긴 것인데, 캐시 매니페스트 파일이 변하지 않았기 때문에 발생한 것이다. 이 예에서 보듯이, Chrome은 사건들을 순서대로 아주 명확하게 나열한다.

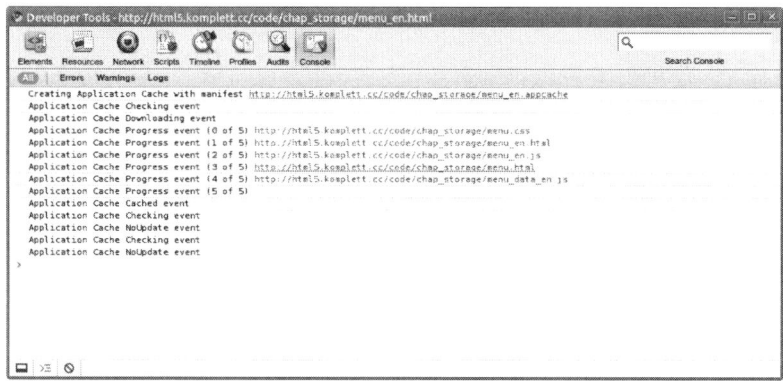

그림 8.4 Google Chrome의 오프라인 저장소에 관한 상태 메시지들.

Mozilla Firefox 개발자들은 캐시에 관한 정보를 브라우저 자체에 직접 내장했다. 브라우저로 `about:cache?device=offline`이라는 주소를 열어 보면 이 캐시의 모든 항목이 목록 형태로 나타난다. 브라우저가 오프라인 모드이면 각 항목의 좀 더 자세한 정보(하드 디스크 상의 파일 위치 등)가 나타난다. 그림 8.5에 예가 나와 있다.

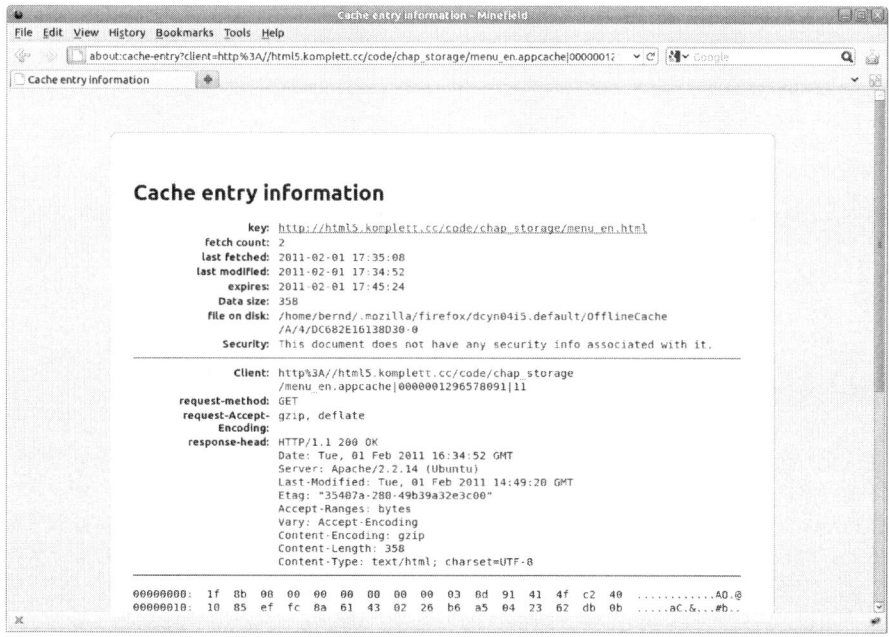

그림 8.5 Firefox에 표시된, 오프라인 캐시의 한 항목에 관한 정보.

브라우저가 캐시 매니페스트를 다시 적재하려면 캐시 매니페스트 파일의 내용이 실제로 수정되어야 한다. 파일을 수정 없이 그냥 다시 저장하거나, UNIX 명령 touch로 최종 수정 일자만 바꾸는 것으로는 부족하다. 응용 프로그램 개발 도중이라면 그냥 캐시 매니페스트 파일의 주석에 글자 하나를 추가해서 저장하고 다음번에는 그 글자를 다시 삭제하는 식으로 진행해도 충분할 것이다. 그러나 실제 서비스 상황이라면 그러한 작업을 자동화하는 것이 바람직하다.

웹 응용 프로그램을 *Subversion* 같은 버전 관리 시스템으로 관리하는 독자라면, 파일 수정 시 Subversion이 자동으로 치환하는 *ID*나 *revision* 같은 키워드를 해결책으로 떠올릴 수도 있겠다. 그러나 그런 키워드는 캐시 매니페스트 파일의 내용이 실제로 수정되었을 때에만 바뀐다. 즉, 문제는 여전히 동일한 것이다. 버전 관리 시스템을 사용한다고 할 때 또 다른 해결책 하나는, 응용 프로그램의 새 버전을 설치했을 때 해당 디렉터리의 버전 정보를 읽어서 그것을 캐시 매니페스트 파일에 기록하는 스크립트를 만드는 것이다(이 방법은 디렉터리의 모든 내용물이 캐시에 속한다는 전제를 깔고 있다). UNIX라면 다음과 같은 셸 명령을 실행하는 스크립트를 만들면 된다.

```
SVNV=$(svnversion -n) && \
 sed -e "s/^## svn.*/## svn repo version $SVNV/" \
 -i menu.appcache
```

이 명령은 캐시 매니페스트 파일의 기존 주석 줄에 있는 현재 디렉터리의 Subversion 버전 번호를 최신의 것으로 대체한다.

8.3 브라우저 지원

웹 저장소는 현재 모든 주요 브라우저가 지원한다. 심지어 Internet Explorer도 버전 8부터 이 기능을 제공한다. IE의 그 이전 버전을 지원해야 한다면 *sessionStorage*의 기능성을 구현하는 오픈소스 JavaScript 라이브러리를 사용하는 것이 한 방법이다. 이 라이브러리는 한 가지 요령을 이용해서 세션 저장소 기능을 흉내낸다. http://code.google.com/p/sessionstorage 에 이 라이브러리에 대한 좀 더 자세한 정보와 다운로드 링크가 있다.

안타깝게도, Internet Explorer는 오프라인 웹 응용 프로그램을 전혀 지원하지 않는다. 최신 버전인 IE9도 마찬가지이다. 표 8.4에 웹 저장소와 오프라인 웹 응용 프로그램을 지원하는 브라우저별 최소 버전이 정리되어 있다. 브라우저 버전과 출시 일자 사이의 상관관계를 보고 싶다면 제1장 끝에서 소개했던 Timeline 페이지를 참고하기 바란다. 주소는 http://html5.komplett.cc/code/chap_intro/timeline.html?lang=en이다.

표 8.4 주요 브라우저의 웹 저장소와 오프라인 웹 응용 프로그램 지원 상황.

	Firefox	Opera	Chrome	Safari	IE
웹 저장소	3.0	10.50	3.0	4.0	8.0
오프라인 앱	3.5	10.60	4.0	4.0	

8.4 예제: Click to tick!

이번 장을 마무리하는 의미에서, 지금까지 말한 두 기법을 조합한 예제 *Click to tick!*을 살펴보자. 이 예제는 아무 이름표도 없는 지도에서 특정 장소나 지형지물을 찾는 일종의 교육용 게임이다. 플레이어는 지도에서 대상을 찾아 마우스를 최대한 정확하게 클릭해야 한다. 라운드당 적중 횟수가 많을수록 플레이어의 최종 점수도 높아진다.

먼 자동차 여행 도중 아이들이 *iPad* 같은 기기로 게임을 즐길 수 있도록, 이미지, JavaScript, HTML 파일 등의 필수 자원들을 오프라인 저장소(§8.2)에 저장하기로 한다. 최고 점수 기록은 *localStorage*(§8.1)에 저장한다. 그러면 컴퓨터를 꺼도 최고 점수 기록이 사라지지 않는다. 컴퓨터가 인터넷에 연결되면 새 점수들을 서버에 올려서 전역 최고 점수를 관리하는 것도 좋을 텐데, 이에 대해서는 §8.4.4 "몇 가지 확장안들"에서 이야기하겠다. 이 예제는 또한 서버에 새로운 게임 과제가 있으면 내려받는 기능도 제공한다.

HTML5에 관련된 새 기법들을 적용함으로써, 브라우저를 일종의 실행시점 환경(runtime environment)으로 사용하는 독립적인 응용 프로그램을 만들 수 있다. 이런 응용 프로그램에서 하드웨어와 소프트웨어, 그리고 기기의 운영체제는 부차적인 요소이고, 브라우저가 프로그램 실행의 중심 요소가 된다. Google의 *ChromeOS*나 Palm의 *webOS* 같은 현대적인 운영체제들이 이런 기법에 의존한다. 오프라인 저장소와 .appcache 파일을 사용한 덕분에 프로그램에 자동 갱신 기능이 저절로 생겼는데, 개발자로서는 정말로 즐거운 일이 아닐 수 없다.

그림 8.6은 게임의 실행 모습이다. 이 라운드에서 플레이어는 파리 도심의 여덟 장소 중 여섯 개를 성공적으로 찾아냈다. 나쁘지 않은 점수이다!

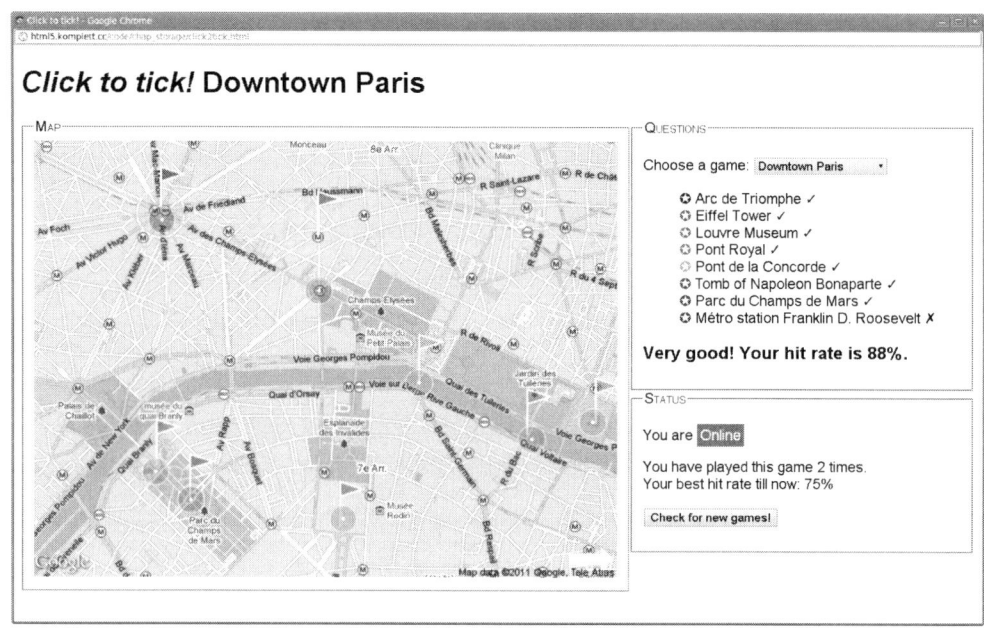

그림 8.6 "Click to tick!" 게임의 실행 모습.

8.4.1 플레이어 입장에서 본 응용 프로그램의 작동 방식

응용 프로그램이 시작되면 브라우저는 왼쪽 영역에 게임 플레이 공간으로 쓰이는 상호작용적인 지도를 적재한다. 이 지도 안에 플레이어가 찾아야 하는 대상 지점들이 들어 있다. 오른쪽에는 선택 가능한 게임 과제 목록과 현재 점수가 나타난다. 사용자가 이전에 게임을 했었다면 사용자의 최고 점수(적중률)와 게임 플레이 횟수도 나타난다. 그림 8.6에서 보듯이, 게임은 또한 브라우저가 현재 온라인인지 오프라인인지도 표시해 준다. 온라인인 경우 게임 내용 갱신을 위한 버튼('Check for new games!')이 표시된다.

게임을 시작하면 왼쪽에 사용자가 찾아야 할 장소가 제시된다. 사용자는 왼쪽 지도에서 그 장소에 해당하는 지점을 클릭한다. 그러면 지도에 작은 깃발이 나타나서 사용자가 어디를 클릭했는지 보여준다. 그와 동시에, 올바른 위치에 동그란 원 모양의 표식이 표시된다. 깃발과 원은 같은 색이며 반투명하게 지도 위에 표시된다. 깃발이 원 안에 있으면 사용자가 잘 맞춘 것이다. 또한 왼쪽 창에는 해당 장소 이름과 적중 여부가 표시된다(적중한 경우 체크 표시, 그렇지 않은 경우 X자). 이름 앞의 별표가 깃발이나 원과 같은 색이므로, 나중에 라도 어디가 어디인지를 쉽게 확인할 수 있다(그림 8.6).

사용자가 모든 질문에 답하면 게임은 사용자의 적중률에 따라 사용자를 칭찬하거나 다음에 더 잘 해보라고 격려하는 문구를 오른쪽 영역에 표시한다. 이제 사용자는 선택 목록에서 다른 게임 과제를 선택하거나, 지도 오른쪽 하단의 화살표를 클릭해서 현재 게임 과제를 다시 시도할 수 있다.

8.4.2 게임 관리자를 위한 기능

이 예제는 관리자가 새 지도와 대상 장소들을 추가할 수 있는 인터페이스(click2tick_creator. html)도 제공한다. 이 인터페이스는 익숙한 Google 지도 뷰를 제공한다. 관리자는 통상적인 방식으로 지도를 확대·축소하거나 이동할 수 있다. 찾을 대상들을 추가하려면 우선 Record 버튼을 클릭해서 지도를 고정시켜야 한다. 그 상태에서 지도를 마우스로 클릭할 때마다 지도 오른쪽(또는 아래) JavaScript 코드 창에 해당 위치의 픽셀 좌표와 식별자를 정의하는 JavaScript 코드가 한 줄씩 추가된다.

페이지의 이 코드 창 부분은 contenteditable로 선언되어 있으며, 따라서 HTML 페이지 안에서 식별자들을 직접 수정할 수 있다. 이런 식으로 원하는 대상 장소들을 모두 추가하고 JavaScript 코드의 식별자 부분을 적절히 수정했다면, 완성된 JavaScript 코드를 복사해서 JavaScript 파일에 저장하고 게임의 HTML 코드의 head 요소에서 그 파일을 참조하는 코드를 추가한다. 그러면 새로운 게임 과제가 추가된 것이다. 생성된 JavaScript 코드의 수정을 비롯해서 이 과정에 대한 좀 더 자세한 사항은 관리자 인터페이스 페이지 상단의 도움말을 참고하기 바란다.

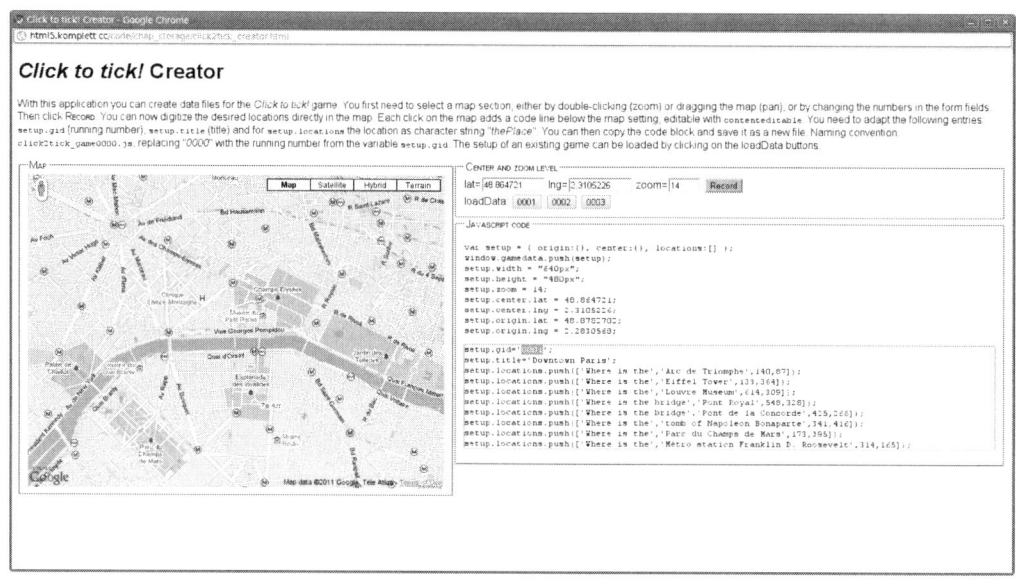

그림 8.7 새 게임 과제를 추가하기 위한 관리 인터페이스.

새 게임 과제를 오프라인에서 사용할 수 있게 하기 위해서는 생성된 JavaScript 파일 이름을 appcache 파일에 추가해야 한다. Google 지도의 정적 지도의 주소를 찾기 위해서는 게임을 디버그 모드로 한 번 실행해 주어야 한다. 게임 페이지의 URL 끝에 ?debug=1을 붙여서 열면 된다. 이 모드에서는 플레이 영역 아래에 지도 이미지의 URL이 나타난다.

참 고

관리 인터페이스에 쓰인 Google 지도 API와 캔버스, JavaScript의 환상적인 연동 방식이 궁금한 독자라면 페이지 소스 코드를 들여다 보기 바란다. 주소는 http://html5.komplett.cc/code/chap_storage/click2tick_creator.html이다.

8.4.3 주요 코드

이번 절에서는 *Click to tick!* 게임의 코드 중 중요한 부분들을 살펴본다. HTML 코드로 시작해서 캐시 매니페스트 파일들을 거쳐 JavaScript 코드로 나아간다.

8.4.3.1 게임의 HTML 코드

Click to tick! 게임의 HTML 코드는 상당히 깔끔하다. 목록 8.1에서 보듯이, 50줄 미만의 잘 정리된 코드가 응용 프로그램의 기본 구조를 형성한다. 물론 응용 프로그램의 작동 논리는 이 HTML 코드가 아니라 약 300줄가량의 꽤 긴 JavaScript 파일에 들어 있다. 기본적으로 HTML 코드는 게임 실행 시 채워질 요소들의 자리를 지정하는 역할을 할 뿐이다.

목록 8.1 "Click to tick!" 게임의 HTML 코드의 뼈대.

```
<!DOCTYPE html>
<html manifest=click2tick.appcache>
 <head>
   <meta charset="utf-8">
   <title>Click to tick!</title>
   <link rel="stylesheet" media="all"
     href="click2tick.css">
 <script src="click2tick.js"></script>
 <script src="click2tick_game0001.js"></script>
 <script src="click2tick_game0002.js"></script>
 ...
 <div id="map">
  <fieldset>
    <legend>Map</legend>
    <canvas>This game requires a canvas capable browser/canvas>
  </fieldset>
  <p id=mapUrl></p>
 </div>
 <div id="controls">
  <fieldset>
    <legend>Questions</legend>
    <p>Choose a game:
      <select id=selGame name=games></select></p>
    <ul id="gameResults"></ul>
    <h3 id="curQuestion"></h3>
  </fieldset>
  <fieldset>
    <legend>Status</legend>
    <p>You are <span id="onlineStatus" class=online></span></p>
    <p id="localStorage"></p>
```

```
  <p id="updateButton"><input type=button onclick="location.reload();"
     value="Check for new games!"></p>
 </fieldset>
</div>
```

DOCTYPE 정의는 이제 익숙할 것이므로 넘어가고, 다음으로 html 요소를 보면 appcache 특성에 캐시 매니페스트 파일이 지정되어 있다. head 요소에서는 주된 JavaScript 코드와 함께 게임 과제가 담긴 JavaScript 파일을 적재한다. click2tick_game0001.js, click2tick_game0002.js 등이 그러한 파일이다.

본문 부분을 보면 canvas 요소가 하나 있다. 짐작했겠지만, 이것이 바로 게임 플레이 영역이다. ID가 selGame인 select 요소는 지금은 비어 있지만, 게임이 시작되면 선택 가능한 게임 과제 목록이 채워진다. ID가 gameResults, curQuestion, onlineStatus, localStorage인 HTML 요소들 역시 이후 JavaScript 함수가 적절히 채울 것이다. 'Check for new games!'라는 이름의 버튼을 클릭하면 location.reload 호출에 의해 웹 사이트가 다시 적재되고, 그러면 브라우저는 캐시 매니페스트 파일을 점검해서 파일이 수정되었으면 새 게임 과제들을 불러온다.

8.4.3.2 캐시 매니페스트 파일

다음으로 캐시 매니페스트 파일을 보자. 반드시 필요한 첫 줄 다음에는 게임의 주된 부분을 구성하는 HTML 파일과 JavaScript 파일, CSS 스타일시트 파일이 명시되어 있다. 그다음은 각 게임 과제별 JavaScript 파일과 해당 Google 지도이다.

```
CACHE MANIFEST

# application files
click2tick.html
click2tick.js
click2tick.css

# gamedata
# Downtown Paris
click2tick_game0001.js
```

```
http://maps.google.com/maps/api/staticmap?sensor=false&maptype=satellite
&size=640x480&center=48.864721,2.3105226&zoom=14
```

개별 Google 지도의 URL 자체는 동적이지만, 일단 전송된 이미지가 오프라인 저장소에 저장되고 나면 그 이후부터는 네트워크 연결 없이도 해당 지도 이미지를 사용할 수 있다. 그림 8.8은 세 개의 게임 과제들이 오프라인 저장소에 성공적으로 저장된 상태를 보여준다.

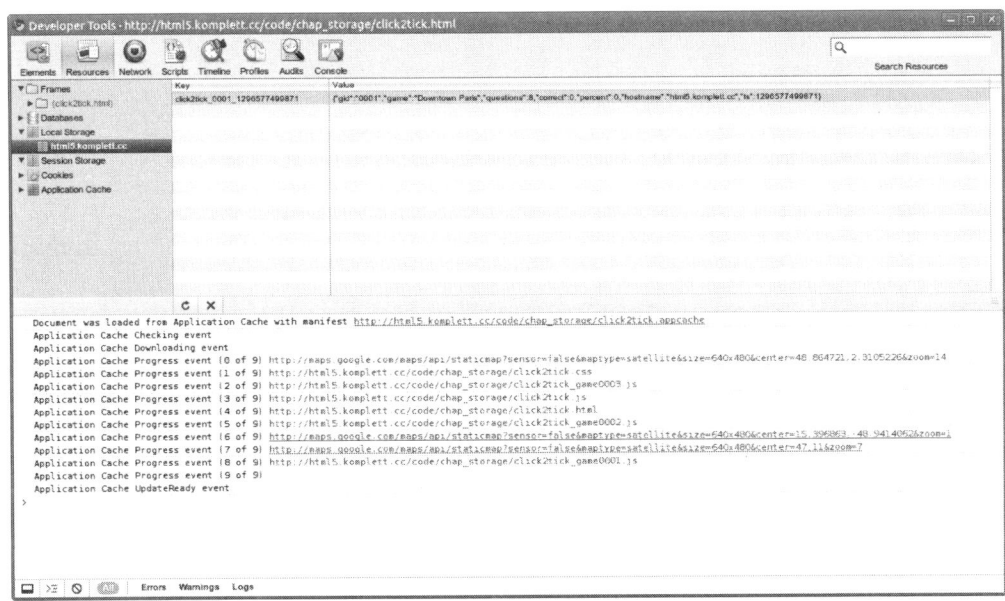

그림 8.8 Google Chrome 개발자 도구로 오프라인 캐시의 내용을 본 모습.

8.4.3.3 JavaScript 코드

예제 게임의 HTML 부분은 별로 이야기할 것이 없었다. 그러나 JavaScript 부분은 훨씬 더 흥미롭다. 페이지 적재 시 호출되는 `window.onload` 콜백 함수는 `click2tick` 형식의 새 객체 `game`을 초기화하고 그 객체의 `init` 메서드를 호출한다.

```
window.onload = function() {
  var game = new click2tick();
  game.init();
};
```

JavaScript 코드를 최대한 유연하게 유지하기 위해, 게임 기능 전체를 GameLib라는 하나의 라이브러리에 담고, 라이브러리의 모든 함수를 어디에서나 호출할 수 있도록 라이브러리를 한 전역 객체의 속성에 배정한다.

```javascript
(function () {
  var GameLib = function () {
    var elem = {};
    var image, canvas, context;
  ...
  };
  // 객체를 노출시킨다.
  window.click2tick = GameLib;
}());
```

끝에서 둘째 줄은 window 객체에 click2tick이라는 새 속성을 만들고 거기에 GameLib 라이브러리를 배정한다. 이 라이브러리의 init 메서드는 canvas 요소를 초기화하고 첫 게임 과제로 게임을 시작한다(목록 8.2).

목록 8.2 GameLib 라이브러리의 init 함수.

```javascript
    this.init = function() {
    // 게임 선택 메뉴를 만든다.
    var o = ''
    for (var i=0; i<gamedata.length; i++) {
       o += addOpt(i,gamedata[i].title);
    }
    _get('selGame').innerHTML = o;
    _get('selGame').options.selectedIndex = 0;
    _get('selGame').onchange = function() {
      startGame(this.value);
    };

    // 나중에 지도로 사용할 빈 이미지를 만든다.
    image = new Image();

    canvas = document.querySelector("CANVAS");
    context = canvas.getContext('2d');
    canvas.onclick = function(evt) {
```

```
        checkPosition(evt);
    };
...
    startGame(0);
  };
```

addOpt() 함수와 _get() 함수는 이번에 처음 등장했다. 이들은 보조 함수로, addOpt() 는 새 option 요소를 위한 문자열을 조합하는 역할을 하고 _get()은 DOM 트리의 요소에 효율적으로 접근(ID를 통해서)하기 위한 것이다. ID가 selGame인 HTML 요소는 모든 게임 과제를 담은 선택 목록이다. selectedIndex = 0에 의해 이 목록의 첫 항목이 선택된다. 사용자가 이 목록의 다른 항목을 선택하면 그 항목의 색인을 인수로 해서 startGame 함수 가 호출된다.

좀 더 내려와서, init() 함수는 사용자가 canvas 요소를 클릭하면 checkPosition 함수 가 호출되도록 onclick 속성을 설정한다. 그런 다음에는 첫(0번) 게임 과제로 게임을 시작 한다.

GameLib에는 이번 장의 주제인 웹 저장소나 오프라인 캐시와는 직접적인 관련 없이 단지 게임을 제대로 돌아가게 만드는 데 연관된 함수들이 많이 있다. 그런 함수들에 대해서는 여기에서 자세히 이야기하지 않겠다. 궁금한 독자는 JavaScript 라이브러리 *click2tick.js*의 소스 코드를 보기 바란다. 이번 장과 관련이 있는 것은 다음과 같이 오프라인 저장소 인터페 이스 *localStorage*를 사용하는 JavaScript 코드이다. 이 코드는 게임 플레이 기록을 저장하는 역할을 한다.

```
// ...localStorage에 저장할 객체에 게임 플레이 기록을 추가한다...

// 그리고 저장 객체에 호스트 이름과 시간(타임스탬프)도 추가한다.
var ts = new Date().getTime();
var id = "click2tick_"+game.store.gid+"_"+ts;
game.store.hostname = location.hostname;
game.store.ts = ts;
localStorage.setItem(id, JSON.stringify(game.store));
```

localStorage에서 키 이름이 중복되지 않도록, 접두사(click2tick)와 게임 과제 ID

(game.store.gid), 타임스탬프(ts)를 밑줄(_)로 연결해서 키 이름을 만든다.

game.store 객체를 하나의 JSON 문자열로 변환해서 저장함을 주목하기 바란다. 예를 들어 다음은 여덟 질문 중 다섯 개를 맞추었을 때 저장되는 항목의 JSON 문자열이다. 이 항목의 키 이름은 click2tick_0001_1281026695083이다(그림 8.8 참고).

```
{ "gid":"0001","game":"Downtown Paris",
  "questions":8,"correct":5,"percent":63,
  "hostname":"html5.komplett.cc", "ts":1281026695083
 }
```

타임스탬프 ts는 1970년 1월 1일 자정으로부터 흐른 밀리초 개수이다. 이러한 '게임 플레이 기록'이 localStorage에 저장되어 있는 상태에서 사용자가 게임 페이지를 다시 열거나 다시 적재하면 게임은 이 기록을 읽어와서 사용자에게 적절히 표시해 준다.

```
// 저장된 기록을 가져온다.
var games_done = [];
var max_percent = 0;
for (var i=0;i<localStorage.length;i++) {
  var key = localStorage.key(i);
  if (key.substring(0, 9) == "click2tick") {
    var item = JSON.parse(localStorage.getItem(key));
    if (item.gid == game.store.gid) {
      games_done.push(item);
      max_percent = Math.max(max_percent, item.percent);
    }
  }
}

// 기록을 적절히 표시한다.
var s = '';
if (games_done.length == 0) {
  s += 'You have not played this game before.';
}
else {
  s += 'You have played this game '+
    (games_done.length+1)+' times<br>';
  s += 'Your best hit rate till now: '+
```

```
      max_percent+"%\n";
  }
  _get('localStorage').innerHTML = s;
```

for 루프는 localStorage의 모든 항목을 훑는다. 각 항목마다 키 이름이 click2tick으로 시작하는지 확인한다. 그렇지 않은 키 이름은 같은 웹 사이트의 다른 응용 프로그램이 저장한 항목인 것이므로 건너뛴다.

이 게임을 위한 항목이면 JSON.parse 함수를 이용해서 그 항목을 유효한 JavaScript 객체로 복원한다. 게임 과제의 ID가 현재 게임 과제와 일치하면(item.gid == game.store.gid) 그 객체를 games_done 배열에 추가한다. 그리고 만일 객체의 적중률이 현재의 최고 적중률보다 크면 그것을 최고 적중률로 설정한다(Math.max). 루프를 벗어난 후에는 게임 플레이 횟수와 최대 적중률을 알려주는 문구를 만들어서 해당 HTML 요소에 넣는다.

그림 8.5에서 보듯이, 게임은 브라우저가 온라인인지 오프라인인지도 표시한다. 이것이 중요한 이유는, 오프라인 모드에서는 플레이어가 새 게임 과제들을 점검하고 내려받을 수 없기 때문이다.

```
var setOnlineStatus = function() {
  if (navigator.onLine) {
    _get('onlineStatus').innerHTML = 'Online';
    _get('onlineStatus').className = 'online';
    _get('updateButton').style.visibility = 'visible';
  }
  else {
    _get('onlineStatus').innerHTML = 'Offline';
    _get('onlineStatus').className = 'offline';
    _get('updateButton').style.visibility = 'hidden';
  }
}
```

navigator.online 속성을 참고해서 온라인/오프라인 모드를 판정하고(§8.2.2 참고), 그에 따라 게임 갱신 버튼을 표시하거나 숨긴다. 최신의 상태를 표시하기 위해, 온라인에서 오프라인으로 갈 때와 그 반대로 갈 때 모두에 대해 사건 청취자를 두어 온라인/오프라인 모드를 갱신한다.

```
// 온라인/오프라인 모드 갱신
window.addEventListener("online", function() {
  setOnlineStatus();
}, false);
window.addEventListener("offline", function() {
  setOnlineStatus();
}, false);
```

8.4.4 몇 가지 확장안들

좀 더 재미있는 게임을 위해, 예제를 다음과 같이 확장해 보아도 좋을 것이다.

- **난이도 선택.** 게임은 사용자가 클릭한 위치와 대상의 거리가 일정 픽셀 이내이면 적중한 것으로 간주한다. 이 '유효 반지름'은 현재 15픽셀로 고정되어 있는데, 이는 대략 중간 난이도에 해당한다. HTML5의 새로운 양식 요소 range를 이용해서 사용자가 이 거리를 조정할 수 있게 하면 난이도 선택 기능이 생기는 셈이다. 물론 고득점 목록 갱신 시 적중률과 함께 이 거리도 계산에 넣어야 할 것이다.

- **대상의 크기와 형태 변경.** 찾아야 할 대상 장소의 크기가 다양하므로, 대상을 정의하는 객체에 유효 반지름에 해당하는 속성을 추가하면 좋을 것이다. 더 나아가서, 원과는 동떨어진 형태의 대상 장소의 경우 다른 기하 도형을 판정에 사용할 수 있게 한다면 더욱 좋을 것이다.

- **거리에 따른 점수 계산.** 플레이어의 점수를 적중률 대신 대상과의 거리에 기초해서 결정한다. 즉, 플레이어가 클릭한 위치가 대상 위치와 가까울수록 높은 점수를 얻게 만든다.

- **온라인 최고 점수 목록.** *offlineStorage*와 연관된 확장안으로, 응용 프로그램에 온라인 고득점 목록 기능을 추가하는 것도 좋겠다. 이를 위해서는 응용 프로그램이 웹 서버의 데이터베이스에 접근해야 할 것이다.

- **지리 위치 정보 API와 연동.** 이 확장안은 예제를 더욱 발전시키는 것이다. 플레이어의 현재 위치를 충분한 정확도로 파악한 후(제7장 참고), 그 위치에 해당하는 Google 지도를 적재한다. 플레이어의 과제는 그 지도에서 자신의 위치를 최대한 정확하게

지적하는 것이다. 이 게임 모드는 오프라인으로는 불가능하고, 이동 기기에 훨씬 더
적합하다.

요 약

이번 장에서는 정보를 클라이언트 쪽에서 저장하는 두 가지 수단인 웹 저장소와 오프라인
저장소를 살펴보았다. 웹 저장소는 웹 응용 프로그램이 필요한 정보를 읽거나 기록할 수 있는
구조화된 저장소이고, 오프라인 저장소는 웹 응용 프로그램을 구성하는 파일들 전체 또는 일
부를 클라이언트 쪽에서 임시로 저장하기 위한 수단이다. 이 새로운 두 가지 기법을 이용하면
웹 브라우저에서 실행되는, 그러나 인터넷에 연결되지 않은 상태에서도 완전히 작동하는 응
용 프로그램을 만들 수 있다. 덤으로 자동적인 갱신 기능까지 생긴다. 이런 응용 프로그램에
서는 사용자가 설치를 걱정할 필요가 없으며, 관리자 권한을 사용할 필요도 없다.

9

소켓 통신을 위한
WebSocket API

HTTP(*Hypertext Transfer Protocol*)는 아주 훌륭한 프로토콜이다. HTTP는 FTP나 SMTP, IMAP 등의 여러 프로토콜처럼 TCP/IP 응용 계층에서 실행되는 텍스트 기반 프로토콜의 하나이다. 이런 부류의 프로토콜을 사용하는 클라이언트와 서버는 텍스트 형태의 메시지를 주고받으면서 통신한다. 다음은 HTTP를 이용해서 웹 서버와 '소통'하는 것이 얼마나 쉬운 일인지를 보여주는 예이다.

```
user@host:~> telnet www.google.com 80
Trying 209.85.135.103...
Connected to www.l.google.com.
Escape character is '^]'.
GET /search?q=html5 HTTP/1.0
```

*html5*라는 단어로 구글을 검색하기 위해 우선 www.google.com에 연결하는데, 이때 포트 번호로는 HTTP의 기본 포트 번호인 80을 사용한다. 연결이 이루어진 후에는 구체적인 요청을 서버에 보낸다. HTTP 요청 메시지는 세 부분으로 되어 있다. 처음은 요청의 방법(method)으로, 지금 예에서는 서버에서 어떤 정보를 '얻기(get)' 위해 GET이라는 명령을 지정했다. 둘째 부분은 원하는 정보의 URI로, 지금 예에서는 search라는 스크립트와 q=html5라는 인수로 구성된 URI를 지정했다. 마지막은 HTTP 프로토콜 버전으로, 지금 예에서는 버전 1.0을 지정했다.

이러한 요청에 대해 서버는 다음과 같은 응답을 보냈다.

```
HTTP/1.0 200 OK
Cache-Control: private, max-age=0
Date: Fri, 28 Jan 2011 08:29:43 GMT
Expires: -1
Content-Type: text/html; charset=ISO-8859-1
...

<!doctype html><head><title>html5 - Google Search</title>
....
```

이 HTTP 응답 메시지의 첫 블록은 소위 '헤더'라고 하는 것으로, 응답에 대한 메타 정보이다. 빈 줄 다음부터가 실제 응답 내용인데, 지금 경우 구글은 검색 결과 페이지의 HTML 코드를 보냈다(구글이 이미 새로운 DOCTYPE을 사용하고 있음을 주목할 것). 이제 여러분도 브라우저를 만들 수 있다! 농담은 그만 치워 두고, HTTP가 빠르게 성공하고 널리 쓰이게 된 것은 프로토콜의 이러한 단순함 때문이다. 그리고 헤더 줄들을 얼마든지 확장할 수 있기 때문에, 애초에 생각하지 못했던 새로운 용도들도 얼마든지 감당할 수 있다.

기본적으로, 하나의 요청을 위한 서버와의 연결은 요청에 대한 응답이 전달되고 나면 닫힌다. 따라서 스타일시트 하나와 이미지 다섯 개를 참조하는 HTML 페이지 하나를 적재하는 데에는 총 일곱 번의 연결이 필요하다. 즉, 연결을 일곱 번 확립해야 하고, 그때마다 메타 자료와 실제 내용이 전송되어야 하는 것이다. 다행히 HTTP 버전 1.1에는 이를 좀 더 개선하기 위한 연결 유지(keepalive) 기능이 추가되어서, 매번 TCP 연결을 만들지 않아도 된다. 그러나 각 객체의 메타 정보는 개별적으로 전송된다. 사용자의 세션을 추적하기 위해서는 다른 도구(세션, 쿠키)에 의존해야 한다. HTTP 자체에는 그런 기능이 들어 있지 않기 때문이다.

이런 한계 때문에 *WebSocket*이라는 새로운 프로토콜이 개발되었다. 물론 이 새 프로토콜은 HTTP를 대체하기 위한 것이 아니라 보완하기 위한 것이다. 이 *WebSocket*(이하 웹소켓) 프로토콜은 자료를 메타 정보 없이 일정한 스트림으로 전송한다. 특히, 이 프로토콜은 서버와 클라이언트가 자료를 동시에 주고받을 수 있는 '전이중(full duplex)' 방식이다.

작은 변경들을 브라우저 안에서 즉시 보여주어야 하는 웹 응용 프로그램에서는 이 새로운 통신 방법이 특히나 유용하다. 이를테면 대화(채팅), 주식 시세 표시, 온라인 게임 등이 그러한 응용 프로그램의 예이다. 예전에는 독점적인 플러그인이나 번거로운 JavaScript 요령을 동원해야만 가능했던 일을, 이제는 표준화된 프로토콜(IETF 초안)과 그에 연관된 API(W3C의 편집자 초안 상태)를 이용해서 구현할 수 있게 되었다. 이 글을 쓰는 현재 프로토콜과 API 모두 아주 초기 단계이지만, 이미 WebKit 엔진(Google Chrome과 Safari가 사용한다)과 Mozilla Firefox 베타 버전이 이들을 어느 정도 쓸만하게 구현하고 있다.

여기서 웹소켓 프로토콜 자체를 자세히 살펴보지는 않겠다. 프로토콜 수준에서의 통신은 어차피 브라우저가 담당하는 것이기 때문이다. 여기에서는 API의 활용과 관련해서 중요한 사항 몇 가지만 짚고 넘어가기로 한다. HTTP 통신에서는 실제 내용을 주고받기 위해 여러 줄의 헤더를 전송해야 하지만, 웹소켓 프로토콜에 기초한 통신에서는 헤더가 단 두 바이트이다. 첫 바이트는 메시지의 시작을 알리는 역할을 하고, 둘째 바이트는 메시지의 길이이다. 짧은 기간 동안 많은 사용자가 접속하는 사이트라면 짧은 헤더 덕분에 전송량과 대역폭을 엄청나게 절약할 수 있을 것이다.

> **참고**
> 웹소켓 프로토콜을 좀 더 자세히 알고 싶다면, WHATWG 사이트의 http://www.whatwg.org/specs/web-socket-protocol 페이지에 있는 해당 *IETF* 초안을 읽어 보기 바란다.

여러 응용들에서의 웹소켓의 장점에 관련된 흥미로운 통계 자료가 http://soa.sys-con.com/node/1315473에 나와 있다. 이 글의 저자는 심지어 웹소켓을 웹을 위한 규모가변성(scalability)에서 비약적인 도약이라고까지 말한다.

9.1 웹소켓 서버

이 책에 한할 때, 웹소켓에 기초한 통신의 한 요소인 클라이언트는 바로 웹소켓을 지원하는 브라우저이다. 또 다른 한 요소는 웹소켓을 지원하는 서버인데, 현재 프로토콜 명세서가 아직 확정되지는 않았지만 이미 웹소켓을 지원하는 서버 제품이 놀랄 만큼 많이 나와 있다. Java로 구현된 것도 있고 PHP, Perl, Python으로 된 것도 있으니, 입맛에 맞게 고르면 된다(단, 모든 제품은 여전히 시험 단계임을 주의할 것).

이 책에서는 특별한 해결책인 *node.js*를 사용한다. *node.js*는 간단히 말하면 브라우저 없이 실행할 수 있는 JavaScript 해석기(인터프리터)로, 내부적으로는 Google이 *V8*이라는 코드명으로 개발한 JavaScript 엔진을 사용한다. 이 책에서 지금까지 나온 모든 예제에 JavaScript가 쓰인 만큼, 서버 역시 JavaScript로 작성하는 것이 합당하다.

현재 *node.js* 프로젝트는 공식적인 이진 배포판을 제공하지 않기 때문에 독자의 컴퓨터에 설치하려면 고생을 좀 해야 한다. UNIX류 운영체제에서는 크게 어렵지 않지만, Windows에서는 UNIX 에뮬레이션 계층인 *cygwin*에 의존해야 한다.

참고

*node.js*의 설치에 관련된 상세한 설명은 해당 프로젝트 웹 사이트 http://nodejs.org를 참고하기 바란다.

node.js 자체에 웹소켓 서버가 포함되어 있지는 않다. 그러나 웹을 검색해 보면 답을 얻을 수 있다. http://github.com/miksago/node-websocket-server로 가 보면 웹소켓 프로토콜의 현재 명세에 기초한 웹 서버 구현 라이브러리가 있다. **node-websocket-server**의 JavaScript 파일 세 개를 적당한 하위 디렉터리에 복사한 후, 다음과 같은 코드로 라이브러리를 적재하면 된다.

```
var ws = require(__dirname + '/lib/ws'),
    server = ws.createServer();
```

이제 **server** 변수는 웹소켓 서버 객체에 대한 참조를 담고 있는 상태이다. 다음으로, 서버가 요청을 받을 포트를 지정한다.

```
server.listen(8887);
```

이러한 스크립트를 파일에 저장한 후 *node.js* 해석기로 실행하면 웹소켓 서버가 실행된다.

```
node mini_server.js
```

이 최소한의 형태의 웹서버 소켓은 **8887**번 포트로 요청을 받긴 하지만 아무 응답도 하지 않는다. 이제부터, 웹소켓 API의 여러 요소들을 설명하는 예제들을 통해서 이 서버를 좀 더 의미있는 방식으로 확장해 볼 것이다.

9.2 예제: 방송 서버

첫 예제로, 입력된 텍스트를 웹소켓에 연결된 다른 모든 클라이언트에게 뿌리는 간단한 '방송(broadcast)' 서버를 만들어 보자. 이것이 본격적인 인터넷 대화 응용 프로그램은 아니나, 웹소켓의 상호작용성을 시험해 보는 용도로는 충분히 적합하다. 그림 9.1에 서로 연결된 클라이언트들이 메시지를 주고받는 모습이 나와 있다.

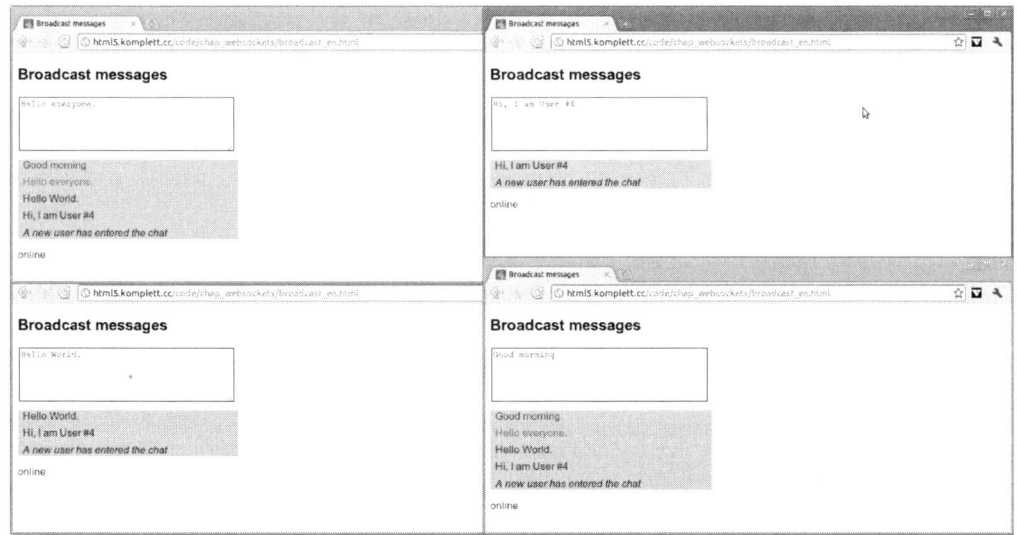

그림 9.1 웹소켓 방송 서버에 네 개의 클라이언트가 접속한 모습.

9.2.1 방송 클라이언트

HTML 코드에 필요한 것은 전송할 메시지를 입력할 텍스트 영역뿐이다. 웹소켓의 능력을 보여주기 위해, 사용자가 한 글자를 입력할 때마다 즉시 그 글자를 모든 클라이언트에 뿌리기로 하겠다. 이를 위해, 키가 입력될 때마다 `sendmsg()` 함수가 호출되도록 텍스트 영역의 `oninput` 사건 처리부를 설정한다. `sendmsg()` 함수는 잠시 후에 설명하겠다.

```
<h2>Broadcast messages</h2>
<textarea accesskey=t oninput="sendmsg();"
  onfocus="select()" rows=5 cols=40 id=ta
  placeholder="Please insert your message">
</textarea>
<div id=broadcast></div>
<p id=status><p id=debug>
```

JavaScript 부분은 이전에도 나왔던 `$()` 함수(jQuery에서 배운 것이다)의 정의로 시작한다. 페이지가 완전히 적재되면 웹소켓 객체를 생성해서 `ws` 변수에 배정한다. 이 예에서는 html5.komplett.cc의 특별한 포트 8887에 있는 웹 소켓 서버를 사용한다. 서버를 지정하는 URL에서 프로토콜 식별자가 `ws://`임을 주목하기 바란다. SSL로 암호화된 HTTPS처럼, 웹 소켓에도 SSL 암호화 버전이 있다. 바로 `wss://`이다. 그러나 지금 예제에서는 암호화되지 않은 버전을 사용하기로 한다. URL에 지정된 경로(`/bc`)는 사실 중요하지 않은데, 이는 이 서버가 단지 이번 예제를 위해 특별히 마련된 것이기 때문이다(이 서버에 대해서는 §9.2.2에서 좀 더 이야기한다).

```
function $(a) { return document.getElementById(a); }

var ws, currentUser, ele;
window.onload = function() {
ws = new WebSocket("ws://html5.komplett.cc:8887/bc");
ws.onopen = function() {
  $("status").innerHTML = 'online';
  $("status").style.color = 'green';
  ws.onmessage = function(e) {
    var msg;
    try {
      msg = JSON.parse(e.data);
```

```
  } catch (SyntaxError) {
    $("debug").innerHTML = "invalid message";
    return false;
  }
```

서버와 연결이 되면 웹소켓의 onopen 사건 처리부가 실행된다. 이 사건 처리부에 배정된 익명 함수는 HTML 문서 하단의 상태 표시줄에 *online*이라는 문자를 녹색으로 표시한다. 웹소켓이 메시지를 받으면 onmessage 사건 처리부가 실행된다. 이때 처리부에 전달되는 객체 e의 data 속성에 그 메시지가 들어 있다. 지금 예에서는 data를 JSON.parse를 이용해서 JavaScript 객체로 변환한다. 이는 서버가 클라이언트에게 *JSON* 문자열을 보내야 한다는 뜻이다(이에 대해서는 다음 절에서 좀 더 이야기하겠다). 변환에 오류가 있었다면 적절한 오류 메시지를 HTML 페이지에 표시하고 함수를 끝낸다.

변환이 성공했다면 사용자 이름(user), 메시지 텍스트(text), 메시지 표시 색상(color)을 담은 JavaScript 객체가 만들어진다. 그림 9.1에서 보듯이, 각 사용자의 메시지가 각자 다른 색으로 표시된다. 사용자별 색상은 서버가 배정한다. 이 색상을 각 줄에 적용하는 것은 클라이언트이다.

다음으로, 메시지를 보낸 사용자가 이전에 받은 메시지의 사용자와 같은지 점검한다. 같으면 ele 변수의 innerHTML 속성에 새로 받은 메시지를 배정한다. 다른 사용자이거나 이번이 첫 번째 메시지이면 새로운 문단(p 요소)를 만들어서 ele 변수에 배정하고 그것을 ID가 broadcast인 div 요소에 추가한다. 그런 다음 currentUser 변수를 현재 사용자 이름으로 설정한다.

```
    if (currentUser == msg.user) {
      ele.innerHTML = msg.text;
    } else {
      ele = document.createElement("p");
      $("broadcast").appendChild(ele);
      ele.style.color = msg.color;
      ele.innerHTML = msg.text;
      currentUser = msg.user;
    }
  };
};
```

```
function sendmsg() {
  ws.send($("ta").value);
}
ws.onclose = function(e){
  $("status").innerHTML = 'offline';
  $("status").style.color = 'red';
};
window.onunload = function(){
  ws.close();
};
```

sendmsg() 함수는 텍스트 영역에서 키가 입력될 때마다 호출된다. 이 함수는 텍스트 필드의 모든 내용을 웹 소켓으로 전송한다.

웹소켓 서버와의 연결이 어떠한 이유로(이를테면 네트워크 연결이 끊어졌거나, 서버가 다운되는 등) 종료되면 웹소켓 객체는 *close* 사건을 발생하며, 이에 의해 onclose 사건 처리부가 실행된다. 이 예제의 사건 처리부는 상태 표시줄에 빨간색으로 **offline**이라는 문구를 표시한다. 사용자가 페이지를 닫으면 window.onunload의 사건 처리부는 웹소켓을 명시적으로 닫아서 서버와의 연결을 끊는다.

9.2.2 방송 서버

예제를 완성하려면 서버 구성요소가 필요하다. 앞에서 말했듯이, 이 책의 웹소켓 예제들은 *node.js* 런타임과 node-websocket-server를 사용한다. 이는 또 다른 프로그래밍 언어를 도입하는 대신 독자들에게 익숙한 JavaScript를 계속 사용한다는 점에서 합리적인 선택이라고 할 수 있다. 이렇게 하면 독자도 서버 쪽 코드를 어렵지 않게 이해할 수 있을 것이다.

클라이언트와 비슷하게 서버도 여러 가지 **사건**들에 기초해서 작동한다. 클라이언트와의 연결이 성립될 때마다 connection 사건이 발생하며, 클라이언트로부터 메시지를 받을 때마다 message 사건이 발생한다. 이 사건에 반응하는 JavaScript 코드를 작성하는 것이 곧 서버를 구현하는 일이다. JavaScript 코드 첫 부분에서는 node-websocket-server 라이브러리 (lib/ 디렉터리의 ws.js 파일)를 적재한다. 그런 다음 새 웹소켓 객체를 생성해서 변수 server에 배정한다.

```
var ws = require(__dirname + '/lib/ws'),
    server = ws.createServer();
var user_cols = {};
server.addListener("connection", function(conn) {
  var h = conn._server.manager.length*70;
  user_cols[conn.id] = "hsl("+h+",100%,30%)";
  var msg = {};
  msg.user = conn.id;
  msg.color = user_cols[conn.id];
  msg.text = "<em>A new user has entered the chat</em>";
  conn.broadcast(JSON.stringify(msg));
```

이 코드가 등록하는 connection 사건 처리부는 우선 사용자의 색상을 결정한다. §8.5의 Click to tick! 예제와 비슷하게, HSL 색상 공간에서 사용자마다 70도씩 회전한 지점의 색상을 선택한다(conn._server.manager 배열의 크기인 length는 곧 현재 연결된 사용자 수이다). 그 색상을, 연결 식별자 conn.id를 색인으로 해서 user_cols 배열에 저장해 둔다. 그리고 msg 객체에 그 색상과 사용자 식별자(역시 conn.id), 그리고 새 사용자가 도착했음을 뜻하는 텍스트를 배정하다. 이 객체를 JSON 문자열로 변환환 결과로 conn.broadcast 메서드를 호출한다. 이 메서드는 node-websocket-server 라이브러리의 한 함수로, 주어진 메시지를 현재 클라이언트(지금 사건을 유발한 클라이언트)를 제외한 모든 클라이언트에게 보낸다. 지금 딱 필요한 것이 바로 이러한 '방송' 메서드이다. 이 메서드의 호출에 의해, 모든 사용자는 대화에 새 사용자가 참여했음을 알게 된다.

```
  conn.addListener("message", function(message) {
    var msg = {};
    message = message.replace(/</g, "&lt;");
    message = message.replace(/>/g, "&gt;");
    msg.text = message;
    msg.user = conn.id;
    msg.color = user_cols[conn.id];
    conn.write(JSON.stringify(msg));
    conn.broadcast(JSON.stringify(msg));
  });
});
```

message 사건에 반응하는 사건 처리부는 주어진 메시지 문자열(message) 안에 있는

HTML 태그의 시작 문자와 끝 문자를 그에 해당하는 HTML 개체로 변환한다. 이렇게 하는 이유는 사용자가 장난 또는 불순한 의도로 JavaScript 코드 같은 것을 전송한 경우에도 문제가 발생하지 않게 하는 데 있다. 본격적인 응용 프로그램이라면 잠재적인 공격들에 대비해서 입력을 좀 더 상세하게 점검해야 할 것이다. 하나의 메시지가 모든 클라이언트에 전달되어서 각자의 브라우저에 표시되는 환경은 공격자에게 이상적이라고 할 수 있다. connection 사건에서처럼, 이 사건 처리부는 지역 객체 msg를 적절히 채우고 JSON 문자열로 변환해서 전송한다. 이전 사건 처리부와 다른 점은 전송이 두 번 일어난다는 것이다. 우선 write() 메서드를 이용해서 현재 연결된 사용자에게만 메시지를 보내고, 그런 다음 broadcast() 메서드를 이용해서 다른 모든 사용자에게 방송한다.

이제 웹소켓 서버가 거의 완성되었다. 남은 것은 연결 종료를 처리하는 사건 처리부와 서버를 실제로 시작하는 코드뿐이다.

```
server.addListener("close", function(conn) {
  var msg = {};
  msg.user = conn.id;
  msg.color = user_cols[conn.id];
  msg.text = "<em>A user has left the chat</em>";
  conn.broadcast(JSON.stringify(msg));
});
server.listen(8887);
```

connection 사건에서처럼, close 사건에서도 모든 사용자가 메시지를 받게 된다. 이 경우 메시지는 사용자 한 명이 대화방을 떠났음을 뜻한다. 마지막 줄은 서버의 실행을 실제로 시작하는 호출문이다. 이에 의해 서버는 8887 포트에서 연결을 기다리기 시작한다.

이번 예제는 아주 간단하고 기초적인 것이었는데, 다음 절에서는 웹소켓의 장점을 실제로 느낄 수 있는 게임 하나를 만들어 보겠다.

9.3 예제: Battleships!

웹소켓에 대한 좀 더 상세한 예제로, 이번에는 종이와 연필만 있으면 즐길 수 있는 유명한 전략 게임 *Battleships!*의 웹 버전을 만들어 본다. 이 게임의 규칙은 간단하다. 두 명의 플레이어가 각각 자신의 10×10칸 크기의 플레이 영역('진영')에 다양한 길이의 전함 10개(2칸짜리 넷, 3칸짜리 셋, 4칸짜리 둘, 5칸짜리 하나)를 배치한다. 전함들은 반드시 수평 아니면 수직 방향이어야 하고, 서로 붙어 있거나 겹치면 안 된다. 자신의 전함들을 먼저 배치한 플레이어가 먼저 상대 진영의 한 칸을 선택한다. 만일 그 칸에 물만 있으면 그냥 상대방 플레이어의 차례가 된다. 그 칸이 전함의 일부이면 플레이어는 계속해서 다른 칸을 선택할 수 있다. 이런 식으로 먼저 상대방 전함 칸들을 모두 맞추는 쪽이 승자가 된다.

Battleships!를 HTML5로 구현한 이번 예제의 클라이언트는 HTML 파일 하나와 JavaScript 라이브러리 하나, CSS 스타일시트 하나로 구성되고, 서버는 §9.1에서 소개한 node-websocket-server와 JavaScript 파일 하나로 구성된다. 해당 파일들을 다음에서 내려받을 수 있다.

- http://html5.komplett.cc/code/chap_websockets/game_en.html
- http://html5.komplett.cc/code/chap_websockets/game_en.js
- http://html5.komplett.cc/code/chap_websockets/game.css
- http://github.com/miksago/node-websocket-server/
- http://html5.komplett.cc/code/chap_websockets/ws/game_server.js

그림 9.2는 이 게임의 실행 모습이다.

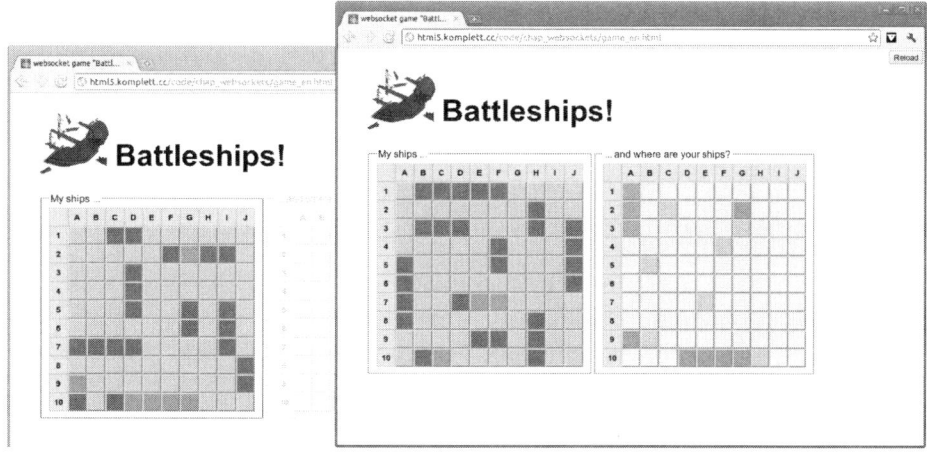

그림 9.2 "Battleships!" 게임의 실행 모습.

HTML 코드에서 게임 제어 요소들과 대화상자들은 모두 HTML 양식(form) 요소들로 구성되어 있는데, 게임의 단계에 따라 표시되거나 숨겨진다. 이들 중 넷은 게임 참여 초청과 참여 거부, 게임 종료 시 축하 메시지 또는 애도 메시지를 표시하는 메시지 창으로, `position:fixed`를 이용해서 페이지 중앙에 표시된다. 다른 양식 요소들은 로그인 입력창, 플레이어 진영과 상대편 진영, 전함을 원하는 방향으로 배치하기 위한 수단, 그리고 현재 로그인한 사용자들과 그 상태들을 보여주는 목록으로 쓰인다.

페이지가 다 적재되면 로그인 입력창이 나타나서 사용자 **별명**(nickname)을 묻는다(그림 9.3). 응용 프로그램의 검사를 목적으로 *test1*과 *test2*이라는 특별한 사용자가 미리 준비되어 있다. 이 이름들을 선택하면 전함들이 자동으로 배치된다. 그리고 항상 *test1*이 먼저 게임을 시작한다. 시험용 페이지 `test_game.html`은 두 사용자의 진영을 모두 보여주므로 게임이 어떻게 진행되는지를 점검하기에 좋다. 내장된 `iframe` 요소를 이용하는 이 페이지에서는 서로 다른 두 이름으로 로그인해서 혼자 게임을 진행해 볼 수 있다. 게임을 얼마든지 마음대로 진행할 수 있으므로 응용 프로그램의 게임 작동 논리를 짚어 나가는 데 편하다. 필자의 사이트에 있는 시험 페이지의 주소는 http://html5.komplett.cc/code/chap_websockets/game_test_en.html 이다.

그림 9.3 "Battleships!" 게임의 시작 페이지.

시작 페이지에서 별명을 입력하고 Ok 버튼을 클릭하면 웹소켓 서버와 연결된다. 서버의 주된 임무는 플레이어들 사이의 메시지 교환과 사용자 목록 갱신이다. 사용자 목록은 각 사용자의 연결 ID와 별명, 현재 게임 상태를 표시한다.

모든 메시지는 JSON 문자열 형식인데, 크게 두 부류로 나뉜다. 하나는 모든 사용자에게 방송되는, 개별 플레이어의 게임 상태 변화에 관한 메시지들이고, 또 하나는 각 게임을 진행하는 두 플레이어 사이에서만 전송되는 비공개 메시지들이다. 특정 사용자에게만 메시지를 보내는 기능을 위해, 필자는 `node-websocket-server`의 연결 라이브러리에 `writeclient()`라는 메서드를 추가했다.

로그인이 성공하면 웹 페이지에 자신의 진영(플레이 영역)이 나타난다. 상대방 진영과 마찬가지로, 10×10 격자 형태의 진영의 각 칸은 HTML `button` 요소이다. 각 버튼의 값(`value` 특성)은 격자 안에서의 그 칸의 위치를 나타낸다. 진영 좌측 상단 모서리의 버튼의 값은 `1,1`이고 우측 하단 모서리는 `10,10`이다. 각 버튼에는 `class` 특성이 있는데, 이 특성은 게임 진행 도중 여러 번 변한다. 표 9.1에 이 `class`에 쓰이는 여러 값들과 그에 해당하는 CSS 스타일시트 규칙이 나와 있다.

표 9.1 게임 진영 안에 쓰이는 게임플레이 관련 CSS 클래스들.

클래스	CSS 서식화 규칙
.empty	*background-color: #EEE*
.ship	*background-color: slategray*
.water	*background-color: lightblue*
.hit	*background-color: salmon; pointer-events: none*
.destroyed	*background-color: darkseagreen; pointer-events: none*

게임을 즐기려면 대적할 상대방이 있어야 한다. 로그인된 사용자 목록('logged in players')에서 한 플레이어를 선택하고 'Invite Player' 버튼을 클릭하면 그 플레이어에게 초청 메시지가 전달된다. 다음은 이 버튼의 사건 처리부로, 대상 플레이어의 ID를 포함한 초청 메시지를 웹소켓 서버에 전송한다.

```
this.invitePlayer = function() {
  var opts = document.forms.loggedin.users.options;
```

```
  if (opts.selectedIndex != -1) {
    wsMessage({
      task : 'private',
      request : 'invite',
      client : opts[opts.selectedIndex].value
    });
  }
};
```

이 사건 처리부가 호출하는 **wsMessage()** 함수는 주어진 메시지 객체를 JSON 형식으로 변환해서 서버에 보낸다. 필요하다면 여기서 메시지 유효성을 검증하는 등의 추가적인 작업을 수행해도 좋을 것이다.

```
var wsMessage = function(msg) {
  game.websocket.send(JSON.stringify(msg));
};
```

이 코드에서 **game** 변수는 게임에 관련된 모든 변수를 담고 있는 중심 게임 객체를 지칭한다.

초청 메시지를 받은 서버는 그것이 비공개 메시지임을 인식하고, 전송자의 자료를 추가해서 대상 플레이어에게 보낸다. **game_server.js**의 다음 부분이 이에 해당한다.

```
else if (msg.task == 'private') {
  msg.from = USERS[conn.id];
  conn.writeclient(JSON.stringify(msg),msg.client);
}
```

그러면 대상 플레이어의 브라우저에 초청 승낙 여부를 묻는 작은 대화상자가 나타난다(그림 9.4). 초청을 거부하면 초청한 사용자 쪽에 *No thanks, not now*라는 메시지가 뜬다. 승낙하면 사용자 목록이 사라지고 전함들을 배치할 격자화 구성요소가 나타난다.

그럼 게임 플레이 초청에 관한 코드를 좀 더 자세히 살펴보자. 클라이언트 쪽에서 모든 서버 메시지를 처리하는 것은 **onmessage** 콜백 함수이다. 초청에 관련된 작업 역시 이 함수가 처리한다.

```
game.websocket.onmessage = function(e) {
  var msg = JSON.parse(e.data);
  if (msg.request == 'invite') {
    var frm = document.forms.inviteConfirm;
    var txt = '<strong>'+msg.from.nick+'</strong>';
    txt += 'wants to play a game with you.';
    txt += 'Accept?';
    frm.sender.previousSibling.innerHTML = txt;
    frm.sender.value = msg.from.id;
    frm.sendernick.value = msg.from.nick;
    frm.style.display = 'inline';
  }
```

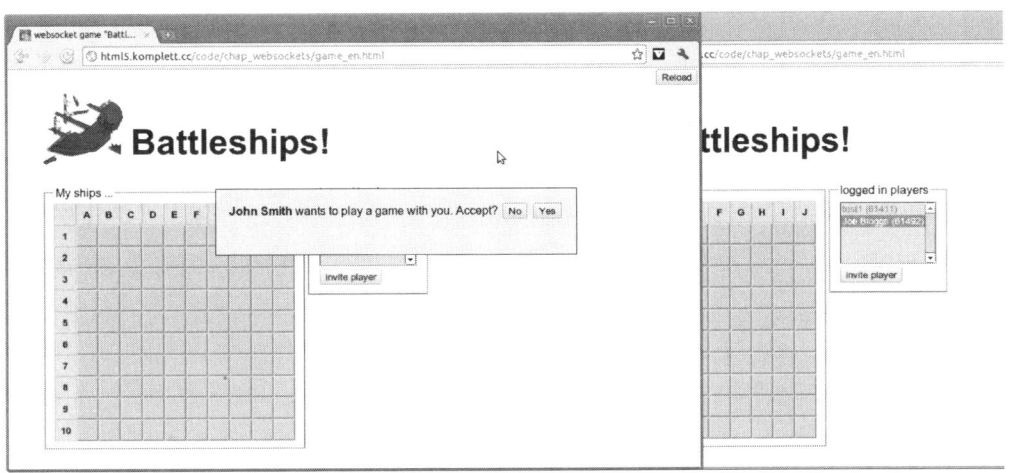

그림 9.4 게임 참여 여부를 묻는 대화상자.

이 부분은 초청장을 보낸 사용자의 ID와 별명을 대화상자 역할을 하는 inviteConfirm 양식 요소에 포함시킨 후 그 대화상자를 표시한다. 대상 플레이어가 Yes나 No를 클릭하면 그에 해당하는 메시지가 서버를 거쳐서 원래의 사용자에게 전달되며, 그러면 그 사용자의 onmessage 콜백 함수 중 다음 부분이 실행된다.

```
else if (msg.request == 'confirm') {
  if (msg.choice == true) {
    wsMessage({
      task : 'setPlaying',
```

```
        client : msg.from.id
      });
      prepareGame(msg.from.id,msg.from.nick);
      document.forms.loggedin.style.display = 'none';
    }
    else {
      show('nothanks');
      window.setTimeout(function() {
        hide('nothanks');
        document.forms.users.style.display = 'inline';
      }, 2000);
    }
  }
```

대상 플레이어가 Yes를 클릭했다면 이 코드는 서버에게 두 사용자가 게임을 함께 하기로
했음을 알린 후 게임을 준비하고 로그인된 사용자 목록을 숨긴다. No였다면 *No thanks, not
now* 메시지를 2초 표시하는 것으로 끝낸다.

  클라이언트의 '우리 함께 하기로 했어요' 메시지를 받은 서버는 서버 쪽의 플레이어 상태
객체를 갱신하고, 두 플레이어가 게임을 하기로 했으니 다른 게임에는 참여할 수 없음을
다른 모든 사용자에게 알려준다. 이에 해당하는 서버 쪽 코드는 game_server.js의 다음
부분이다.

```
  var setBusy = function(id) {.
    USERS[id].busy = true;
    var msg = {task:'isPlaying',user:USERS[id]};
    conn.broadcast(JSON.stringify(msg));
    conn.write(JSON.stringify(msg));
  };
...
  else if (msg.task == 'setPlaying') {
    setBusy(conn.id);
    setBusy(msg.client);
  }
```

다시 클라이언트로 돌아와서, 두 플레이어를 제외한 다른 모든 플레이어는 서버의
isPlaying 메시지를 받게 된다. 그러면 onmessage 콜백 함수는 로그인된 플레이어 목록에

서 그 플레이어들에 해당하는 option 요소의 disabled 특성을 설정한다. 그러면 사용자는 목록에서 그 두 플레이어를 선택할 수 없게 된다.

```
else if (msg.task == 'isPlaying') {
  var opts = document.forms.loggedin.users.options;
  for (var i=0; i<opts.length; i++) {
    if (opts[i].value == msg.user.id) {
      opts[i].disabled = 'disabled';
    }
  }
}
```

한편, 게임을 하기로 한 두 플레이어는 전함들을 배치하는 단계로 진입한다. *test1*이나 *test2*로 로그인한 경우에는 전함들이 자동으로 배치되며, 그 외의 경우에는 전함 배치를 위한 풀다운 메뉴가 나타난다. 각 전함마다 수평 또는 수직 방향과 전함 종류를 선택하고, 자신의 진영에서 원하는 위치를 클릭하면 전함이 배치된다.

진영에서 전함에 해당하는 칸은 CSS 클래스에 ship이 설정된다. 또한 JavaScript의 game.ships 객체도 적절히 갱신된다. 연관 배열인 game.ships.isShip은 주어진 키에 해당하는 칸이 전함에 속한 것인지의 여부를 알려준다. game.ships.parts는 각 전함에 속한 칸들을 배열들의 배열 형태로 기록한다. 게임 진행 도중 이 배열들의 복사본이 game.ships.partsTodo 변수에서 계속 변하게 된다. 게임이 끝나면 패한 플레이어에게는 열 개의 빈 배열만이 남는다(상대방의 추측이 적중할 때마다 해당 위치가 삭제되므로).

전함을 배치하면 그 종류의 전함을 몇 개나 더 배치할 수 있는지를 나타내는 버튼의 이름표가 갱신되고, 한 종류의 전함을 모두 배치하고 나면 해당 버튼이 아예 사라진다. 모든 전함을 배치하면 전함 배치를 위한 양식 자체가 사라진다. 전함 배치가 끝나면 클라이언트는 서버에게 게임을 시작할 준비가 되었음을 뜻하는 메시지를 보낸다.

```
if (game.ships.parts.length == 10) {
  document.forms.digitize.style.display = 'none';
  game.me.grid['1-1'].parentNode.style.pointerEvents =
    'none';
  wsMessage({
    task : 'private',
```

```
    request : 'ready',
    client : game.you.id
  });
  game.me.ready = true;
}
```

모든 전함을 먼저 배치한 플레이어가 게임을 먼저 시작한다. 한 발 늦은 플레이어는 어쩔 수 없이 먼저 공격을 당해야 한다. 플레이어가 상대방 전함들을 포격할 수 있도록, 클라이언트는 사용자의 진영 옆에 상대방 진영을 보여주는 또 다른 플레이 영역을 추가한다.

상대방 전함을 추측('포격')하고 침몰시키는 게임 논리는 전적으로 클라이언트가 구현한다. 서버는 게임 진행 상황을 두 플레이어 사이의 비공개 메시지 형태로 전달할 뿐이다. 공격자가 상대방 진영의 활성 칸을 클릭할 때마다 reveal 함수가 호출된다.

```
this.reveal = function(evt) {
  wsMessage({
    task : 'private',
    request : 'challenge',
    field : evt.target.value,
    client : game.you.id
  });
};
```

이 함수가 보낸 메시지를 받은 서버는 그것을 상대방(피공격자) 클라이언트에게 전달한다. 그러면 피공격자 클라이언트는 공격자가 클릭한 칸이 전함의 일부인지 아닌지를 판정한다.

```
else if (msg.request == 'challenge') {
  var destroyed = 0;
  if (game.ships.isShip[msg.field]) {
    game.me.grid[msg.field].setAttribute("class","hit");
```

그림 9.5에 시연 모드로 실행 중인 게임의 모습이 나와 있다.

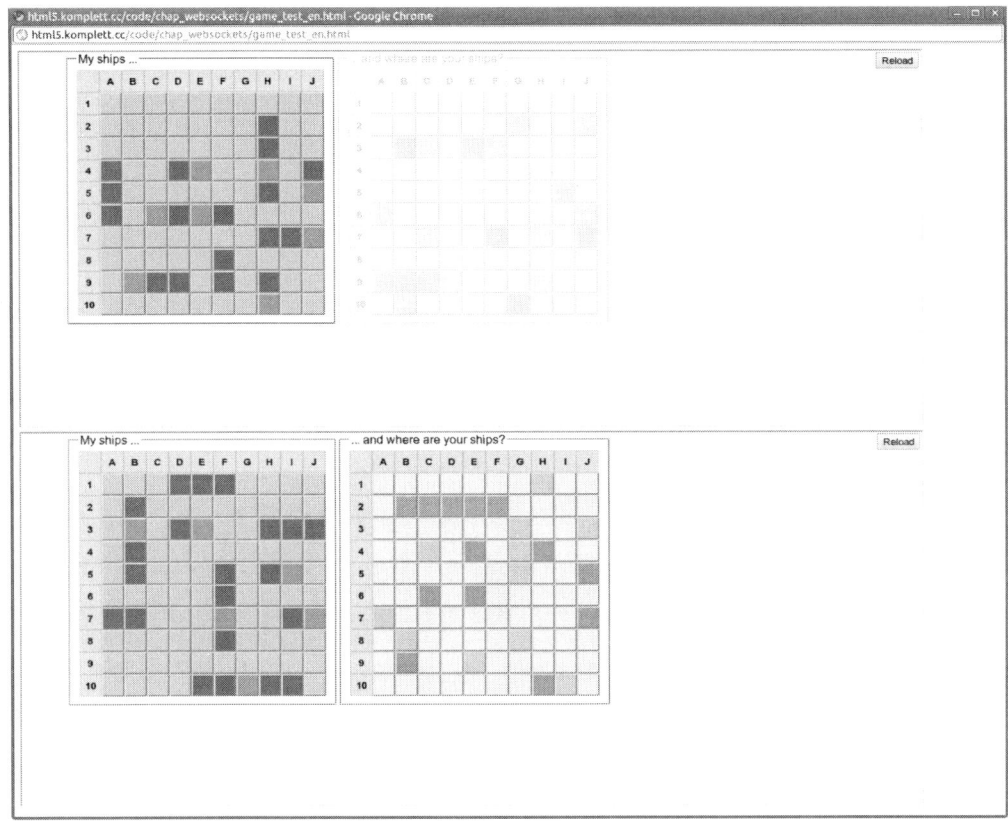

그림 9.5 "Battleships!" 시연 모드.

공격자의 포격이 적중했다던(**isShip**이 *true*), 피공격자 자신의 진영에 있는 해당 버튼의 클래스(**class** 특성)가 **hit**로 설정된다. 그러면 스타일시트 규칙에 의해 그 칸이 빨간색으로 칠해진다. 적중하긴 했지만 전함이 완전히 파괴되지는 않았다면 공격자에게 다음과 같은 메시지가 전달된다.

```
wsMessage({
  task : 'private',
  request : 'thisFieldIs',
  result : 'hit',
  field : msg.field,
  client : game.you.id
});
```

공격자 클라이언트는 request가 thisFieldIs인 메시지를 다음과 같이 처리한다.

```
else if (msg.request == 'thisFieldIs') {
  if (msg.result == 'water') {
    game.you.grid[msg.field].setAttribute("class",
        msg.result);
    deactivateField();
  }
  else if (msg.result == 'hit') {
    game.you.grid[msg.field].setAttribute("class",
        msg.result);
  }
...
```

피공격자의 응답(msg.result)이 hit이면 공격자는 상대 진영의 해당 칸을 빨갛게 바꾼다. destroyed이면 해당 전함 전체를 빨간색에서 녹색으로 변경해서 전함이 아예 침몰되었음을 표시한다. 한편 피공격자 쪽에서는 침몰된 전함의 칸들을 모두 파란색, 즉 바다로 변경한다. 따라서 자신의 진영에 파란 영역이 많을수록 전황이 나쁜 것이고, 상대 진영에 녹색이 많을수록 승리에 가까와진 것이다.

피공격자의 응답이 water이면 포격이 빗나간 것이다. 그러면 피공격자에게 공격권이 넘어가며, 공격자 쪽은 deactivateField() 함수에 의해 더 이상의 행동이 불가능해진다. 이런 식으로 공격을 주고받으면서 상대의 모든 전함을 먼저 파괴한 쪽이 승자가 된다. 자신의 전함들과 상대방 전함들의 상태는 앞에서도 언급했듯이 각 button 요소에 대한 CSS 스타일 규칙을 통해서 표시된다. 플레이어 사이의 공격권 전환 시에도 CSS가 쓰인다. 피공격자의 상대 진영은 pointer-events:none과 opacity:0.2를 통해서 비활성화된다.

게임이 끝나면 두 플레이어 사이의 연결이 끊어지고, 둘 다 **플레이 가능** 상태가 되어서 다른 플레이어를 초청하거나 초청을 받을 수 있다. 현재 버전의 *Battleships!*는 같은 플레이어와 계속해서 게임을 즐기는 기능을 제공하지 않는데, 원한다면 독자가 직접 구현해 보기 바란다. 또한 로그아웃 기능을 추가하거나, 더 나아가서 3인 이상의 '다인 대전' 기능을 구현해 보는 것도 재미있을 것이다. 그 외에도 여러 가지 개선안이나 확장안이 있겠는데, 상상력을 발휘해 보기 바란다.

이번 예제는 웹소켓 프로토콜이 상호작용적 응용 프로그램의 개발에 어떤 기회를 제공하는지를 인상적인 방식으로 보여주었다. 이 예제는 실제 사용자들 사이의 상호작용을 다룬다. 그러나 웹소켓 서버가 사람이 아닌 인터넷의 다른 서버로부터 정보를 받아서 가공한 후 연결된 사용자들에게 보내는 일도 가능하다. 현재 주식 시세를 방송하는 응용 프로그램이 그러한 예이다. 트위터에 올라온 새 메시지를 표시하는 응용 프로그램 역시 마찬가지이다. 이러한 접근방식의 장점은 명백하다. 클라이언트는 `message` 사건을 통해서 소식을 통지받으며, 클라이언트와 서버 사이의 자료 스트림이 아주 얇기 때문에 네트워크 대역폭을 크게 절감할 수 있다.

요 약

WWW의 무대에 웹소켓이라는 새로운 프로토콜이 등장했는데, 물론 이것이 HTTP의 종말을 고하는 것은 아니다. 웹소켓 프로토콜은 클라이언트와 서버 사이의 추가 부담이 거의 없는 양방향 통신이 필요한 특별한 응용 프로그램을 위해 개발된 것일 뿐이다.

이번 장 첫 예제인 기초적인 대화 응용 프로그램에서 보았듯이, 서버 쪽 API와 클라이언트 쪽 API 모두 프로그래밍하기가 아주 쉽다. 그리고 이번 장 마지막 예제인 *Battleships!*처럼 본격적인 다중 플레이어 온라인 게임을 구현하는 것도 가능하다. 그 예제에서도 클라이언트와 서버 사이의 통신에 필요한 것은 단 몇 줄의 JavaScript 코드였다. 코드가 적을수록 오류의 여지도 적다는 점을 기억하기 바란다.

웹소켓의 도입 덕분에 웹 응용 프로그램 개발자는 예전에는 XMLHttpRequest를 통해서 또는 웹 페이지를 주기적으로 갱신하는 방식으로 힘들게 구현했던 과제를 수월하게 구현할 수 있게 되었다. 이제는 빠르게 변하는 대량의 자료를 웹 사이트를 통해서 감시하는 것이 가능하며, 그 활용 분야도 무궁무진하다. 주식 거래 자료는 단지 하나의 예일 뿐이다.

10

병렬 처리를 위한
Web Workers API

JavaScript 코드를 적극적으로 활용하는 웹 페이지를 만들다 보면, 가끔 브라우저가 스크립트 처리량이 과도하여 반응하지 않을 수 있습니다.* 같은 메시지를 띄우기도 한다. 이는 프로그래밍 오류, 이를테면 무한 루프 때문일 수도 있다. 그러나 JavaScript 코드에 아무런 오류도 없고, 단지 계산량이 많아서 평소보다 시간이 오래 걸리기 때문이라면 어떻게 해야 할까? 이럴 때 유용한 것이 '웹 일꾼(web worker)'**이다.

---

* [역주] Firefox 한국어판의 메시지이다.
** [역주] web worker의 'worker'는 주요 병렬 처리 모형들 중 하나인 boss-worker 모형에서 비롯된 것이다. boss-worker를 감독-일꾼 모형이라고 번역해 온 관례에 따라 web worker를 '웹 일꾼'이라고 칭하기로 한다. 단, HTML5 명세서 상의 특정 섹션을 지칭할 때에는 Web Workers로 표기한다.

10.1 웹 일꾼 소개

웹 응용 프로그램이 시간이 오래 걸리는 계산을 수행하는 동안 브라우저의 반응이 멈추는 일을 방지하는 한 가지 방법은, 웹 응용 프로그램에서 **웹 일꾼** 객체(이하 일꾼)를 생성해서 배경에서 계산을 진행하게 하는 것이다. 그러한 병렬 처리 구조에서 일꾼은 자신의 계산 상태를 메시지를 통해서 스크립트에 알린다. 일꾼은 DOM API나 window 객체, document 객체에 접근하지 못한다. 이것이 과도한 제한으로 느껴지기도 하겠지만, 잘 살펴보면 아주 합리적인 것임을 알 수 있다. 페이지의 주된 스크립트와 병렬로 실행되는 일꾼 코드가 주 스크립트와 동일한 자원에 접근해서 변경을 가한다면 아주 복잡한 상황이 벌어질 수 있기 때문이다. 일꾼을 철저히 격리하고 오직 메시지를 통해서만 주 JavaScript 스크립트와 통신할 수 있게 하면 JavaScript 코드가 좀 더 안전해진다.

새 일꾼을 만들어서 실행하는 것은 운영체제 입장에서 상당히 수고로운 일이며, 일꾼은 같은 기능을 일꾼 없이 직접 실행할 때보다 더 많은 메모리 공간을 차지한다. 그렇긴 하지만 웹 일꾼이 주는 장점은 명백하다. 복잡한 계산을 배경에서 진행하는 동안 브라우저는 여전히 사용자의 입력이나 외부의 사건에 반응할 수 있으며, 더 나아가서 브라우저가 최근 하드웨어의 병렬 처리 능력을 활용한다면 웹 응용 프로그램의 전체적인 성능이 향상될 가능성이 있다.

웹 일꾼 객체를 생성할 때에는 다음과 같이 스크립트 파일을 하나 지정한다. 생성된 일꾼은 바로 이 스크립트(이 경우 calc.js)에 담긴 JavaScript 코드를 실행한다.

```
var w = new Worker("calc.js");
```

웹 일꾼(의 코드)은 message 사건에 대한 사건 처리부를 등록할 수 있다. 주 스크립트(웹 일꾼을 생성한 스크립트, '감독')는 이 사건을 통해서 웹 일꾼에게 무언가를 요청한다. 일반적으로 주 스크립트는 계산할 자료를 제공하고 실제로 계산 과정을 시작하는 용도로 message 사건 메커니즘을 활용한다.

```
addEventListener('message', function(evt) {
  // evt.data에 일꾼이 처리할 자료가 담겨 있다.
```

주 스크립트가 message 사건을 통해서 일꾼에게 자료를 전송할 때에는(그리고 그 반대 방향의 자료 전송에서도) postMessage() 함수를 사용한다. 다음은 w 변수가 지칭하는 일꾼에게 `imgData`라는 자료를 넘겨주는 예이다.

```
w.postMessage(imgData);
```

postMessage()에 JavaScript 객체를 지정하면 브라우저는 그것을 JSON 문자열로 변환해서 전달한다. 여기서 중요한 것은 이러한 호출이 일어날 때마다 매번 자료가 복사된다는 점이다. 따라서 대량의 자료를 이런 식으로 넘겨주면 실행 속도가 상당히 떨어질 수 있다.

앞에서 언급했듯이, 일꾼은 `window` 객체에 전혀 접근하지 못한다. 단, 타이머 인터페이스는 예외이다. `setTimeout()`이나 `clearTimeout()`, `setInterval()`, `clearInterval()`은 일꾼도 사용할 수 있다. 그리고 일꾼은 외부 스크립트를 불러올 수 있는데, 이를 위해 `importScripts()`라는 새로운 함수가 도입되었다. 하나 또는 여러 개의 JavaScript 파일들을 지정해서(쉼표로 구분) 이 함수를 호출하면 그 파일들이 모두 적재되어서 해당 일꾼이 사용할 수 있게 된다.

일꾼은 또한 `location` 객체를 읽을 수 있다(읽기만 가능). 이 객체의 `href` 속성은 주 스크립트가 실행된 페이지의 절대 URL을 돌려준다. 그리고 일꾼은 XMLHttpRequest를 통해서 웹 서비스와 통신할 수 있다.

명세서는 웹 일꾼을 **전담 일꾼**(Dedicated Worker)과 **공유 일꾼**(Shared Worker)으로 나눈다. 공유 일꾼은 다른 스크립트가 보낸 메시지를 받을 수 있고 자신이 다른 스크립트들에 메시지를 보낼 수 있다. 이번 장에서는 전담 일꾼만 이야기한다. 공유 일꾼에 대해서는 명세서의 해당 섹션(아래 주소)을 참고하기 바란다.

http://dev.w3.org/html5/workers/#shared-workers-introduction

명세서의 웹 일꾼 부분은 아직 초기 단계이고 WebKit과 Firefox의 현재 구현 역시 아직 불완전하기 때문에, 이번 장에서 Web Workers API를 상세하게 설명하지는 않겠다. 대신 웹 일꾼의 작동 방식을 보여주는 기초적인 예제 둘을 소개하는 것으로 만족하기로 한다.

10.2 윤년 찾기

웹 일꾼으로 소수(素數)나 피보나치 수열을 구하는 예제는 이미 많이 나와 있으므로(Google 에서 'web workers prime numbers'나 'web workes Fibonacci sequence'를 검색해 보라), 이 책에서는 그와는 다른, 그러나 비슷하게 흥미로운 과제를 골라봤다. 바로, 1970년 1월 1일 이후의 윤년들을 모두 찾아내는 것이다. 그런데 사실 이 과제는 요즘 컴퓨터로는 몇 분의 1초 만에 끝낼 수 있는 것이기 때문에 웹 워커의 능력을 제대로 발휘하기가 힘들다. 그래서 인위적으로 계산량을 늘리기 위해 아주 짧은 시간 구간(몇 초 또는 몇 분)만큼 날짜를 증가 해 가면서 2월 29일을 찾기로 하겠다. 만일 2월 29일이 존재한다면 그 해는 윤년인 것이다. 컴퓨터마다 프로그램 실행 속도가 다를 것이므로, 시간 증분의 크기를 사용자가 선택할 수 있게 한다(Step Size 드롭다운 목록). 그림 10.1은 다소 느린 CPU에서 이 프로그램을 몇 초 정도 실행한 모습이다.

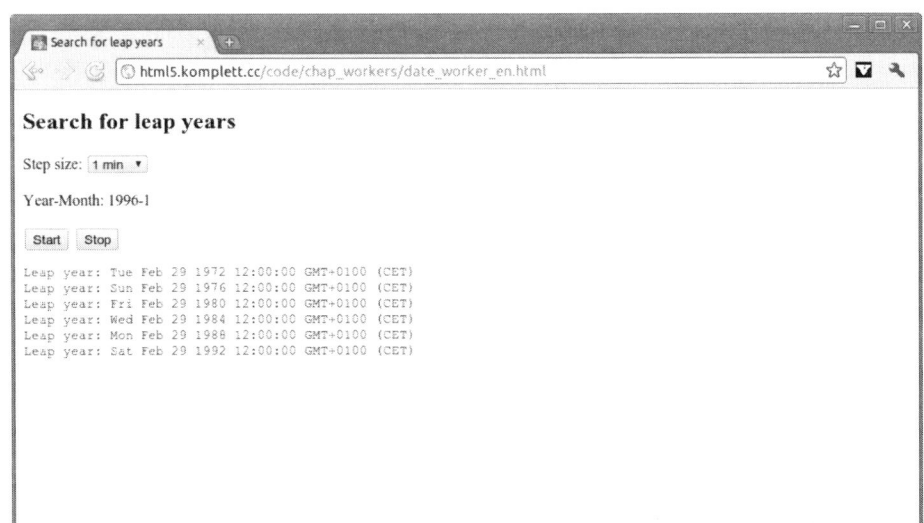

그림 10.1 웹 일꾼으로 윤년들을 찾는 웹 응용 프로그램.

Start 버튼을 클릭하면 `startCalc()` 함수가 실행된다. 이 함수는 `option` 속성에 담긴 시간 증분 값을 읽고 `date_worker.js` 스크립트로 `Worker` 객체를 생성한다.

```
var opts = document.forms.stepForm.step.options;
```

```
startCalc = function() {
  var step = opts[opts.selectedIndex].value;
  var w = new Worker('date_worker.js');
  w.postMessage(step);
```

그런 다음 시간 증분 값을 인수로 해서 postMessage()를 호출한다. 이러면 date_worker.js
의 message 사건 처리부에 시간 증분 값이 전달된다. 이 사건 처리부에서 일꾼의 실제 작업
이 진행된다.

```
addEventListener('message', function(evt) {
  var today = new Date();
  var oldMonth = -1;
  for (var i=0; i<today; i+=Number(evt.data)*1000) {
    var d = new Date(i);
    if (d.getDate() == 29 && d.getMonth() == 1
      && d.getHours() == 12 && d.getMinutes() == 0) {
      postMessage(d.toLocaleString());
    }
    if (d.getMonth() != oldMonth) {
      postMessage("y "+d.getFullYear()+"-"
        +(d.getMonth()+1));
      oldMonth = d.getMonth();
    }
  }
}, false);
```

일꾼의 for 루프는 루프 색인을 0에서 현재 날짜(today)에 해당하는 값까지 증가하는데,
이때 postMessage()를 통해 전달받은 시간 증분 값을 Number() 함수를 이용해서 수치로
만들고 그것에 1000을 곱한 값을 실제 증분으로 사용한다. 제9장의 웹소켓 예제에서도 보았
지만, postMessage() 호출에 지정된 자료는 해당 사건 처리부 인수(evt)의 data 속성에
들어 있다. 수치에 1000을 곱하는 이유는, today에 담긴 시간 값이 초가 아니라 밀리초 단위
이기 때문이다. 루프를 돌리면서 2월 29일을 발견하면 일꾼은 그 날짜를 현재 로캘(locale)에
맞게 서식화한 문자열 메시지를 주 스크립트에 보내서 윤년이 발견되었음을 알린다.

계산 진행 상황을 사용자에게 보여주기 위해, 일꾼은 새로운 달(월)에 진입한 즉시 또
다른 메시지를 보낸다. 해당 연도와 월을 담은 이 메시지는 항상 "y "로 시작한다. 주 스크립

트의 **message** 사건 처리부는 바로 이 사실을 이용해서 이 메시지를 윤년 통지 메시지와 구별한다.

```
w.onmessage = function(evt) {
  if (evt.data.substr(0,2) == "y ") {
    $("y").innerHTML = evt.data.substr(2);
  } else {
    $("cnt").innerHTML += "Leap year: "+evt.data+"\n";
  }
}
```

substr() 함수는 **evt.data**에 담긴 문자열의 처음 두 문자를 추출해서 **"y "**와 비교한다. 일치하면 버튼들 위의, 현재 계산 중인 연도와 월 표시를 갱신한다. 일치하지 않으면 ID가 cnt인 윤년 목록에 새로운 줄을 추가한다. 이전의 여러 예제들처럼, **$()**는 **document. getElementById()**를 짧게 표기하기 위한 함수이다.

일꾼의 계산이 너무 오래 걸리면(이를테면 컴퓨터가 좀 느려서) 언제라도 Stop 버튼을 클릭해서 계산을 중단할 수 있다. Stop 버튼을 클릭하면 주 스크립트의 해당 사건 처리부는 **terminate()** 함수를 호출해서 일꾼의 작업을 종료하고, 계산 도중 비활성화 상태로 있던 Start 버튼을 다시 활성화한다.

```
stopCalc = function() {
  w.terminate();
  $("start").removeAttribute("disabled");
}
```

다음 예제에서는 여러 개의 일꾼들을 병렬로 실행해서 이번 예제보다 좀 더 실용적인 계산을 수행한다.

10.3 지형 이미지의 고도 프로파일 계산

웹 일꾼이 특히나 유용한 분야는 단연코 클라이언트 쪽의 음향, 동영상, 이미지 파일 분석이다. 이번 예제에서는 오스트리아 티롤(Tyrol) 지역의 지형을 담은 PNG 파일을 분석해 본다.

이 이미지의 특징은 알파 채널에 지형의 고도(높이) 정보가 들어 있다는 것이다. 이미지 주소는 다음과 같다.

http://html5.komplett.cc/code/chap_workers/images/topo_elevation_alpha.png.

이 이미지를 canvas에 적재하면 이미지의 색상 값들은 물론 알파 성분들도 얻을 수 있다(제5장 참고). 알파 성분의 고도 값들을 이용해서 다양한 방식으로 지형을 분석할 수 있는데, 이 예제에서는 특정한 직선을 따라 픽셀들의 고도 값들을 추출해서 '고도 프로파일(altitude profile)'을 만든다.

이 예제의 프로파일은 여러 개의 구역(section)들로 구성된다. 사용자는 프로파일 개수와 한 프로파일의 구역 개수를 텍스트 상자를 통해서 설정할 수 있다. 느린 컴퓨터도 있고 빠른 컴퓨터도 있기 때문에 이처럼 개수들을 선택할 수 있게 하는 것이 필수이다. 각 프로파일 구역들은 이미지 안에서 점들을 무작위로 선택해 결정한다. 계산 도중 예제 프로그램은 각 프로파일마다 진행 표시줄로 진척 정도를 표시하며, 그 프로파일의 최고 높이와 최저 높이도 표시한다. 프로파일의 계산이 끝나면 일꾼은 발견한 점들의 개수를 주 스크립트에게 돌려준다. 주 스크립트는 그 개수와 함께 계산에 걸린 시간도 표시한다. 일꾼이 고도 프로파일 전체를 주 스크립트에 돌려주게 하는 게 합당하겠지만, 구역들이 많은 경우 프로파일이 상당히 많은 메모리를 차지하기 때문에 프로그램이 크게 느려질 수 있다. 이는 웹 일꾼의 위력을 보여주려는 예제의 목적에 위배된다. 그림 10.2에 두 개의 프로파일을 웹 일꾼들을 이용해서 병렬로 계산하는 모습이 나와 있다.

계산할 프로파일이 둘 이상일 때, 웹 일꾼을 사용하면(with 버튼) 그 프로파일들이 병렬로 계산된다. 그러나 웹 일꾼을 사용하지 않으면(without 버튼) 프로파일들이 차례로 계산된다. CPU의 여러 코어 처리기들을 활용할 수 있는 현대적인 운영체제라면 브라우저가 과제들을 여러 코어들에 분담시킴으로써 성능이 향상될 여지가 있다. 그림 10.3은 코어가 네 개인 CPU에서 발생한 상황을 보여준다. 웹 일꾼을 사용한 경우에는 코어 두 개가 100% 가동되었지만(30초 부근) 사용하지 않은 경우에는 코어 하나만 100%로 가동되었다(15초 부근). 웹 일꾼을 사용했을 때 계산이 조금 더 빨랐으며, 계산 도중에 브라우저가 사용자 입력에 잘 반응했고 진행 표시줄도 계속 갱신할 수 있었다.

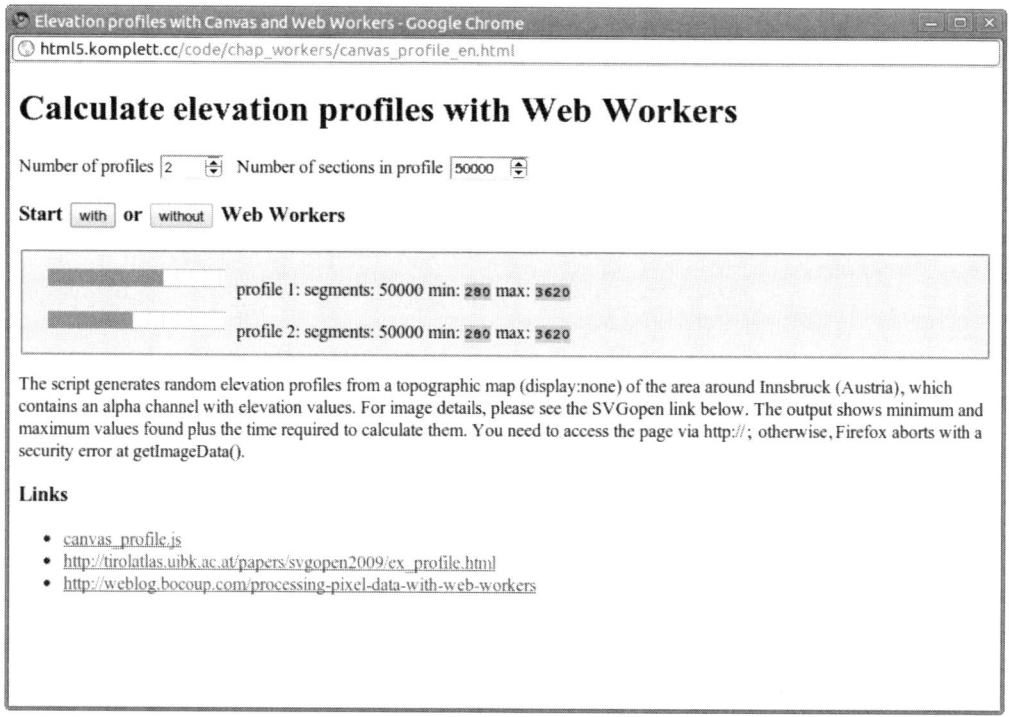

그림 10.2 웹 일꾼들이 두 개의 고도 프로파일을 동시에 계산하는 모습.

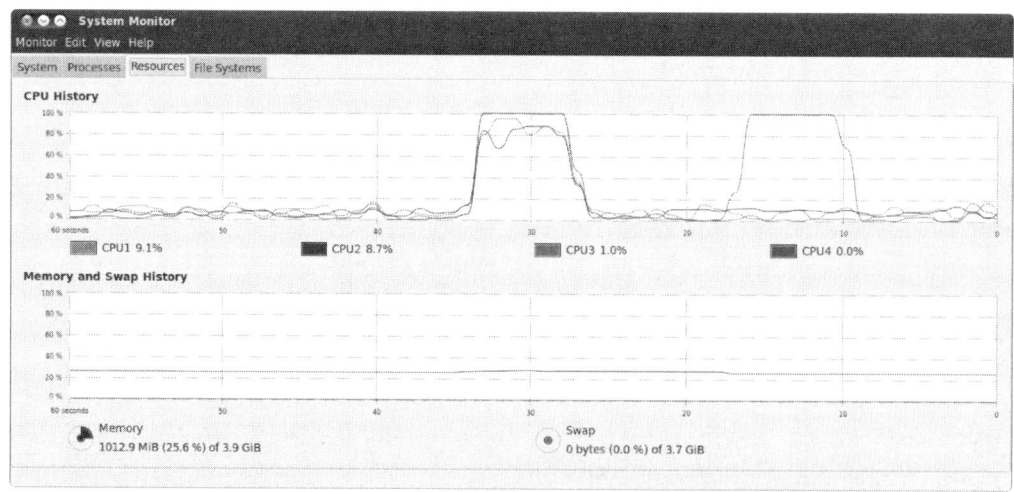

그림 10.3 고도 프로파일 계산에 웹 일꾼을 사용할 때와 사용하지 않을 때의 CPU 사용량.

10.3.1 주요 코드

웹 일꾼을 사용할 때와 사용하지 않을 때의 비교를 위해, 이 예제 프로그램은 두 방법 중 하나를 사용자가 선택할 수 있게 한다. 우선, HTML 문서의 head 요소에서 웹 일꾼을 위한 코드를 담은 외부 JavaScript 파일(canvas_profile.js)를 적재한다. 이에 의해 메시지 처리부이자 전역 함수인 onmessage가 준비된다(이에 대해서는 잠시 후에 좀 더 이야기하겠다). 그 나머지는 주로 사용자의 선택을 위한 HTML 양식 요소들이다.

```
<script src="canvas_profile.js"></script>
...
<h1>Calculate elevation profiles with Web Workers</h1>
<p>Number of profiles <input type=number id=profiles
  size=2 oninput="updateProgressBars();" value=2>
Number of sections in profile
<input type=number id=parts value=500 size=4
  oninput="updateProgressBars();">
</p>
<h3>Start
<input type=button onclick="calcProfiles(true)"
    value="with"> or
<input type=button onclick="calcProfiles(false)"
    value="without"> Web Workers
</h3>
```

number 형식의 두 입력 필드의 내용이 변할 때마다 updateProgressBars() 함수가 호출된다. 이 함수는 진행 표시줄 요소와 계산 결과를 출력할 요소들을 생성한다. 값이 with와 without인 두 버튼은 고도 프로파일의 계산을 시작하는 역할을 한다.

웹 페이지 자체의 주 JavaScript 코드에서는 우선 PNG 이미지에서 고도 값들을 추출한다. 이를 위해 새 canvas 요소를 생성하고 거기에 지형 이미지를 적재한다.

```
var canvas = document.createElement("CANVAS");
canvas.width = 300;
canvas.height = 300;
var context = canvas.getContext('2d');
var image = document.querySelector("IMG");
context.drawImage(image,0,0);
```

```
// document.querySelector("BODY").appendChild(canvas);
var elev =
context.getImageData(0,0,canvas.width,canvas.height).data;
var alpha = [];
for (var i=0; i<elev.length; i+=4) {
  alpha.push(elev[i+3]);
}
```

image는 예제 HTML 페이지의 유일한 이미지(img 요소)를 지칭한다. 스크립트는 이 이미지의 비트맵을 새로 생성한 canvas 요소에 그린다. 이미지와 캔버스 자체는 웹 페이지에 나타나지 않는다. img 요소에 display:none 스타일이 지정되어 있고 캔버스는 아예 DOM 트리에 붙어 있지 않기 때문이다. 위의 코드에서 주석 줄의 주석 기호를 제거하면 웹 페이지 하단에 캔버스가 나타난다. 제5장에서 배웠듯이, getImageData() 함수로 캔버스의 색상 값들과 알파 성분을 추출할 수 있다. 이 함수는 각 픽셀의 네 성분들이 일렬로 나열된 배열을 돌려주는데, 지금 예제에서는 알파 성분만 있으면 되므로 for 루프를 통해서 알파 성분만 담은 배열을 따로 만든다. 각 일꾼마다 배열 복사본을 받게 될 것이므로, 이처럼 자료를 줄이는 것이 바람직하다. 네 개의 일꾼들을 병렬로 시작하는 경우, 메모리 사용량이 각 일꾼마다 선형으로 증가한다.

calcProfiles() 함수는 주어진 인수가 *true*이면 일꾼들을 이용해서 계산을 시작하고 *false*이면 일꾼 없이 계산을 시작한다.

```
calcProfiles = function(useWorker) {
  USE_WORKER = useWorker;
  startTime = new Date();
  for (var i=0; i<PROFILES; i++) {
    var imgData = {
      id : i,
      alpha: alpha,
      parts : PARTS,
      height : canvas.height,
      width : canvas.width
    }
```

PROFILES 변수에는 계산할 프로파일 개수가 들어 있다. 이 개수만큼 for 루프를 돌린다.

`imgData` 변수는 이미지의 고도 값들(`alpha`)과 구역 개수(`PARTS`), 캔버스 높이(`height`)와 너비(`width`), 그리고 식별자(`id`)로 구성된 객체이다. 식별자는 이후 이 프로파일을 참조하는 용도로 쓰인다. 여기까지는 일꾼을 사용할 때와 사용하지 않을 때가 동일하나, 이 다음부터는 경로가 갈린다.

```
if (USE_WORKER) {
  imgData.useWorker = true;
  var worker = new Worker('canvas_profile.js');
  worker.postMessage(imgData);
  worker.onmessage = function(evt){
    if (evt.data.task == 'update') {
      progress.item(evt.data.id).value = evt.data.status*i;
    } else if (evt.data.task == 'newMin') {
      $('progDivMin'+evt.data.id).innerHTML = evt.data.min;
    } else if (evt.data.task == 'newMax') {
      $('progDivMax'+evt.data.id).innerHTML = evt.data.max;
    } else {
      showResults(evt);
    }
  };
}
else {
  imgData.useWorker = false;
  showResults(
    onmessage({data:imgData})
  );
  progress.item(i).value = PARTS;
}
```

일꾼을 사용하는 경우에는 새 일꾼 객체를 생성하고 `postMessage()`를 호출해서 일꾼의 작업을 시작한다. 이때 `imgData`의 자료 전체를 일꾼에게 전달한다. 그런 다음 일꾼의 보고를 받을 사건 청취자를 정의한다. 일꾼이 보낼 수 있는 메시지는 크게 네 종류이다. `update` 메시지이면 진행 표시줄을 갱신하고, `newMin`이나 `newMax`이면 프로파일의 최저 높이나 최고 높이를 갱신한다. 그 외의 메시지이면 `showResult()` 함수를 호출하는데, 이 함수는 계산에 걸린 시간을 구해서 고도 프로파일의 점 개수와 함께 표시한다.

일꾼을 사용하지 않는 경우에는 외부 JavaScript 파일의 `onmessage()` 함수를 호출해서 계산을 시작하는데, 이때 **data** 속성이 **imgData**인 JavaScript 객체를 인수로 넘겨준다. **postMessage()**에 의해 일꾼이 받는 객체도 바로 그런 구성이므로, 이렇게 하면 외부 JavaScript 파일에 일꾼이 있을 때와 없을 때의 계산 코드를 따로 준비할 필요가 없다.

　외부 JavaScript 파일 **canvas_profile.js**의 첫 부분은 **onmessage()** 함수이다. 앞에서 잠깐 언급했듯이, 이 함수는 두 가지 용도로 쓰인다. 이 함수는 한편으로는 일꾼의 **message** 사건 처리부이고 또 한편으로는 일꾼 없이 호출할 수 있는 하나의 전역 함수이다. 함수 안에서는 우선 개별 구역의 무작위 점들을 구한다.

```javascript
onmessage = function(evt) {
...
  var p1 = [Math.round(Math.random()*(evt.data.width-1)),
           Math.round(Math.random()*(evt.data.height-1))];
  for (var i=1; i<evt.data.parts; i++) {
    var p2 = [Math.round(Math.random()*(evt.data.width-1)),
           Math.round(Math.random()*(evt.data.height-1))];
    var len = Math.sqrt((Math.pow(p2[0]-p1[0],2)
      +Math.pow(p2[1]-p1[1],2)));
    var profile = [];
    for (var j=0; j<len-1; j++) {
...
      var h = getHeight([x,y]);
```

함수는 임의의 두 점(p1과 p2) 사이의 픽셀 단위 거리 **len**을 피타고라스 정리를 이용해서 구하는데, 제곱근을 위해서는 **Math.sqrt()**를, 2제곱을 위해서는 **Math.pow()**를 사용한다. 그런 다음, 또 다른 루프를 이용해서 그 두 점 사이의 픽셀들을 훑으면서 고도 배열로부터 각 픽셀의 고도를 추출한다.

```javascript
var getHeight = function(p) {
  var pos = ((parseInt(p[1])*evt.data.width) +
             parseInt(p[0]));
  return evt.data.alpha[pos] * equidistance;
};
```

현재 픽셀의 y 좌표에 캔버스 너비를 곱하고 거기에 x 좌표를 더하면 알파 성분들이 담긴 1차원 배열에서 현재 픽셀에 해당하는 성분의 색인이 된다. 세심한 독자라면 또 다른 세부사항도 눈치챘을 것이다. 이 함수는 그 알파 성분을 그대로 돌려주는 것이 아니라 equidistance 변수의 값을 곱한 결과를 돌려준다. 이는 8비트 이미지 파일의 경우 한 성분 (채널)에 담을 수 있는 구별 가능한 값이 256가지밖에 되지 않기 때문이다. 그러나 오스트리아 인스부르크 주변 지역에는 고도 차이가 256미터를 넘는 곳들이 있기 때문에, 이 PNG의 고도들은 20미터 단위로 비례되어 있다.

　프로파일 선을 따라 픽셀들을 조사하다가 새로운 최소 높이를 발견하면 그 높이를 다음과 같이 주 스크립트에 보고한다.

```
if (h < min) {
  min = h;
  if (evt.data.useWorker) {
    postMessage({task:'newMin',min:min,id: evt.data.id});
  }
}
```

　새 최고 높이를 발견한 경우에도 마찬가지이다. 또한 이 함수는 각 구역의 루프가 끝날 때마다 해당 진행 표시줄을 갱신하기 위한 메시지를 주 스크립트에게 보내며, 모든 구역을 마친 후에는 결과를 변수 d에 담아서 주 스크립트에게 보내거나 돌려준다. 이 onmessage 함수가 일꾼으로서 실행된 경우에는 postMessage()를 이용해서 보내고, 그렇지 않은 경우에는 return 문을 통해서 돌려준다.

```
if (evt.data.useWorker) {
  postMessage({task:'update', status:i, id:evt.data.id});
}
...
if (evt.data.useWorker) {
  postMessage(d);
}
else {
  return {data:d};
}
```

　이미지 자료를 이처럼 클라이언트 쪽에서 분석하면 서버 처리량과 네트워크 대역폭을 절감할 수 있다. 클라이언트 쪽의 하드웨어 성능이 충분하다고 할 때, 이 예제는 알파 채널을 담은 지형 이미지의 고도 프로파일들을 생성하고 그것들을 실시간으로 시각적으로 표시해 준다.

이 예제를 통해서 웹 일꾼에 관한 관심이 커졌을 것이다. 단, 일꾼을 사용하는 스크립트가 일꾼을 사용하지 않을 때보다 더 많은 자원을 소비하는 경우도 있으니 주의하기 바란다. 일꾼과 주 스크립트가 메시지를 통해서 자료를 주고받는 것은 스크립트가 해당 자료에 직접 접근하는 것보다 훨씬 느리다.

요 약

이번 장에서는 브라우저 안에서 여러 스크립트를 병렬로 실행하는 기법을 소개했다. 데스크톱 응용 프로그램에서는 스레드(thread)를 사용해서 병렬 처리를 수행하지만, 브라우저에서는 웹 일꾼을 사용한다. 웹 일꾼은 웹 페이지의 요소들에 제한적으로만 접근할 수 있으며, 주 스크립트와 개별 일꾼 사이의 정보 소통은 주로 메시지 전달을 통해서 일어난다.

웹 일꾼은 일부 처리를 배경에서 수행해야 하며 그동안 사용자의 입력도 받아야 하는 대형 웹 응용 프로그램에 특히나 유용하다. 예를 들어 사용자가 문서를 작성하는 동안 문서를 자동으로 저장한다거나, 소스 코드를 입력함과 동시에 자동으로 소스 코드에 색상 강조를 적용하는 경우 등을 생각해 보기 바란다. Mozilla의 웹 편집기 *Ace**에서 실제로 그런 모습을 볼 수 있다.

---

* [역주] http://ace.ajax.org/

11

마이크로데이터

2010년 10월 9일, 토요일 저녁 8시 30분 직전. Pat Metheny가 Morristown, NJ Community Theater의 무대에 오른다. 공연은 매진이다. 무대는 페르시아 양탄자와 두터운 붉은 휘장으로 장식되어 있다. 배경에는 피아노 한 대, 비브라폰 두 대, 여러 가지 작은 악기들, 그리고 오르간 파이프나 약 항아리 같기도 하고 로켓 런처 같기도 한 이상한 물체들이 여러 개 있다.

그런데 이 무대는 다소 생소한 느낌을 준다. 천재 기타리스트와 오랫동안 호흡을 맞추어 온 동료들이 빠져 있기 때문이다. 드럼 주자 Antonio Sanchez도 없고 베이스의 Steve Rodby나 피아노의 Lyle Mays도 없다. 피와 살로 된 Mat Metheny Group 대신 각종

기계들과 작은 해머들, LED들뿐이다. 이들이 움직이자 인간을 대신하는 연주자들이 활기를 띠기 시작했다. 42현 기타 오블리가토 독주가 끝나자 붉은 휘장이 올라가면서 장대한 Orchestrion의 전면모가 드러난다. 오늘 저녁은 충격과 경이로 가득 찬 시간이 될 것 같다.

이것은 이를테면 어떤 가상의 블로그에 실린, 그 블로그만큼이나 가상의 콘서트 관람평이다.* 글의 두 문단에는 정보가 가득 차 있는데, 독자는 그 정보를 자동으로 걸러내고 조합한다. 행사는 시간과 장소로 정의된다. 독자는 글에 언급된 무대 위의 물체, 악기, 사건을 인지하며, 언급된 인물들을 당연히 해당 악기를 가진 음악가(연주자)로 인식한다. 인간의 뇌는 정보를 효율적으로 걸러내도록 훈련되어 있다. 그러나 컴퓨터는 그렇지 않기 때문에, 정보를 걸러내기 위해서는 인간의 도움이 필요하다. 그러한 '도움'은 기본적으로 유관한 (relevant, 관련이 있고 의미있는) 정보를 표시(marking)하고 연관시키는(correlating) 것으로 이루어진다.

어떤 정보가 유관한 정보인지는 전적으로 독자가 글에서 무엇을 뽑아내어 어떻게 활용하려는지에 달려 있다. 일기를 쓰고자 한다면 언급된 행사의 이름과 시간, 장소가 유관 정보일 것이고, 주소록을 갱신한다면 해당 음악가의 연락처 정보일 것이다. 음악 컬렉션에 추가할 새 CD를 찾고자 하는 사람이라면 음악가와 밴드 이름이 필요할 것이다. 하나의 텍스트에 담긴 정수(精髓)를 다양한 유관 문맥에서, 그것도 컴퓨터가 읽을 수 있는 형태로 제공하는 한 가지 수단이 바로, HTML5에 도입된지 얼마 되지 않았으며 감정적인 논쟁을 불러일으킨 **마이크로데이터**이다.

여러 비평가의 눈에, 마이크로데이터는 메타 자료(metadata)를 내장하기 위한 또 다른 옵션인 RDFa(Resource Description Framework‐in‐attributes)의 직접적인 경쟁자로 비추어졌다. RDFa는 XHTML과 밀접한 관련이 있기 때문에 HTML5에 끼워 맞추기가 아주 어렵다. 특히, RDFa가 크게 의존하는 **이름공간**(namespace)이 HTML5에는 아예 없다. 두 접근방식의 줄다리기는 짐작했겠지만 두 개의 명세서를 낳고 말았다. 마이크로데이터의 명세서는 WHATWG 버전에 통합되었음은 물론 W3C의 **독립형** 버전으로도 존재하지만, RDFa 것은

---

* [역주] 팻 매스니 그룹과 Orchestrion 공연 자체는 실제로 존재한다. http://www.patmetheny.com/orchestrioninfo/ 참고.

W3C에만 존재한다. 해당 명세서 주소들은 다음과 같다.

- http://www.w3.org/TR/microdata

- http://www.whatwg.org/specs/web-apps/current-work/multipage/links.html#microdata

- http://www.w3.org/TR/rdfa-in-html

RDFa의 *a*는 *attributes*(특성)을 의미하는데, 이것이 두 기술의 공통 특징이다. RDFa와 마이크로데이터는 일단의 특성들을 이용해서 메타 자료를 정의한다. RDFa는 이 메타 자료를 주제(subject), 술어(predicate), 대상(object)*으로 이루어진 세 값 쌍(triple)으로 표현한다. Wikipedia의 RDFa 페이지**에 따르면 주제는 서술하고자 하는 자원 자체(이 예의 경우 *Pat Metheny*)이고 술어는 그 자원의 특질 또는 양상(**음악가**)을 나타내거나 주제와 대상(*Orchestrion*)의 관계를 표현한다. 마이크로데이터는 정보를 이름-값 쌍으로 표현한다. 이를테면 *Pat Metheny* : **음악가** 또는 *Pat Metheny* : *Orchestrion* 등이다. 두 접근방식 중 어떤 것이 궁극적으로 대세가 될 것인지는 확실하지 않다. 두 기술 모두 장단점이 있으며, 물론 공존할 수도 있다. 그러나 마이크로데이터가 이미 HTML5에 매끄럽게 통합되어 있는 만큼, 이번 장에서는 마이크로데이터에 집중한다.

11.1 마이크로데이터의 문법

그림 11.1은 이번 장 첫 부분의 인용구에 링크들과 이미지, 블로그 작성자 서명을 추가해서 가상의 블로그 항목을 완성한 모습이다. 이 예를 가지고 마이크로데이터의 문법을 설명하겠다.

---

*   [역주] 문법의 용어로 말한다면 주어-서술어-목적어(또는 보어)에 해당한다.

** [역주] http://en.wikipedia.org/wiki/RDFa

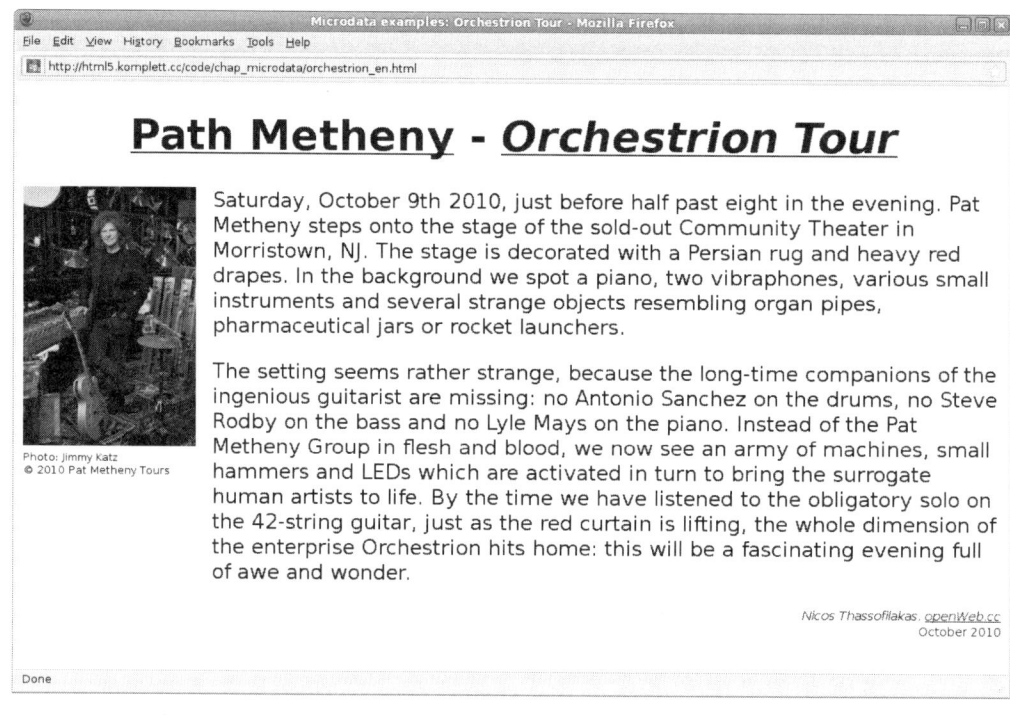

그림 11.1 Pat Metheny의 Orhcesrion 순회공연에 관한 가상의 블로그 항목.

11.1.1 'itemscope' 특성과 'itemprop' 특성

우선 HTML 문서 안에 마이크로데이터를 내장하는 방법부터 살펴보자. 마이크로데이터를
내장하기에는 구조적 요소들이나 div나 p 같은 컨테이너 요소들이 적합하다. 이 예에서는
블로그 항목 전체를 감싸는 article 요소를 택했다. 이 요소에 마이크로데이터의 범위
(scope)를 정의하는 **부울** 특성 하나를 지정해야 한다. 그 특성의 이름은 마이크로데이터의
다른 모든 특성과 마찬가지로 *item*으로 시작하고 거기에 scope가 붙은 itemscope이다.

```
<article itemscope>
...
</article>
```

itemscope 특성은 이름-값 쌍들의 새 집합을 정의한다. 이 집합을 명세서에서는 *items*(항
목들)라고 부른다. 이 집합의 각 원소(이름-값 쌍)는 itemprop이라는 특성으로 지정하는데,

여기서 *prop*은 *property*(속성)를 줄인 것이다. 텍스트에 있는 모든 음악가 이름에 그것이 음악가임을 뜻하는 표식을 달고 싶다면, 해당 요소에 itemprop 특성을 추가하면 된다. 이 예의 경우 총 네 개의 itemprop이 필요할 것이다. 만일 특성을 추가하기에 적당한 요소가 없다면 먼저 span이나 div 요소를 적절히 추가해야 한다. 예를 들어 텍스트의 "Pat Metheny"를 HTML 코드 안에서는 "Pat Metheny"로 표현하는 식이다. 이렇게 하면 텍스트 레이아웃 자체는 변하지 않으면서도 span 요소에 itemprop 특성을 추가할 수 있다. itemscope와는 달리 itemprop은 부울이 아니다. 따라서 반드시 특성의 값을 지정해야 한다. 특성의 값은 속성(이름-값 쌍)의 '이름'이 되고, span 요소 안의 텍스트가 속성의 값이 된다.

```
<article itemscope>
... 저녁 8시 30분 직전. <span itemprop=musician>Pat Metheny</span>가 ...
... 드럼 주자 <span itemprop=musician>Antonio Sanchez</span>도 없고 ...
... 베이스의 <span itemprop=musician>Steve Rodby</span>나 ...
... 피아노의 <span itemprop=musician>Lyle Mays</span>도 없다 ...
</article>
```

이렇게 해서 첫 마이크로데이터 예제가 완성되었다. 그런데 블로그 항목을 훑는 스파이더, 즉 검색 엔진 봇들이 이 메타 자료를 어떻게 활용하는지 궁금한 독자도 있을 것이다. 마이크로데이터의 자료 구조를 사람이 파악하기 좋게 시각화해주는 도구로 Philip Jägenstedt의 Live Microdata viewer가 있는데, 이제부터 이를 간단하게 **마이크로데이터 표시기**라고 부르기로 하겠다. 이 온라인 웹 응용 프로그램은 마이크로데이터가 포함된 HTML 코드 조각을 텍스트 필드에 복사해서 붙여 넣으면 그 안에 들어 있는 마이크로데이터를 JSON을 비롯한 여러 가지 형식으로 표시해 준다. 주소는 http://foolip.org/microdatajs/live로, 이번 장의 모든 예제를 점검하는 데 필요할 것이므로 지금 북마크에 추가하길 권한다.

예제들에 나오는 마이크로데이터를 확인하기 위해 매번 코드를 일일이 입력하려면 상당히 번거로울 것이다. 코드 조각을 마이크로데이터 표시기에 쉽게 복사할 수 있도록, 이번 장의 모든 HTML 코드 조각을 담은 보통의 텍스트 파일을 필자의 웹 사이트에서 제공한다. 파일 안에 개별 코드 조각들이 이번 장에 등장하는 순서대로 나열되어 있다. 파일의 주소는 http://html5. komplett.cc/code/chap_microdata/fragments_en.txt이다.

fragments_en.txt 파일의 둘째 HTML 조각을 Philip Jägenstedt의 마이크로데이터 표시기에 붙여 넣으면 다음과 같은 구조의 JSON 자료가 표시된다.

```
{
  "items":[{
      "properties":{
        "musician":["Pat Metheny",
          "Antonio Sanchez",
          "Steve Rodby",
          "Lyle Mays"
        ]
      }
    }
  ]
}
```

처음 보았을 때에는 중첩된 중괄호, 대괄호들 때문에 다소 혼란스럽겠지만, 잘 보면 이것이 메타 자료의 구조를 아주 명확하게 나타내고 있음을 알 수 있다. 각 항목(*items*)은 속성들의 배열(*properties*)로 이루어지며, 그 배열의 원소는 속성의 이름("musician")과 그에 해당하는 값들("Pat Metheny", "Antonio Sanchez", "Steve Rodby", "Lyle Mays")의 배열로 이루어진 이름-값 쌍이다.

HTML 요소들 중에는 itemprop 특성을 지정하기만 하면 자동으로 해당 속성의 값이 결정되는 것들이 있다. 블로그 항목의 대표 사진을 정의하는 img 요소의 itemprop 특성에 *image*를 지정해 보자.

```
<article itemscope>
  <img itemprop=image src=icons/orchestrion.jpg alt=...>
</article>
```

이렇게 하면 src 특성의 값이 자동으로 *image* 속성의 값으로 설정된다. 이런 식으로 특정 속성 값이 자동으로 설정되는 요소들이 표 11.1에 정리되어 있다.

표 11.1 특별한 'itemprop' 값이 적용되는 HTML 요소들.

특성	요소
src	audio, embed, iframe, img, source, video
href	a, area, link
datetime	time
content	meta
data	object

이런 식으로 마이크로데이터가 부가된 블로그 항목을 검색 엔진 스파이더가 색인화한다고 하자. 스파이더는 *musician* 속성이나 *image* 속성을 어떤 식으로 활용해야 하는지 알지 못한다. 이는 우리가 마이크로데이터 항목들을 단지 우리만 아는 방식으로 정의했기 때문이다. 마이크로데이터가 합리적으로 쓰이게 하려면 마이크로데이터를 스파이더도 아는 표준화된 '어법'(또는 명세, 파생언어[dialect])에 따라 작성해야 한다. URL을 지능적인 전자우편 프로그램의 주소록으로 끌어다 놓으면 프로그램이 마이크로데이터로 부호화된 전자우편 주소를 자동으로 추출하거나, 일기 프로그램이 같은 방법으로 일기의 날짜를 인식하는 것은 마이크로데이터가 어떤 표준화된 명세를 따르기 때문이다.

11.1.2 'itemtype' 특성

그런데 어떤 표준화된 어법을 따라야 할까? WHATWG의 마이크로데이터 명세에는 그런 표준 어법이 세 개 정의되어 있다. 바로, 연락처 정보를 위한 *vCard*와 사건, 행사 날짜를 위한 *vEvents*, 그리고 어떤 제품이나 작품의 사용권(license)을 지정하기 위한 어법이다. 그 외에도 **마이크로포맷**(microformat) 공동체(http://microformats.org)에는 다양한 명세들이 존재한다. 그런데 마이크로데이터와는 달리 그런 명세들은 class 특성과 rel 특성을 마구 사용해서 메타 자료 구조를 결정하는 마이크로포맷 방식으로 정의되어 있다.

마이크로데이터가 따르는 표준화된 어법을 지정할 때에는 itemtype 특성을 사용한다. 이 특성의 값으로는 해당 표준의 URL을 지정해야 한다. vCard와 vEvent는 둘 다 그 표준 URL이 microformats.org에 속해 있다(이 점은 마이크로데이터와 마이크로포맷의 밀접한 관계를 잘 보여준다).

- http://microformats.org/profile/hcard

- http://microformats.org/profile/hcalendar#vevent

그럼 블로그 항목의 콘서트에 대한 vEvent 마이크로데이터를 작성해 보자. itemtype 특성에 해당 URL을 지정하고, itemprop 특성들을 hCalendar 명세에 맞게 지정하면 된다.

```
<article itemscope
 itemtype=http://microformats.org/profile/hcalendar#vevent>
 <time itemprop=dtstart
  datetime="2010-10-09T20:30:00-04:00">
  2010년 10월 9일, 토, 저녁 8시 30분 직전.
evening
 </time>
  ...
 <span itemprop=location>Morristown, NJ</span>에 있는...
 <span itemprop=location>Community Theater</span>의 무대에
 ...
 <span itemprop=summary>Orchestrion</span>의 ...
</article>
```

이 마이크로데이터 조각을 마이크로데이터 표시기에 붙여 넣되, 이번에는 JSON 대신 *iCal* 탭을 클릭하기 바란다. 그러면 다음과 같은 iCal 형식의 자료가 나타날 것이다.

```
BEGIN:VCALENDAR
PRODID:jQuery Microdata
VERSION:2.0
BEGIN:VEVENT
DTSTAMP;VALUE=DATE-TIME:20101227T205755Z
DTSTART;VALUE=DATE-TIME:20101009T2030000400
LOCATION:Community Theater
LOCATION:Morristown\, NJ
SUMMARY:Orchestrion
END:VEVENT
END:VCALENDAR
```

마이크로데이터를 iCal 형식으로 변환하는 작업은 Philip Jägenstedt의 JavaScript library *microdatajs*가 담당한다. 마이크로데이터 표시기 자체의 핵심이기도 한 이 라이브러리는

http://gitorious.org/microdatajs에서 내려받을 수 있다.

사용권에 대한 예로, 이 라이브러리의 사용권을 WHATWG의 사용권 관련 마이크로데이터 명세(*Licensing works* 섹션)를 이용해서 표현해 보자. 이 경우 itemtype은 http://n.whatwg.org/work로 하고, itemprop 특성에 work, title, author, license를 사용해서 작업물 주소와 이름, 저자, 사용권을 명시하면 된다.

```
<div itemscope itemtype=http://n.whatwg.org/work>
<a itemprop=work
 href="http://gitorious.org/microdatajs">
 <span itemprop=title>microdatajs</span></a> by
<span itemprop=author>Philip Jägenstedt</span>
<a itemprop=license
 href=http://creativecommons.org/licenses/publicdomain/>
 (<span>Public Domain</span>)</a>
</div>
```

다음 예제는 여러 마이크로데이터 어법들을 섞어 쓰는 방법을 보여준다. 콘서트 평론의 경우 행사에 대한 정보는 vEvent로 부호화하고 평론가의 정보는 vCard로 부호화하면 좋을 것이다. 여러 어법들을 내포시키는 것은 아주 간단하다. hReview 어법의 reviewer 속성 (itemprop 특성이 reviewer인 요소)을 vCard 형식으로 정의하고자 한다면, itemtype을 hReview의 URL로 설정한 항목 범위(itemscope 특성이 있는 요소) 안에 itemtype을 vCard의 URL로 설정한 또 다른 항목 범위를 추가하면 된다. hReview에 vEvent 항목을 포함시키는 것 역시 마찬가지이다. 다음이 그런 식으로 항목 범위들을 내포시킨 결과이다. 이를 마이크로데이터 표시기에 붙여 넣고 JSON 결과를 살펴보면 이해에 도움이 될 것이다.

```
<article itemscope
 itemtype=http://microformats.org/wiki/hreview>
 <div
 itemprop=item itemscope
 itemtype=http://microformats.org/profile/hcalendar#vevent>
 <span itemprop=summary>Orchestrion</span>,
 <time itemprop=dtstart
  datetime="2010-10-09T20:30:00-04:00">October 9th 2010
 </time>:
 </div>
```

```
<span itemprop="summary">A fascinating evening</span>
rated with <span itemprop="rating">5</span> stars out of 5 stars.
<div itemprop=reviewer itemscope
 itemtype=http://microformats.org/profile/hcard>
 <span itemprop=fn>Nicos Thassofilakas</span>,
 <a href=http://openweb.cc itemprop=url>openWeb.cc</a>
</div>
</article>
```

11.1.3 'itemid' 특성

한 마이크로데이터 구조에 `itemtype` 특성을 지정한 경우, 해당 어법의 항목들에 `itemid` 특성을 이용해서 고유한 식별자(ID)를 부여할 수 있다. 그런 ID의 예로는 책을 위한 ISBN (*International Standard Book Number*), 제품 식별을 위한 EAN(*European Article Number*)*, Amazon 상품들에 쓰이는 ASIN(*Amazon Standard Identification Number*)이 있다.

`itemid`의 유효한 값은 URL인데, 여기에는 접두사가 `urn:`인 URN(Uniform Resource Names)도 포함된다. 다음은 책을 서술하는 가상의 어법으로 Pat Metheny의 솔로 앨범 *One Quiet Night*를 서술한 예인데, 앨범의 식별을 위해 앨범의 고유 ISBN 번호를 사용했다.

```
<div itemscope
    itemtype=http://vocab.example.net/book
    itemid="urn:isbn:978-0634066634">
<span itemprop=album>One Quiet Night</span> by
<span itemprop=artist>Pat Metheny</span>
(<time itemprop=pubdate datetime=2005-04-01>2005</time>,
<span itemprop=pages>88</span> pages)
</div>
```

11.1.4 'itemref' 특성

필요한 마이크로데이터 정보를 하나의 컨테이너 요소에 모두 담기가 불가능한 경우도 있다. 앞에 나온 블로그 항목의 경우 `itemscope` 특성은 블로그 항목 전체를 감싸는 **article** 요소에

---

* [역주] 바코드 표준의 하나로, 현재는 IAN(International Article Number)으로 바뀌었으나 EAN이라는 이름도 여전히 쓰인다.

지정되어 있으며, 관련된 모든 itemprop 특성은 article 요소 안의 요소들에 지정되어 있다. 만일 article 바깥에 있는 어떤 itemprop 특성을 포함시키고 싶다면 itemref 특성을 사용하면 된다. 이 특성에는 참조할 요소들의 ID를 빈칸으로 구분해서 나열한 문자열을 지정한다. 이렇게 하면 itemscope 특성과 컨테이너 요소 사이의 연결을 완전히 제거할 수 있다.

```
<article>
 <div id=location>
  <span itemprop=member>Pat Metheny</span>
 </div>
 <div id=intro>
  <span itemprop=member>Antonio Sanchez</span>
  <span itemprop=member>Steve Rodby</span>
  <span itemprop=member>Lyle Mays</span>
  <span itemprop=band>Pat Metheny Group</span>
 </div>
</article>
<div itemscope itemref="location intro"></div>
```

이 예는 블로그 항목의 두 문단을 ID가 각각 *location*과 *intro*인 두 div 요소로 나눈다. 이 div들 안에서, itemprop을 이용해 *Pat Metheny Group*과 그 멤버들을 표시한다. itemscope 특성은 article 바깥의 한 div 요소에 있다. 이 요소에서는 itemref를 이용해서 실제 정보가 담긴 요소의 ID들을 지정한다. 복잡한 마이크로데이터 자료의 경우 이런 방식이 아주 유용하다.

11.2 마이크로데이터 DOM API

짐작했겠지만, 문서의 마이크로데이터 자료 구조를 JavaScript를 통해서 탐색하는 것도 가능하다. 이를 위한 수단이 마이크로데이터 *DOM API*이다.

모든 **최상위** 마이크로데이터 항목(즉, itemscope 특성이 있는, 그리고 다른 어떤 항목의 일부가 아닌 항목)에 접근할 때에는 document.getItems() 메서드를 사용한다. 이 메서드는 최상위 항목 요소들을 담은 DOM *NodeList*를 돌려주는데, 그 요소들의 순서는 DOM 트리에서 발견된 순서와 동일하다. 특정 종류의 항목만 얻고 싶다면 원하는 itemtype 특성 값을 지정해서 `getItems()`를 호출하면 된다.

```
var allNodes = document.getItems();
var vCards = document.getItems(
  'http://microformats.org/profile/hcard'
);
```

메서드가 돌려준 *NodeList*의 각 항목마다 해당 요소에 존재하는 추가적인 마이크로데이터 특성들에 접근할 수 있다. 표 11.2는 항목 객체의 속성 이름과 그 내용을 정리한 것이다.

표 11.2 마이크로데이터 항목 객체의 속성들.

속성	내용
itemScope	itemscope 특성의 값
itemType	itemtype 특성의 값(있는 경우)
itemId	itemid 특성의 값(있는 경우)
itemRef	itemref 특성의 값(있는 경우)

원하는 **최상위 항목**(item이라고 하자)을 얻었다면, 다음으로 할 일은 그 항목의 속성들 (HTML에서 `itemprop` 특성으로 정의된)에 접근하는 것이다. 항목 속성들은 HTMLProperties Collection 형식의 객체인 `item.properties`를 통해서 접근할 수 있다. 이 객체는 각 속성 의 이름-값 쌍에 접근할 수 있는 인터페이스를 제공한다. 항목 속성들은 DOM 트리 안에서 의 위치 순으로 정렬되어 있다. 표 11.3은 HTMLPropertiesCollection이 제공하는 인터페 이스와 그 내용이다.

표 11.3 HTMLPropertiesCollection의 속성과 메서드.

속성/메서드	설명
length	컬렉션에 담긴 속성 개수를 돌려준다.
item(index)	주어진 색인 index에 해당하는 요소를 돌려준다.
namedItem(name)	항목 속성 이름(itemprop 특성의 값)이 name인 요소들을 담은 컬렉션을 돌려준다.
namedItem(name).values	이름이 name인 항목 속성들의 값(해당 요소의 내용)들을 담은 컬렉션을 돌려준다.

`names`	컬렉션 안의 모든 항목 속성 이름을 담은 `DOMStringList`를 돌려준다.
`names.length`	항목 속성 이름들의 개수를 돌려준다.
`names.item(index)`	주어진 색인 `index`에 해당하는 항목 속성의 이름을 돌려준다.
`names.contains(name)`	이름이 `name`인 항목 속성이 존재하는지의 여부를 뜻하는 부울 값을 돌려준다.

마이크로데이터 DOM API의 마지막 속성은 `itemValue`이다. 이것은 `itemprop` 특성이 지정된 요소의 내용에 접근하는 데 쓰인다. 변수 `elem`이 어떤 컨테이너 요소(`article`이나 `div`, `span` 등)를 가리킨다고 할 때, `elem.itemValue`는 그 요소의 내용(텍스트)를 돌려준다. `elem.itemValue`에 다른 문자열을 배정함으로써 그 요소의 내용을 변경하는 것도 가능하다.

항목 속성들이 내포되어 있는 경우에는 좀 더 세심한 처리가 필요하다. 요소에 `itemscope` 특성이 있다면 그 요소의 내용을 개별적으로, 마치 하나의 **최상위 항목**인양 처리해야 한다. 이 점을 고려해서, 명세서는 이런 경우 `elem.itemValue`가 반드시 요소 자신을 돌려주어야 한다고 명시하고 있다.

HTML 요소들과 관련해서 주목할만한 또 다른 경우는, 특정 속성이 자동으로 배정되는 HTML 요소들이다. 예를 들어 `a`, `src`, `time`, `meta`, `object` 요소의 경우 해당 `href`, `src`, `datetime`, `content`, `data` 특성이 자동으로 `elem.itemValue`에 배정된다. 이런 부류의 특성들과 요소들이 표 11.1에 정리되어 있다.

요 약

이번 장에서는 다양한 전역 특성들을 이용해서 문서에 의미론적 마크업을 추가하는 메커니즘인 마이크로데이터의 문법을 자세히 살펴보았다. 우선 마이크로데이터에 관련된 영역을 표시하고 이름-값 쌍들의 빈 집합('항목'이라고 부른다)을 새로 만드는 **부울 특성** `itemscope`을 살펴보았으며, 그 빈 집합에 구체적인 이름-값 쌍을 추가하기 위한 `itemprop` 특성도 이야기했다.

연락처 정보를 위한 **vCard**나 사건, 행사 일자를 위한 **vEvents** 같은 표준화된 어법을 지정하기 위한 itemtype 특성과 그런 어법 안에서 ISBN이나 EAN 같은 고유 ID를 지정하기 위한 itemid 특성도 소개했다. 마지막으로, 빈칸으로 구분된 ID들의 목록을 지정함으로써 문서의 다른 어딘가에 있는 마이크로데이터 정의를 참조하는 itemref 특성도 이야기했다. 마이크로데이터를 위한 특성들을 다 소개한 후에는 JavaScript 코드에서 손쉽게 마이크로데이터에 접근하기 위한 마이크로데이터 DOM API를 간략하게 설명했다.

안타깝게도, 이 책을 쓰는 현재 마이크로데이터를 지원하는 브라우저는 없다. 따라서 이번 장의 여러 예제들을 시험해 보는 유일한 방법은 Philip Jägenstedt의 Live Microdata 표시기(http://foolip.org/microdatajs/live)를 사용하는 것뿐이다. 브라우저들이 과연 마이크로데이터를 제대로 지원하게 될 것인지, 된다면 언제일지는 아직 아무도 모른다.

12

마무리: 몇 가지 전역 특성과 메서드

이 책의 마지막 장인 이번 장에서는 언뜻 보기에는 그리 중요하지 않은 것 같은 `HTMLElement` 인터페이스의 전역 특성과 메서드 몇 가지를 살펴본다. 이번 장을 이끌어가는 주된 예제는 단어들을 특정 조건에 맞는 순서로 배치해야 하는 간단한 게임으로, 이름은 *1-2-3-4!*이다. 좀 더 구체적으로, 이 게임은 EU(유럽 연합) 27개 회원국의 수도에 관한 것이다. 독자는 이 도시들을 그 인구순으로 나열할 수 있는가? 아니면, 도시들을 북쪽에서 남쪽순으로 또는 동쪽에서 서쪽순으로 나열할 수 있는가? 지금은 아니더라도, 이번 장을 다 읽고 나면 그렇게 할 수 있을 것이다.

12.1 'class' 특성을 위한 새 속성과 메서드

가장 먼저 살펴볼 것은 class 특성을 이용해서 특정 요소들에 쉽게 접근할 수 있는 HTMLElement 인터페이스의 새 DOM 메서드인 document.getElementsByClassName()이다. 다음 예에서 보듯이 사용법은 아주 간단하다.

```
var questions = document.getElementsByClassName('q');
```

이 코드가 실행되면 questions 변수에는 class 특성의 값에 q가 포함되어 있는 모든 요소의 목록이 배정된다. 목록에서 그 요소들의 순서는 DOM 트리 안에서의 순서와 같다. 사실 위의 코드는 이번 장의 예제 게임 *1-2-3-4!*에서 EU 각국의 수도 이름을 담은 li 요소들을 얻는 부분에 해당한다. 수도 이름들은 다음과 같은 형태로 정의되어 있다.

```
<li id=de class=q>Berlin</li>
<li id=at class=q>Vienna</li>
<!-- 나머지 25개 도시들 -->
```

목록의 개별 li 요소에 접근하는 방법은 두 가지인데, 목록 안에서의 오프셋(색인)을 사용할 수도 있고 이름을 사용할 수도 있다. 여기서 '이름'은 요소의 내용이 아니라 요소의 id 특성 또는 name 특성이다.

```
questions.item(1).innerHTML         => Vienna
questions.namedItem('de').innerHTML  => Berlin
```

목록의 길이는 questions.length이다. 목록의 색인은 0부터 시작하므로, item(i)의 유효한 i 값은 0에서 questions.length-1까지이다. 그리고 namedItem(str)으로는 id 특성이 아니라 name 특성을 가진 요소(form 등)에도 접근할 수 있다.

여러 개의 클래스들로 요소들을 검색하는 경우 document.getElementsByClassName() 메서드를 여러 번 호출하는 대신, 클래스 값들을 빈칸으로 구분한 문자열을 인수로 해서 메서드를 한 번만 호출하면 된다. 예를 들어 가상의 과일 상점에서 빨간색 과일에 해당하는 요소들과 사과에 해당하는 요소들을 모두 찾을 때에는 다음과 같이 하면 된다.

```
var mmm = document.getElementsByClassName('red apple');
```

이렇게 하면 모든 빨간색 과일과 모든 사과를 찾을 수 있다. 물론 결과에는 빨간 사과도 포함된다.

12.2 'data-*'를 이용한 커스텀 특성 정의

예전의 HTML에서는 특정한 웹 응용 프로그램을 위한 커스텀 특성을 자유로이 정의할 수 없었다. 그러나 HTML5는 바로 그러한 목적으로 사용할 수 있는 메커니즘을 제공한다. 바로 data-* 특성이다. 커스텀 특성을 만드는 방법은 너무나 간단하다. 그냥 특성 이름을 data-로 시작하면 끝이다. 특성 이름의 * 부분, 즉 data- 다음 부분의 제약도 아주 적다. 반드시 한 글자 이상이어야 하며 대문자를 사용하면 안 된다는 점만 지키면 된다. *1-2-3-4!* 게임의 경우 각 수도의 인구, 지리적 위치, 해당 국가 이름을 정의하는 데 이 data-* 특성을 활용한다. 다음이 한 예이다.

```
<li id=at class=q
    data-pop=1705080
    data-geo-lat=48.20833
    data-geo-lng=16.373064
    data-country='Austria'>Vienna</li>
```

그런데 JavaScript에서 이런 커스텀 특성에 접근하려면 어떻게 해야 할까? 기존의

getAttribute()· setAttribute() 메서드를 사용할 수도 있지만, 명세서는 좀 더 편리한 수단을 제공한다. 바로 dataset 속성이다. 이 속성을 통해서 해당 요소의 모든 data-* 특성들에 접근할 수 있다.

```
var el  = q.namedItem('at');
var pop = el.dataset.pop;     // 1705080
var lat = el.dataset.geoLat;  // 48.208
var lng = el.dataset.geoLng;  // 16.373
var ctr = el.dataset.country; // Austria
// 배정문을 통해서 특성을 변경하는 것도 가능하다.
el.dataset.pop = 1717034;
```

그런데 셋째 줄의 el.dataset.geoLat에 주목하기 바란다. data-* 특성의 이름은 data-geo-lat이었지만 dataset의 해당 필드는 dataset.geoLat이다. 브라우저는 data-* 특성의 이름에서 하이픈을 제거하고 하이픈 다음의 문자를 대문자로 변경해서 소위 *CamelCase* (낙타등) 형태의 식별자를 만들어 낸다. data-* 특성 이름에 대문자를 사용해서는 안 되는 이유를 이제 알았을 것이다. data-* 특성 이름 자체에 대문자가 있으면 하이픈 치환 시 예기치 못한 문제가 발생할 수 있다.

안타깝게도, element.dataset에 대한 브라우저들의 지원 수준은 전혀 나아지고 있지 않다. 이 책을 쓰는 현재 WebKit만이 야간 빌드에서 dataset DOM 속성을 지원한다. 예제 *1-2-3-4!* 게임은 data-* 특성들을 적어도 읽을 수는 있게 해주는 JavaScript 심(shim)인 Remy Sharp의 *html5-data.js* 덕분에 작동하는 것일 뿐이다. data-* 특성을 설정하기 위해서는 기존의 setAttribute() 메서드를 사용해야 한다.

12.3 'hidden' 특성

hidden 특성은 HTML 작업단에서 커다란 논란을 불러 일으켰다. 이 사항은 **문제점(ISSUE)** 단계로 가서 급기야는 **이의를 위한 예비 투표(Straw Poll for Objections)**까지 시행되었다. hidden 특성이 살아남은 것은 전적으로 HTML 작업단 의장의 결정 덕분이다. 주된 비판은 hidden 특성이 없어도 되는, 꼭 필요한 것은 아닌 특성이라는 것이다. 그러나 이번 장의 예제는 hidden이 실제로 유용함을 보여준다. *1-2-3-4!* 게임은 hidden을 통해서 질문들을 선택하기 때문이다. 그 알고리즘을 간단히 설명하자면, 우선 hidden 특성이 지정된 모든 질문 항목을 숨기고, 무작위로 선택된 네 개만 표시한다. 다음은 해당 처리를 수행하는 JavaScript 함수이다.

```javascript
var showRandomNItems = function(q,n) {
  var show = [];
  for (var i=0; i<q.length; i++) {
    q.item(i).hidden = true;
    show.push(i);
  }
  show.sort(function() {return 0.5 - Math.random()});
  for (var i=0; i<n; i++) {
    q.item(show[i]).hidden = false;
  }
};
```

　게임은 li 요소들을 담은 목록과 표시할 항목 개수를 각각 q와 n 매개변수로 넘겨준다. 그러면 showRandomNItems() 함수는 q의 요소들을 모두 숨기고(hidden=true), 그 요소들을 또 다른 배열(색인이 0에서 q.length-1인)에 집어넣는다. 그런 다음 그 배열을 무작위순으로 정렬한 후 그 중 처음 n 개의 요소들을 다시 화면에 표시한다.

12.4 ‘classList’ 인터페이스

getElementsByClassName() 메서드 외에, 전역 class 특성에 관련된 또 다른 새로운 수단으로 classList 인터페이스가 있다. 이 인터페이스는 한 class 특성에 지정된 모든 클래스 이름을 담은 DOMTokenList 객체를 돌려주며, 그러면 item(), contains(), add(), remove(), toggle() 같은 메서드들을 이용해서 개별 클래스 이름들을 다룰 수 있게 된다. 가상의 과일 상점의 한 상품의 class 특성이 다음과 같다고 하자.

```html
<li class="red apple">
```

그러면 `li.classList`는 다음과 같은 속성들을 가지게 된다.

```
li.classList.length              => 2
li.classList.item(0)             => red
li.classList.item(1)             => apple
li.classList.contains('red')     => true
li.classList.contains('apple')   => true
li.classList.contains('organic') => false
```

이 빨간 사과 상품에 '유기농(organic)' 표식을 붙이고 싶다면, 다음과 같이 `add()` 메서드로 클래스 목록에 organic을 추가하면 된다.

```
li.classlist.add('organic')
li.classList.item(2) => organic
```

반대로, 그다음 진열대에 있는 멀리 에콰도르로부터 공수해 온 바나나는 유기농이 아닌데도 유기농 표식이 붙어 있다고 하자. 그런 경우에는 다음과 같이 `remove()` 메서드로 바로잡으면 된다.

```
banana.classList.remove('organic')
```

아침에는 신선했던 빵도 저녁에는 별로 신선하지 못한 상품이 된다. 이런 경우에는 `toggle()`을 이용해서 해당 클래스 이름을 켜거나 끄면 된다.

```
// 아침에는 신선한 빵도
bread.classlist.add('fresh')
// 저녁이 되면 더 이상 신선하지 않다.
bread.classList.toggle('fresh')
bread.classList.contains('fresh')   => false
// 다음 날 아침 새로 배달받은 빵
bread.classList.toggle('fresh')
bread.classList.contains('fresh')   => true
```

1-2-3-4! 게임에서는 사용자가 선택한 순서가 맞았는지 틀렸는지를 표시하는 용도로 classList를 사용한다. 다음은 수도 목록 왼쪽에 있는, 사용자가 수도들을 순서대로 배치할 자리들로

쓰이는 네 li 요소들의 모습이다(게임의 핵심부인 '끌어다 놓기' 기능이 추가되기 전의 코드임). 사용자가 순서를 결정하는 도중에는 li 요소들의 클래스가 모두 *answer*를 뜻하는 a이다 (이는 수도 이름을 담는 li의 클래스가 *question*을 뜻하는 q라는 점과 대조된다). 그리고 이 요소들은 ૘에서 ૛까지의, 소위 *DINGBAT NEGATIVE CIRCLED DIGITS*라는 유니코드 검은 원 숫자들을 담는다.

```
<ol>
<li class=a>&#x2776;</li>
<li class=a>&#x2777;</li>
<li class=a>&#x2778;</li>
<li class=a>&#x2779;</li>
</ol>
```

이 요소들에 추가적인 CSS 스타일 규칙들을 적용한 모습이 그림 12.1에 나와 있다. 앞에서 말했듯이, 이는 아직 끌어다 놓기 기능을 추가하기 전의 '정적' 버전이다. 이 버전은 http://html5.komplett.cc/code/chap_global/1234_static_en.html에 있다.

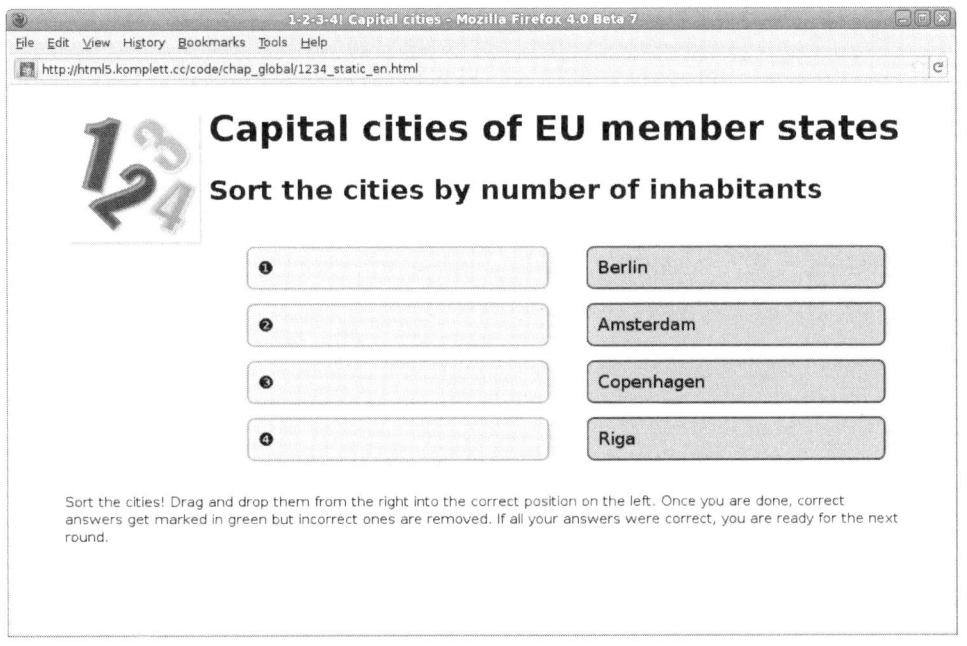

그림 12.1 1-2-3-4! 게임의 기본적인 정적 배치.

브라우저 창 제목 줄에서 볼 수 있듯이, 그림 12.1은 Firefox 4의 한 베타 버전에서 찍은 것이다. 이는 당시 예제 게임의 요구사항을 모두 만족하는 브라우저가 그 버전밖에 없었기 때문이다. Remy Sharp의 JavaScript **심**(shim)으로 대신하는 **data-***를 제외할 때, 이 버전은 예제 게임에 필요한 모든 특성과 메서드를 지원한다.

12.5 끌어다 놓기 기능을 위한 'draggable' 특성

브라우저의 끌어다 놓기(drag-and-drop) 기능은 사실 별로 새로운 것이 아니다. 이 기능은 이미 1999년에 Internet Explorer 버전 5.0에서 구현되었다. 끌어다 놓기 기능은 IE의 구현에 기초해서 2005년에 명세서에 포함되었으며, 이제는 Opera를 제외한 모든 주요 브라우저가 지원한다.

통상적인 끌어다 놓기 동작을 구현하려면 다음과 같은 준비가 필요하다.

1. 사용자가 끌어다 놓기를 적용할 수 있는 요소들을 지정한다.
2. 끌어다 놓기가 진행될 때 배경에서 그 요소와 함께 이동할 자료를 결정한다.
3. 사용자가 끌고 있는 요소를 놓을 수 있는 대상 요소들을 지정한다.
4. 끌어다 놓기 동작이 끝나면 해당 자료를 추출한다.

1번을 위한 것이 전역 **draggable** 특성이다. **draggable=true**가 지정된 요소는 다른 위치로 끌어갈 수 있는 요소가 된다. **draggable**이 기본으로 정의되는 HTML 요소도 있다. 바로 **img** 요소와 **a** 요소이다(단, **href** 특성이 지정되어 있어야 한다). 이 덕분에 링크나 이미지를 데스크톱으로 끌어다 놓아서 손쉽게 저장할 수 있다. 이 요소들에서 끌어다 놓기를 비활성화하고 싶다면 명시적으로 **draggable=false**를 지정해야 한다.

1-2-3-4! 게임의 경우 각 수도 이름을 담은 **li**요소에 다음과 같이 **draggable** 특성을 *true*로 설정해 두면 수도를 끌어 옮길 수 있게 된다.

```
<li id=be draggable=true>Brussels</li>
```

그런데 단지 어떤 요소를 끌어 움직이는 것 자체가 우리의 목표인 것은 아니다. 요소를 끌어 옮김으로써 어떤 정보를 한 곳에서 다른 곳으로 전달할 수 있어야 한다. 어떤 정보를 전달할 것인지는 **끌기**의 시작해서 결정해야 한다. 이를 위해 필요한 것이 dragstart 사건이다. 예제의 경우 dragstart 사건에 대한 처리부는 DragEvent 형식의 객체인 event를 인수로 해서 startDrag()를 호출한다.

```html
<li id=be draggable=true
    ondragstart="startDrag(event)">Brussels</li>
```

이 DragEvent 객체는 끌어다 놓기 기능에서 핵심적인 역할을 한다. 이 객체의 읽기 전용 속성 dataTransfer를 통해서 끌어다 놓기 API의 DataTransfer 인터페이스에 접근할 수 있기 때문이다. 이 인터페이스는 끌어다 놓기에 관련된 모든 메서드와 속성을 제공한다. 그런 메서드들 중 하나로 setData(format, data)가 있다. 요소를 끌어다 놓을 때 배경에서 전달될 자료의 형식과 값을 설정하는 데 사용하는 메서드가 바로 이것이다. 지금 예제의 경우는 끌어다 놓는 요소의 ID(텍스트 형식)를 전달한다. 이후 이 ID를 통해서 해당 요소에 접근할 것이다.

```javascript
var dragStart = function(evt) {
  evt.dataTransfer.setData('text',evt.target.id);
};
```

이제 수도 항목 요소를 끌어 움직이는 데 필요한 준비가 끝났다. 다음으로 할 일은 끌어다 놓기의 대상이 되는 요소를 지정하는 것이다. draggable 특성이 있으므로 droppable 특성도 있을 것 같지만, 사실은 그렇지 않다. 대신, dragstart 사건 외에 dragenter, dragover, drop 이라는 세 가지 사건이 더 있다. 그런데 한 가지 이상한 점은, 이 셋 중 두 사건이 취소(abort)되어야만 가장 중요한 나머지 한 사건이 발생할 수 있다는 것이다. 다음은 게임 화면 왼쪽의, 수도를 끌어다 놓을 수 있는 목록 항목 요소들 중 하나의 HTML 코드인데, 이 코드를 보면 방금 말한 두 사건이 어떤 것들이고 나머지 한 사건이 어떤 것인지 짐작할 수 있을 것이다.

```html
<li ondragenter="return false;"
    ondragover="return false;"
    ondrop="drop(event)">&#x2776;</li>
```

두 사건 dragenter와 dragover는 기본적으로 여기에 요소를 놓을 수 있음을 나타내기 위한 것일 뿐이다. 위의 예는 두 사건 모두 발생 즉시 그냥 return false로 그 처리를 취소한다. 물론 이들에 대해 어떤 콜백 함수를 호출할 수도 있다. 이를테면 dragenter에 대해 **여기에 놓아도 됩니다!**를 표시하거나 dragover에 대해 **정말 여기가 맞을까요?** 같은 문구를 표시하는 콜백 함수를 지정할 수도 있는 것이다. 그런 함수에서 사건 처리를 취소하려면 return false를 사용해선 안 되고 반드시 evt.preventDefault()를 호출해야 한다. 효과는 동일하다. 그에 의해 drop 사건이 발생한다.

이제 이번 절 도입부에서 말한 네 가지 사항들 중 마지막 하나, 즉 끌어다 놓기에 의해 전달된 정보를 추출하는 일만 남았다. 이 부분은 drop 사건 처리부에서 일어난다. 콜백 함수 drop()에 전달되는 event는 끌어다 놓기를 시작했을 때의 dragstart 사건에서처럼 DragEvent 형식의 객체이다. 이 객체의 getData() 메서드로 원하는 정보를 뽑아내면 된다. 지금 예제에서는 dragstart 사건 처리부에서 저장했던 원본 요소 ID를 가져온다.

```
var drop = function(evt) {
  var id = evt.dataTransfer.getData('text');
  var elemQ = questions.namedItem(id);
  var elemA = evt.target;
  elemA.setAttribute("data-id",id);
  elemA.setAttribute("data-pop",elemQ.dataset.pop);
  elemA.innerHTML = elemQ.innerHTML;
  // ...나머지 게임 작동 논리...
};
```

ID를 얻은 후에는 questions.namedItem(id)를 이용해서 해당 원본 요소를 얻고, 그 요소에 data-* 특성으로 지정되어 있는 인구수를 얻는다. 또한 수도 이름을 대상 요소의 내용으로 설정한다. 두 변수 elemQ와 elemA는 원본, 대상 li 요소들에 대한 단축 표기라고 할 수 있다. 앞에서 언급했듯이 data-*를 위한 Remy Sharp의 JavaScript 심은 읽기 접근만 제공하므로, 특성 값들을 설정하려면 간결한 elemA.dataset.id=id 표기 대신 elamA.setAttribute("data-id",id)를 사용할 수밖에 없다.

게임 작동 논리의 일부로, 게임 진행 도중에는 관련 버튼 두 개가 비활성화된다. 그 사실을 CSS 클래스를 이용해서 사용자에게 시각적으로 알려주는데, 이때 classList.add()가 유용하게 쓰인다. **drop()** 함수 끝 부분에는 다음과 같은 코드가 있다.

```
elemQ.classList.add('qInactive');
elemA.classList.add('aInactive');
```

그리고 CSS 스타일시트의 해당 규칙들은 다음과 같다.

```
.qInactive {
  pointer-events: none;
  color: #AAA;
  background-color: #EEE;
  border-color: #AAA;
}
.aInactive {
  pointer-events: none;
  background-color: hsl(60,100%,85%);
  border-color: hsl(60,100%,40%);
}
```

사용자가 네 수도를 모두 끌어다 놓으면 게임은 순서가 맞았는지 점검해서, 맞은 수도는 녹색으로 표시하고 틀린 수도는 원래 자리로 되돌려 다시 배치할 수 있게 한다. 맞은 수도를 녹색으로 표시하는 작업 역시 **classList.add()**를 사용하는데, 해당 CSS 스타일 규칙은 다음과 같다.

```
.aCorrect {
  background-color: hsl(75,100%,85%);
  border-color: hsl(75,100%,40%);
}
```

네 수도 모두 정확한 순서이면 게임은 축하 메시지를 표시한다. 이후 플레이어가 RESTART 버튼을 클릭하면 게임은 도시 네 개를 무작위로 선택해서 이상의 과정을 다시 시작한다. 인구수별 나열이 지겨워졌다면 사용자는 풀다운 메뉴에서 다른 게임 방식을 선택할 수 있다. *North to South*를 선택하면 주어진 네 수도를 북쪽에서 남쪽으로 나열하는 문제가 주어지고, *East to West*를 선택하면 동쪽에서 서쪽으로 나열하는 문제가 주어진다. 이상의 JavaScript 구현과 CSS 스타일시트를 다음 주소에서 볼 수 있다.

- http://html5.komplett.cc/code/chap_global/1234.js
- http://html5.komplett.cc/code/chap_global/1234.css

그림 12.2는 완성된 예제 게임의 실행 모습이다. 재미있게 즐겨 보시길! 이 게임을 좀 더 확장한다면, 예를 들어 현재는 4로 고정된 도시 개수를 사용자가 선택하게 할 수도 있을 것이다. 이 경우 좌, 우 li들을 동적으로 생성해야 한다.

그런데 이 예제에 나온 것이 HTML5의 끌어다 놓기 기능의 전부는 아니다. 예제에 쓰인 세 사건 외에 drag, dragend, dragleave라는 사건도 있다. 요소를 끄는 동안 350(±200)밀리초 간격으로 drag 사건이 발생한다. 요소를 놓으면 dragend 사건이 발생한다. 그리고 dragleave는 대상 요소에 관련된 것으로, 원본 요소가 잠재적인 놓기 대상 영역을 벗어날 때 발생한다.

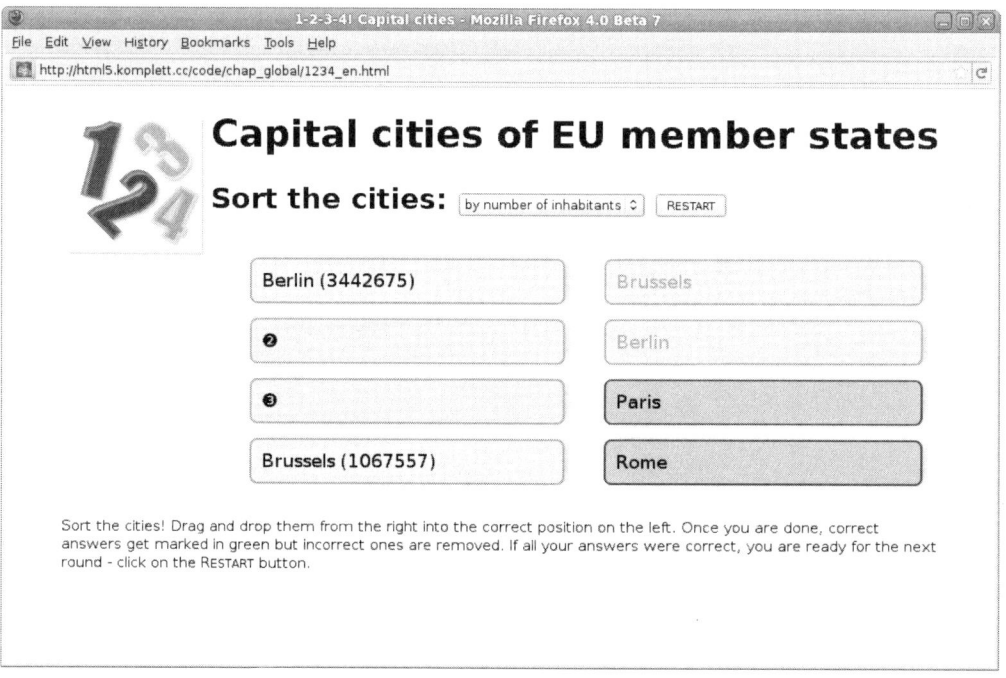

그림 12.2 "1-2-3-4!" 게임의 실행 모습.

DataTransfer 객체에 대해서 할 이야기가 남아 있다. 이 객체는 흥미로운 메서드들과 속성들을 제공하는데, 예를 들어 `setDragImage(element, x, y)` 메서드로는 끌기 도중 표시될(시각적 피드백을 위해) 커스텀 이미지를 지정할 수 있다. `addElement(element)`로도 비슷한 효과를 낼 수 있는데, 이 경우 단지 이미지 하나가 아니라 페이지의 한 구역 전체를 피드백 용도로 사용할 수 있다.

`dataTransfer.types`는 dragstart 사건 처리부에서 `setData()`로 설정된 모든 형식과 값을 담은 `DOMStringList`를 돌려준다. 예제 게임이라면 이 목록에 텍스트 형식의 ID 값 하나만 들어 있을 것이다. 브라우저는 텍스트 형식의 값을 자동으로 **text/plain**으로 해석한다. 그 외의 MIME 형식들도 얼마든지 사용할 수 있으며, 명세서에 따르면 심지어 MIME 형식이 아닌 형식도 허용된다. 예를 들어 **data-*** 특성의 '이름'을 자료의 형식으로 지정할 수도 있는 것이다. 다음은 주어진 수도 요소의 ID와 그 인구수를 그런 식으로 설정한 예이다.

```
evt.dataTransfer.setData('id',evt.target.id);
evt.dataTransfer.setData('pop',evt.target.dataset.pop);
```

이를 받는 쪽에서는 getData('id')나 getData('pop')으로 해당 정보를 추출하면 된다.

> **참 고**
>
> **마이크로데이터** 특성이 지정된 요소를 끌어다 놓으면, 해당 값들을 *JSON* 형식으로 변환한 문자열이 자동으로 함께 전달된다. 받는 쪽에서는 getData('application/microdata+json')으로 그 값들에 접근하면 된다.

끌어다 놓기 동작 도중 특정 형식의 자료를 제거하고 싶다면 `clearData(format)`을 사용하면 된다. `format` 인수를 생략하면 기존의 모든 형식이 삭제된다.

`DataTransfer`의 두 속성 effectAllow와 dropEffect는 끌어다 놓기 도중의 그럴듯한 시각적 효과를 내기 위한 속성인 것 같지만, 명세서를 잘 살펴보면 그냥 놓기 지역에 진입했을 때 커서의 모습을 변경하기 위한 것일 뿐이다. dropEffect 속성에 설정할 수 있는 값으로는 copy, link, move, none이 있다. 처음 셋은 **dragenter** 사건 도중 커서에 적절한 효과(이를테면 더하기 기호, 사슬 고리 기호, 화살표 등)를 추가한다. none은 아무것도 추가하지 않는다. 그림 12.3은 이들을 시험해 보는 간단한 예제의 모습으로, 주소는 http://html5.

komplett.cc/code/chap_global/dropEffect_en.html이다.

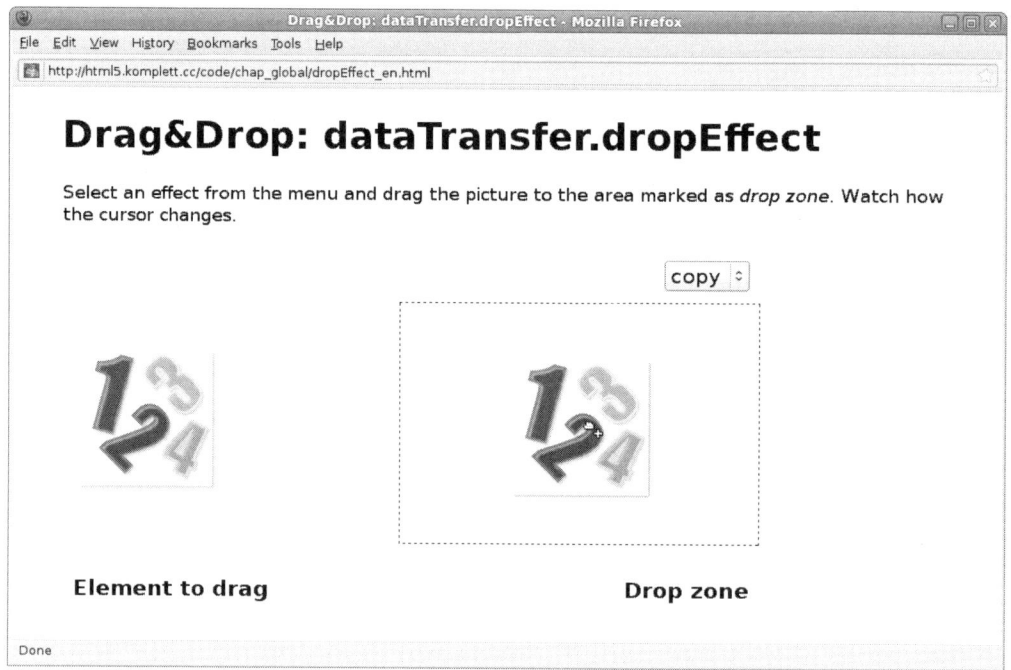

그림 12.3 'dataTransfer.dropEffect' 시험용 예제.

dropEffect 속성은 끌어다 놓기 동작 도중 언제라도 변경할 수 있으나, 항상 그 전에 effectAllow에 지정된 값에 모순되지 않는 효과를 지정해야 한다. effectAllow에는 copy, link, move, none 외에도 copyLink, copyMove, linkMove 같이 두 가지 효과를 허용하는 값을 지정할 수 있다. 그리고 모든 효과에 해당하는 all도 지정할 수 있다.

다음 절로 넘어가기 전에, 끌어다 놓기의 보안 관련 사항 몇 가지를 짚어 보겠다. DataTransfer 객체의 자료에는 해당 drop 사건을 처리하는 스크립트만 접근할 수 있다. 따라서 문서 A에서 B로 요소를 끌어 가는 도중에 **불순한** 문서 C가 그 자료를 가로채는 일이 방지된다. 역시 보안 상의 이유로, drop 사건은 오직 사용자가 실제로 요소를 끌어다 놓은 경우에만 발생하며, 스크립트에서 자동으로 발생시킬 수는 없다. 스크립트를 이용해서 브라우저 창이 마우스를 따라 다니도록 만든다고 해도 dragStart 사건이 발생하지는 않는다. 만일 그런 일이 허용된다면 민감한 자료를 사용자의 의도와는 무관하게 어떤 불순한 제3자 문서에 끌어다 놓는 일이 가능해질 것이다.

브라우저 안에서의 끌어다 놓기 기능의 잠재적인 용도는 무궁무진하다. 끌어다 놓기를 캔버스나 *localStorage*, 오프라인 캐시, 기타 HTML5 관련 기술들(XMLHttpRequest나 파일 API 등)과 결합했을 때 어떤 일이 가능한지를 보여주는 인상적인 예제가 Paul Rouget의 블로그 글 *an HTML5 offline image editor and uploader application*에 4분짜리 동영상과 함께 소개되어 있으니 놓치지 말기 바란다. 글에 언급된 오프라인 이미지 편집기*는 원래 Firefox 3.6의 기능을 보여주는 **전시용 프로그램**으로 만들어진 것이지만, 현재 기술에서 어떤 일이 가능한지를 인상적인 방식으로 제시한다는 점에서 의미가 있다. 블로그 글의 주소는 http://hacks.mozilla.org/2010/02/an-html5-offline-image-editor-and-uploader-application이다.

위에서 말한 이미지 편집기의 주요 기능 중 하나는 데스크톱의 이미지 파일을 브라우저로 끌어다 놓을 수 있다는 것이다. 그럼 브라우저로 끌어다 놓은 파일에 대한 정보를 추출하는 데 필요한 파일 *API*(File API)를 살펴보자.

12.5.1 끌어다 놓기와 파일 API의 조합

그림 12.4는 이번 절에서 만들어 볼, 끌어다 놓기와 파일 *API*의 조합을 보여주는 예제의 실행 모습이다. 사용자가 자신의 컴퓨터에 저장된 이미지(이를테면 디지털카메라나 이동 기기로 찍은 사진 등)를 브라우저 안으로 끌어다 놓는다. 그러면 예제는 해당 이미지의 EXIF 정보의 일부를 표시한다. 이 예제를 구성하는 파일들은 다음과 같다.

- http://html5.komplett.cc/code/chap_global/extract_exif_en.html
- http://html5.komplett.cc/code/chap_global/extract_exif.js
- http://html5.komplett.cc/code/chap_global/extract_exif.css
- http://html5.komplett.cc/code/chap_global/lib/exif.js
- http://html5.komplett.cc/code/chap_global/images/senderstal.jpg

---

* [역주] http://demos.hacks.mozilla.org/openweb/imageUploader/

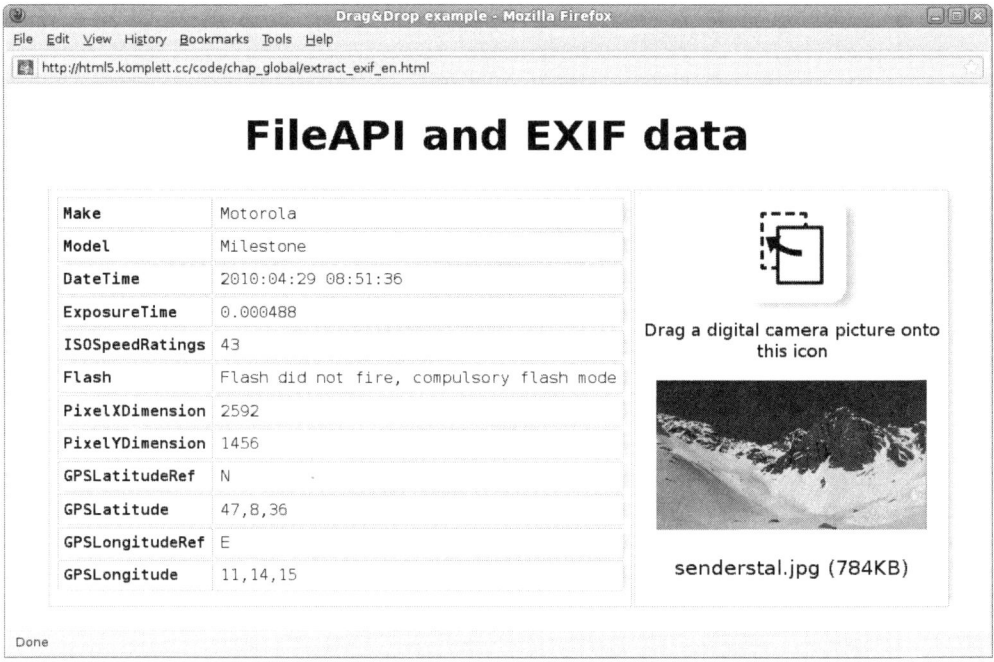

그림 12.4 끌어다 놓기와 'FileAPI'를 조합한 예제.

우선 사진을 끌어다 놓을 영역(이하 '대상 영역')부터 정의하자. 그림 12.4의 오른쪽 상단에 대상 영역이 나와 있다. 이 영역은 유니코드 기호 *PREVIOUS PAGE*(⎗)와 CSS 스타일 규칙 몇 가지, 그리고 끌어다 놓기 동작에 필요한 사건 처리 코드로 구성된다.

```
<div ondragenter="return false;"
     ondragover="return false;"
     ondrop="drop(event)">&#x2397;</div>
```

데스크톱에서 이미지 파일을 끌어 대상 영역에 놓으면 drop() 함수가 호출된다. 이 함수에서는 우선 dataTransfer로부터 한 객체를 얻는다.

```
var drop = function(evt) {
  var file = evt.dataTransfer.files[0];
  ...
};
```

dataTransfer의 files 속성은 FileList 형식의 객체를 나타내며, 그 객체는 현재의 끌어다 놓기 동작에 관련된 모든 File 형식의 객체를 담고 있다. FileList와 File은 모두 파일 API에 속한 인터페이스이므로, 이제부터는 파일 API의 영역에서 노는 셈이다. Paul Rouget의 시연 프로그램에서는 여러 개의 이미지를 동시에 끌어다 놓을 수 있지만, 이 예제에서는 그냥 한 번에 하나씩만 끌어다 놓을 수 있게 한다. 따라서 끌어다 놓은 파일은 항상 files[0]에 해당한다.

이미지 파일을 끌어다 놓으면 이미지의 섬네일(thumnail)이 대상 영역 밑에 표시된다. 이 것은 예제가 파일 API를 이용해서 data: URI(§5.12 참고)를 생성하고 그것을 섬네일 이미지 요소의 src 특성에 지정한 결과이다. 예제는 우선 FileReader 객체를 하나 생성하고 readAsDataURL() 메서드를 호출해서 이미지를 비동기적으로 메모리에 적재한다. 적재가 끝나면 이미지 자료를 담은 data: URI를 이미지 요소의 src 특성에 배정한다. 다음은 이상 의 과정을 수행하는 짧고 간결한 JavaScript 코드이다.

```
var dataURLReader = new FileReader();
dataURLReader.onloadend = function() {
  imgElem.src = dataURLReader.result;
  imgInfo.innerHTML = file.name+' ('+_inKb(file.size)+')';
}
dataURLReader.readAsDataURL(file);
```

섬네일 이미지의 너비는 CSS 스타일시트에 width: 250px로 지정되어 있다. 높이는 브라 우저가 자동으로 조정한다. 섬네일 이미지 아래의 텍스트는 해당 File 객체의 name 속성과 size 속성, 즉 file.name과 file.size를 반영한 것이다. file.size는 바이트 단위이므로 *1024*로 나누어서 킬로바이트 단위로 변환했다. 보조 함수 _inKb()가 이러한 변환을 수행하 는데, 변환된 값 뒤에 *KB*까지 붙여준다.

이미지 파일의 EXIF 정보를 추출하려면 파일을 반드시 이진 형식으로 읽어야 한다. readAsDataURL()에서처럼, onload 콜백에서 readAsBinaryString()이라는 메서드를 이 용해서 이진 자료를 읽는다. 이진 자료에서 EXIF 정보를 뽑는 것은 다소 복잡한 일인데, 다행히 Jacob Seidelin이 바로 그러한 일을 수행하는 *exif.js*라는 JavaScript 라이브러리를 만 들어 두었다. 이 예제를 실현할 수 있게 해준 Jacob Seidelin에게 감사한다.

이 예제에 쓰인 exif.js는 사실 Jacob Seidelin의 원래 버전이 아니라 Paul Rouget가 살짝 수정한 버전이다. 두 버전의 주소는 다음과 같다.

- http://www.nihilogic.dk/labs/exif
- http://demos.hacks.mozilla.org/openweb/FileAPI

이제 이미지 이진 자료로 `findEXIFinJPEG()`를 호출하기만 하면 이미지의 EXIF 정보를 키-값 쌍들에 담은 목록을 얻게 된다. `for` 루프로 그 목록을 훑으면서 각 정보를 HTML 표에 추가한다.

```
var binaryReader = new FileReader();
binaryReader.onload = function() {
  var exif = findEXIFinJPEG(binaryReader.result);
  for (var key in exif) {
    exifInfo.innerHTML += _asRow(key,exif[key]);
  }
};
binaryReader.readAsBinaryString(file);
```

그림 12.4에서 보듯이, 예제는 EXIF의 다양한 정보 중 일부만을 표시한다. 좀 더 구체적으로는, 카메라 종류, 촬영 일시, 노출 시간, ISO 속도, 플래시 유무, 이미지 크기, 그리고 촬영 당시 카메라에 기록된 GPS 좌표만 표시된다. 그림 12.4에 나온 GPS 좌표를 웹에서 검색해 보면 촬영 장소가 *Stubai Alps* (오스트리아 티롤 지방 인스브루크 남서쪽)의 *Kalkkögel* 근처 *Senderstal* 계곡임을 알 수 있을 것이다. 사진에 나와 있는 봉우리는 *Schwarzhorn*이다.

이 예제가 EXIF의 모든 정보를 표시하게 만들고 싶다면 extract_exif.js에서 `//showTags = '*'`의 주석 표시를 제거하면 된다.

명세서 자체는 상당히 짧지만, 파일 API는 여러 가지 흥미로운 기능을 제공한다. 파일의 내용을 이진 바이트나 `data:` URI 형식으로 읽어들이는 것 외에, `readAsText()`를 이용해서 텍스트 형식으로 읽을 수도 있다. 또한 파일 API는 파일 적재 도중 사용자에게 진척 상황을 보여주고자 할 때 편리한 onprogress라는 사건을 제공한다. 파일 적재가 너무 오래 걸린다면 abort()로 적재를 취소할 수 있다. 더 나아가서, <input type=file>을 통해서도 파일 API를 사용할 수 있다.

끌어다 놓기 역시 명세서를 보면 여러 가지 흥미로운 기능을 발견할 수 있다. 좀 더 복잡한 응용 프로그램을 만들고 싶다면 명세서를 세심하게 살펴보아야 할 것이다. 파일 API 명세서와 HTML5의 끌어다 놓기 관련 부분의 주소는 다음과 같다.

- http://www.w3.org/TR/FileAPI
- http://www.w3.org/TR/html5/dnd.html

이상으로 파일 API의 간략한 소개를 마치고, 다음 절에서는 또 다른 흥미로운 전역 특성 두 가지를 소개한다. 끌어다 놓기와 비슷하게, 이 두 특성은 미지의 신세계로 가는 문을 열어준다. 이들을 이용하면, 이전에는 데스크톱의 문서 작성 프로그램에서나 가능했던 일들을 브라우저에서도 할 수 있게 된다. HTML 페이지의 내용을 브라우저 안에서 직접 편집하고 그 즉시 맞춤법을 검사할 수 있게 될 줄을 그 누가 알았겠는가?

12.6 'contenteditable' 특성과 'spellcheck' 특성

contenteditable 특성을 이용하면 HTML 페이지를 그 자리에서 직접 수정할 수 있다. 그러나 그 수정들은 전적으로 메모리 안에서만 일어난다. 온라인 양식을 채워서 인쇄하는 경우 이런 즉석 수정이 아주 유용할 수 있으며, 또한 일정 부류의 인트라넷용 응용 프로그램들에서도 이런 방식이 유용할 것이다(특히 수정된 내용을 다시 스크립트로 기록하는 경우). 그러나 이번 장에서는 contenteditable을 그 정도로 상세하게 다루지는 않으며, 그냥 contenteditable을 이용해서 즉석 수정을 활성화하는 방법만을 짚고 넘어간다. 이를 위한 HTML 구문은 아주 간단하다.

```
<p contenteditable=true>
  Text to be edited ...
```

```
</p>
```

이 요소를 마우스로 클릭하면 요소의 텍스트 안에서 텍스트 편집 커서가 깜빡이기 시작한다. 그 때부터 사용자는 마치 텍스트 편집기에서처럼 텍스트를 추가할 수 있으며, 단축키나 팝업 메뉴를 이용해서 잘라내기, 붙여넣기, 복사, 삭제, 취소 등을 수행하는 것도 가능하다.

수정과 함께 맞춤법 검사 기능을 활성화하고 싶다면 **spellcheck** 특성에 *true*를 지정하면 된다.

```
<p contenteditable=true spellcheck=true>
    Text to be edited ...
</p>
```

명세서는 맞춤법 검사의 구체적인 구현 방식에 대해서는 말하지 않는다. 이 부분은 개별 브라우저의 몫이다. 그림 12.5는 Firefox 3.6 이상에서 맞춤법 검사 기능이 작동하는 모습을 보여준다. 이 예제의 주소는 http://html5.komplett.cc/code/chap_global/edit_page_en.html이니 직접 시험해 보기 바란다.

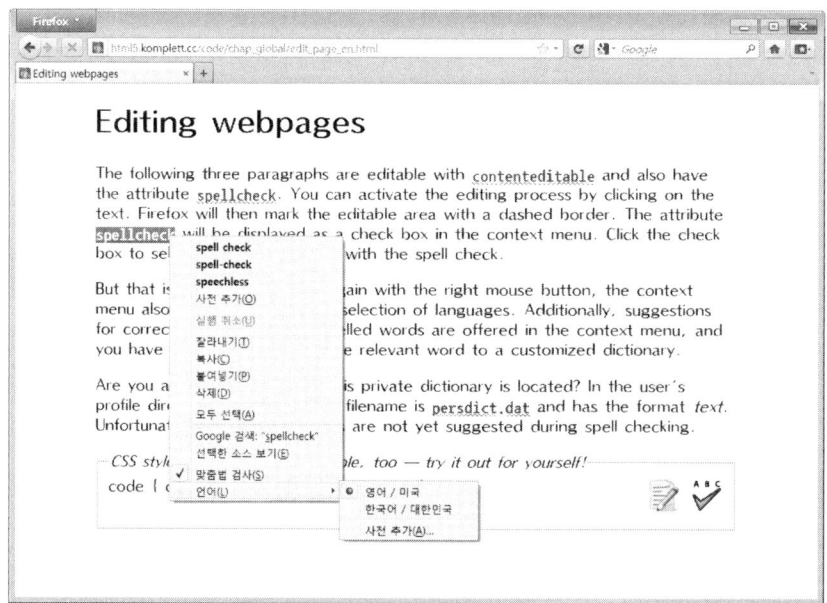

그림 12.5 Firefox에서 페이지를 즉석으로 편집하고 맞춤법 검사를 수행하는 모습.

그림 12.5에서 보듯이, Firefox는 철자가 틀린 단어나 사전에 없는 단어를 빨간 물결 밑줄로 표시한다. 문맥 메뉴(팝업 메뉴)에서는 새 사전을 설치하거나 다른 언어를 선택할 수 있다. 또한 제시된 '후보' 단어들 중 하나를 선택해서 맞춤법을 바로잡을 수 있으며, 사전에 없는 단어를 사용자 개인 사전에 추가할 수도 있다.

Firefox의 개인 사전은 사용자 프로필 폴더의 **persdict.dat**라는 파일에 저장된다. 파일 확장자가 **dat**이긴 하지만, 이 파일은 그냥 한 줄에 단어 하나씩 들어 있는 보통의 텍스트 파일이다. 안타깝게도, 개인 사전에 있는 항목은 교정용 후보 단어로 제시되지 않는다(적어도 Firefox 3.6의 경우).

이 책을 쓰는 현재, **spellcheck** 특성을 아무 오류 없이 지원하는 브라우저는 없다. 브라우저들은 한 페이지의 텍스트 영역들 전부를 맞춤법 검사의 대상이라고 간주하고는, 맞춤법 검사를 시작하는 옵션을 **spellcheck** 특성과는 무관하게 항상 문맥 메뉴에 포함시킨다. 필자가 시험해 본 모든 브라우저에서, **spellcheck=false**를 지정함으로써 CSS 코드의 맞춤법 검사를 방지하려는 시도는 모두 실패했다.

그림 12.6은 페이지의 텍스트는 물론 CSS 스타일과 이미지도 수정이 가능함을 보여주는 장면이다.

이미지 편집 기능은 아직 그리 대단하지 않다. Firefox의 경우 여덟 개의 제어점들을 이용해서 이미지 크기를 변경할 수 있는 정도이다. **style** 요소를 이용해서 스타일을 **즉석으로** 변경하는 쪽이 훨씬 흥미롭다. 이러한 발상은 Anne van Kesteren에서 비롯된 것으로, 그녀는 간단한 요령을 이용해서 이 효과를 처음으로 보여주었다(http://bit.ly/dtnyIJ). Anne van Kesteren의 한 예제처럼 이 예제도 **display:block** 스타일을 이용해서 **style** 요소의 내용(스타일 규칙들)이 표시되게 하고, **contenteditable=true**로 내용을 수정할 수 있게 한다. 결과는 놀랄만하다. 스타일 규칙들을 수정하는 즉시 그 효과가 나타난다. 그림 12.6은 **code** 요소에 대한 CSS **color** 속성을 **teal**로 바꾸어서 글자 색상을 바꾸고, **font-size: 160%**를 추가해서 글자 크기를 더 키운 결과이다. 독자도 직접 시험해 보시길!

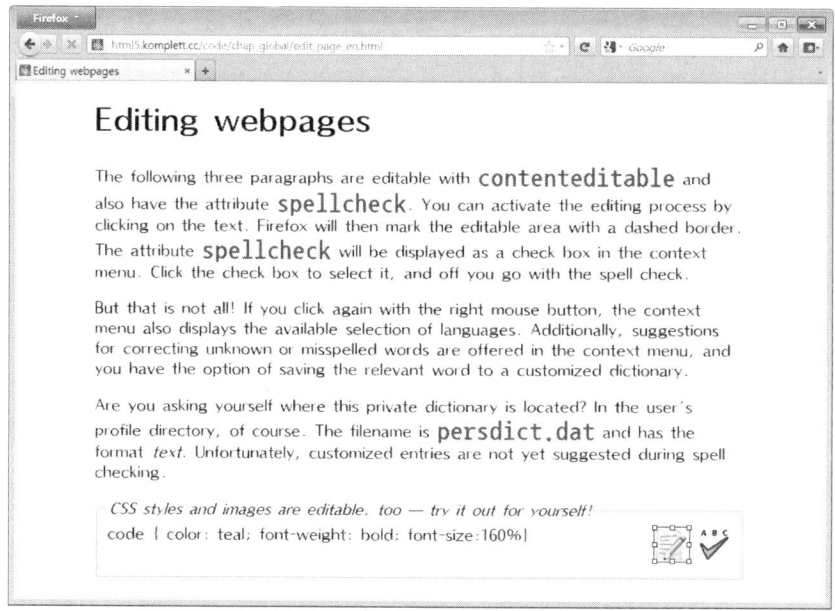

그림 12.6 스타일과 이미지 크기를 '즉석으로' 편집하는 모습.

요 약

이 책의 마지막 장인 이번 장에서는 전부터 있었던 또는 새로 도입된 전역 특성 일곱 개를 택해서 관련 JavaScript API와 함께 설명했다. 그 중 다섯 특성은 예제 *1-2-3-4!* 게임과 함께 좀 더 자세히 살펴보았다. 그 예제에서는 먼저 요소의 class 특성을 다루는 새로운 수단인 classList 인터페이스가 소개되었다. 이 인터페이스를 사용하면 class 특성의 개별 클래스 이름들을 다루기가 훨씬 간단하다. dataset 속성 역시 마찬가지로, 이를 이용하면 data-로 시작하는 사용자 정의 특성들을 아주 쉽게 다룰 수 있다.

예제 게임은 격한 논쟁의 대상이었던 hidden 특성을 활용하며, 또한 HTML5의 핵심 특징 중 하나인 끌어다 놓기 기능도 활용한다. draggable 특성과 여러 관련 사건들, 그리고 DataTransfer 인터페이스는 브라우저 안에서 요소를 끌어다 놓는 기능은 물론 바탕 운영 체제와의 상호작용까지도 가능하게 한다. 이러한 끌어다 놓기 기능과 '파일 API'를 조합해서 만든, 디지털 사진 이미지의 EXIF 정보를 추출하는 인상적인 예제 하나도 소개했다.

이번 장의 마지막 부분에서는 HTML5 페이지의 텍스트는 물론 CSS 스타일까지도 브라우저 안에서 직접 편집할 수 있음을 보았다. 텍스트를 편집할 때 맞춤법이 걱정된다면 spellcheck 특성이 도움이 된다. 이 특성을 지정하면 브라우저가 사전을 참고해서 맞춤법을 검사해 준다. HTML5로 구현된 완전한 형태의 오피스 패키지가 등장할 날도 멀지 않았다.

책을 마치며

HTML5는 빠르게 발전하고 있다. 매일 담당자들이 거칠고 불명확한 부분을 다듬고, 불필요한 부분을 제거하고, 필요하다면 새로운 기능을 추가해서 명세서를 수정, 개선해 나간다. 이러한 과정의 원동력은 WHA·TWG와 W3C, 브라우저 제조사 대표자들과 관심 있는 개인들로 이루어진 활발한 공동체에 있다. 물론 여기에는 명세서의 편집자인 이언 힉슨도 포함된다. 그의 결정은 종종 뜨거운 논쟁으로 이어진다.

그가 뜻한 바를 해낸다면, 미래의 HTML 표준은 '살아 움직이는 표준'으로서 계속해서, 그리고 버전 번호 없이 발전해 나갈 것이다. 즉, *HTML5*나 *HTML6*, *HTML-Next* 같이 꼬리가 붙은 이름이 아니라 그냥 *HTML*을 사용하게 되는 것이다. 명세서의 구현은 반드시 명세서 자체의 발전과 함께 진행되는 것이 바람직하다. 명세서가 아직 완결되지는 않았지만 이미

명세서의 많은 부분이 주요 브라우저들에 구현되어 있다는 점에서, 그러한 희망은 벌써 실현되었다고 할 수 있다.

W3C의 *HTML* 작업단(Working Group)의 지침들이 만족되면 2011년 5월에는 명세서가 **최종 결정 요청(Last Call)** 상태에 도달할 것이며, 그때가 되면 W3C가 생각하는 최종적인 웹 표준에 어떤 기능이 포함되고 어떤 기능이 포함되지 않을 것인지가 명확해질 것이다. WHATWG 명세서의 몇몇 실험적인 기능들이 표준의 최종 버전에 들어갈 것인지도 관심의 대상이다. 동영상이나 WebVTT(Web Video Text Tracks) 형식의 음향 매체의 자막을 위한 track 요소가 좋은 예이다. 그리고 웹 페이지가 사용자의 마이크나 비디오카메라 같은 입력 장치에 접근할 수 있게 하는 device 요소 역시 언젠가는 명세서에 포함될 가능성이 있는 후보이다.

캔버스나 음향, 동영상의 접근성에 관련된 해결되지 않은 문제들의 쓸만한 해결책을 찾는 것도 시급한 문제이다. 그리고 마이크로데이터와 RDFa 중 어떤 것을(어쩌면 둘 다) 명세서의 최종 버전에 포함시킬 것인지도 결정해야 한다. W3C와 WHATWG 명세서의 여러 버전들을 조화시키는 일 역시 오래전부터 과제로 남아 있다.

HTML(5가 붙든 아니든)이 **아직 작업 중인** 표준임은 명백하며, 미래의 인터넷을 위한 **사실상의 표준**이 된다는 최종 목표에 매일 한 걸음씩 가까워지고 있다는 점도 명백하다. 독자가 이 책을 탐험하면서 모순된 점이나 오류를 발견했다면 필자에게 알려주기 바란다. HTML 명세서 작업의 **참여** 정신을 본받아서, 이 책을 위한 웹 사이트 http://html5.komplett.cc/에 독자의 의견과 비평, 착안을 기꺼이 환영하는 공간을 만들어 두었다. 꼭 방문해 주시길!